广东省
防灾减灾
年鉴

2022年卷

《广东省防灾减灾年鉴》编纂委员会 编

华南理工大学出版社
SOUTH CHINA UNIVERSITY OF TECHNOLOGY PRESS
·广州·

图书在版编目（CIP）数据

广东省防灾减灾年鉴. 2022年卷／《广东省防灾减灾年鉴》编纂委员会编. —广州：华南理工大学出版社，2022.12
ISBN 978－7－5623－7322－3

Ⅰ. ①广…　Ⅱ. ①广…　Ⅲ. ①自然灾害－灾害防治－广东－2022－年鉴　Ⅳ. ①X432.65－54

中国版本图书馆CIP数据核字（2022）第257628号

GUANGDONGSHENG FANGZAI JIANZAI NIANJIAN · 2022 NIAN JUAN
广东省防灾减灾年鉴 · 2022年卷
《广东省防灾减灾年鉴》编纂委员会　编

出 版 人：柯　宁
出版发行：华南理工大学出版社
（广州五山华南理工大学17号楼，邮编510640）
http://hg.cb.scut.edu.cn　E-mail：scutc13@scut.edu.cn
营销部电话：020－87113487　87111048（传真）
责任编辑：李秋云
责任校对：洪　静
印 刷 者：广州一龙印刷有限公司
开　　本：889mm×1194mm　1/16　印张：12.75　字数：343千
版　　次：2022年12月第1版　2022年12月第1次印刷
定　　价：280.00元

寒 潮

● 2020年12月29日至2021年1月上旬，受强冷空气影响，惠州、揭阳、云浮3市的6个县（市、区）遭受低温冷冻灾害，1.12万人受灾，直接经济损失1.47亿元。

▲1月初，受低温霜冻天气影响，惠州市多个县区各类农作物、水果种植受灾严重。图为龙门县一香蕉园蕉枝低垂，蕉叶枯萎。（来源：腾讯网）

▲1月上旬，清远市连山县皇后山景区出现雨凇。（来源：中国天气网）

▲12月27日，清远连州市潭岭水库出现雾凇。（来源：中国天气网）

▲12月下旬，清远连州市南风坳出现雨凇。（来源：中国天气网）

干旱

● 2021年，受温高雨少影响，惠州、汕尾、潮州、云浮4市的19个县（市、区）、146个乡镇、67.05万人受灾，因旱饮水困难需救助人口达6.44万人，受旱面积4.85万公顷，直接经济损失2.66亿元。

▲3月中旬，揭阳市揭西县凤江镇部分耕地因缺水而地表皲裂。（来源：《南方农村报》）

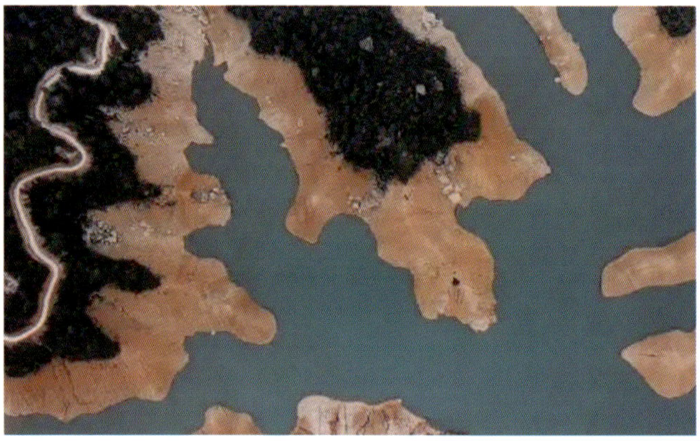

▲4月7日，揭阳市揭东区双坑水库库存水量剩下100多万立方米，仅占总库容的八分之一。（来源："南方plus"发布平台）

▲4月中旬，汕尾市青年水库水容量大幅下降 。（来源：《汕尾日报》）

▲4月下旬，惠州市河洞水库干涸见底，湖底淤泥大面积龟裂，鱼干渴致死。（来源：《南方都市报》）

◀4月，汕尾市海丰县城东镇台东村农田久旱缺水土地开裂。（来源：汕尾传媒网）

暴雨洪涝

▲4月19日，湛江雷州市遭遇特大暴雨，部分地区出现水浸。（来源：中国天气网）

▲4月26日，湛江廉江市多路段现水浸街，行车如行船。（来源：中国天气网）

● 5月20日，受强降水影响，造成韶关、清远2市的105个乡镇、5.1万人受灾，死亡1人，直接经济损失7.64亿元。

▲清远连州市大云洲公园被淹。（来源：中国天气网）

▲韶关市内涝严重。（来源：光明网）

▲清远连州市市区白沙路段发生汛情，山上积雨涌入市区，多处道路被淹，多辆汽车被雨水浸泡。（来源："南方plus"发布平台）

▲清远连州市一小区地下车库被淹。(来源：中国天气网)

▲5月21日，清远连州市内涝严重，多辆汽车被雨水浸泡。(来源：大洋网)

▲5月31日，揭阳市惠来县内涝严重，街道积水没过车轮。(来源：中国天气网)

▲6月18日，受强降水影响，云浮市郁南县早稻被淹。(来源：郁南县农业农村局)

◀5月31日，惠州市龙门县龙门中学操场被淹。(来源：中国天气网)

热带气旋

●7月20日，台风“查帕卡”在阳江市江城区沿海地区登陆。阳江市和江门台山市共有64个乡镇、4.96万人受灾，直接经济损失1.62亿元。

▲阳江市区大树被大风吹倒。（来源：新浪网）

▲阳江市阳西县溪头镇元洲岭村晚造水稻被洪水淹没。（来源：阳西县融媒体中心）

▲8月4日晚上，受台风“卢碧”影响，深圳市罗湖区沿河路东环高架桥下积水严重，多辆车抛锚。（来源：搜狐网）

▲10月10日，受台风“狮子山”影响，中山市三乡镇景观大道两辆车子在积水处抛锚。（来源：“南方plus”发布平台）

防灾抗灾救灾

▲1月7日，广东省地震局赴东莞市检查“粤港澳大湾区浅层三维结构探测（一期）”项目野外实施工作。图为现场查看洪梅基本站场址。（来源：广东省地震局）

▲1月15日，消防救援人员在扑救东莞市展丰高分子材料有限公司火灾。（来源：广东省消防救援总队）

▲4月26日，湛江廉江市市区路段出现水浸街。图为交警大队民警及时将受困车辆移至安全地区。（来源：中国天气网）

▲4月，汕尾市海丰县城东镇台东村农户面对日益严峻的旱情，开展自救。图为村干部找来抽水机引黄江水灌溉久旱的农田。（来源：汕尾传媒网）

◀5月，汕尾市天气持续干旱无雨，青年水库库容量严重减少，导致水厂制水供应不足，影响居民生活。图为海丰县在缺水镇村建立临时便民取水点。（来源：《南方都市报》）

▲5月9日，第二届广东省防震减灾科普知识展系列活动开幕。图为活动现场。（来源：广东省地震局）

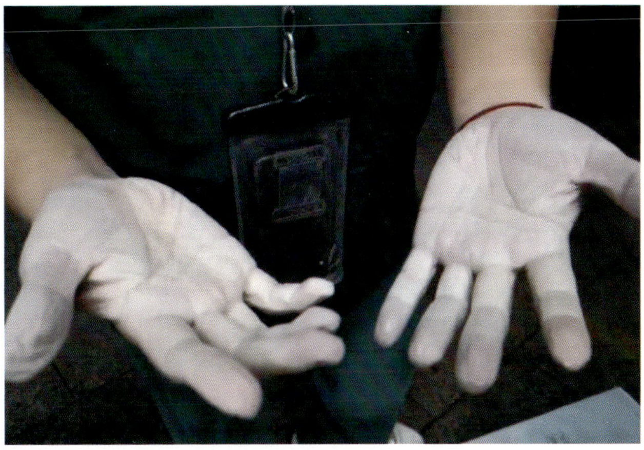

▲“5·21”新冠肺炎疫情中，一名核酸检测医务人员的双手被汗水“泡白了”。（来源：广东省卫生健康委员会）

▲5月31日，消防官兵在转移河源市高新区泥金村被洪水围困的群众。（来源：搜狐网）

▲6月1日，消防救援人员在中山市坦洲镇利用橡皮艇将一名孕妇紧急转移护送至医院。（来源：搜狐网）

▲7月15日，消防救援人员在珠海市兴业快线（南段）项目石景山隧道施工段透水事故救援现场。（来源：广东省消防救援总队）

▲7月中下旬，为防御台风“查帕卡”，湛江海洋站工作人员及时对验潮井加强维护。（来源：自然资源部南海局）

▲7月19日，阳江消防官兵检查舟艇，做好迎战台风"查帕卡"的准备。（来源：搜狐网）

▲7月20日，阳江交警在沿海高速阳江方向徒手清除被大风吹倒的树木。（来源：搜狐网）

▲7月22日，阳江市园林部门工作人员冒雨清理受损行人道树。（来源：阳江广播电视台）

▲8月5日，受台风"卢碧"影响，汕头市街道路树倒伏严重。图为汕头交警龙湖大队民警及时到场清理障碍物，消除安全隐患。（来源：汕头交警）

▲8月18日，受强降水影响，深圳市罗湖区积水严重。图为交警转移涉水司机。（来源：《南方都市报》）

▲10月10日，中山市三乡消防救援人员利用橡皮艇成功救出被洪水围困的群众。（来源：中山消防）

《广东省防灾减灾年鉴》编纂委员会

《广东省防灾减灾年鉴》编辑部

《广东省防灾减灾年鉴》编写组

序

广东地处典型气候脆弱区，是各种自然灾害多发省。其主要灾害有台风、暴雨洪涝、干旱、寒冷、地震、泥石流、滑坡、赤潮和病虫害等，呈现出灾种多、灾期长、发生频率高、灾害重等特点。据统计，1991—2021年，全省因自然灾害造成的直接经济损失平均每年约为150亿元，重灾年损失超过500亿元。随着广东省经济社会的发展和社会财富的增加，自然灾害造成的经济损失有增大的趋势。

中华人民共和国成立后，广东省兴建了一大批水利工程，具备了防御中等洪水和暴潮的能力，使85%的易涝面积得到整治；建成十大联围，可抵御50年一遇以上的洪水；灾害监测、预测、预报、预警工作得到重视，在20世纪末基本建成覆盖全省各种自然灾害的监测网络和自然灾害预测、预警系统。同时，全省加强了防灾减灾法治建设，防灾减灾工作逐步走向法治化、规范化、社会化。从20世纪80年代后期起，以行政首长负责制为主要内容的防灾减灾措施不断得到加强和完善，防灾预案不断健全优化。上述种种防灾减灾措施，使全省自然灾害损失和人员伤亡减少至最低限度。据专家研究，及时采取适当的防灾减灾措施可以减少30%以上的经济损失。

广东既是各种自然灾害多发省，也是经济大省，居住人口多，对外联系广泛，防灾减灾是一项长期、艰巨和责任重大的繁重任务。各级政府要认真贯彻中共十九大精神，以习近平新时代中国特色社会主义思想为指导，大力推进生态文明建设，把防灾减灾工作与经济建设、环境保护、城市规划、“三农”（农业、农村、农民）工作、新农村建设、振兴乡村发展战略等有机结合起来，与实现全面发展、协调发展、持续发展结合起来，真正为人民群众做好事、办实事、解难事。要进一步强化责任，建立和健全各种切实可行的防灾预案，加强自然灾害防御管理体系建设，提高对自然灾害的监测、预测、预报、预警能力，做好公众宣传，增强全社会忧患意识和防灾减灾意识。

1994 年 12 月，省政府批准组织编写《广东省防灾减灾年鉴》（以下简称《年鉴》），至今已出版 1995 年卷至 2021 年卷，共 27 卷，约 800 万字。此次组织编写的即为 2022 年卷。《年鉴》整理、保存了丰富而宝贵的广东自然灾害及其防治资料，总结了防灾减灾工作成果、经验和教训，对全省和粤港澳大湾区防灾减灾工作起到了宣传、指导和推动作用，产生了明显的社会效益。

《年鉴》的出版具有重要的现实和历史意义。省政府和有关单位对《年鉴》的编写和出版工作给予了极大的关心和支持。希望各有关单位和工作人员继续总结经验，不断提高《年鉴》编纂质量，增加信息量，扩大发行量和宣传面，让《年鉴》在全省防灾减灾工作和经济社会发展中发挥越来越大的作用，在实现“四个走在全国前列”的创新发展中作出新的贡献。

谨向参加《年鉴》编写、出版和发行的各有关单位和同志表示衷心的感谢。

《广东省防灾减灾年鉴》编纂委员会

2022 年 10 月

凡　例

一、《广东省防灾减灾年鉴》是反映广东省自然灾害和防灾减灾状况的资料性工具书，1995年创刊，每年出版一卷。本年鉴的编纂工作系由广东省人民政府地方志办公室和广东省气象局负责组织，省直和中央驻穗各有关单位及广东省军区、广东省消防救援总队等合作完成。

二、本年鉴采取分类编辑法，设立基本栏目，栏目下为条目。本卷分别设立“概述”“大事记”“重大自然灾害事件”“自然灾害分述”“省直部分单位防灾减灾工作”“各地级以上市灾情与防灾减灾工作”“附录”七个栏目。

三、本卷所载有关内容和资料，均经供稿单位审核通过，由本年鉴首次公开发表。

四、本卷各项灾害数据，一般采用各主管部门或主办单位正式提供的数字。雨量资料主要采用气象站记录，部分来源于水文站。

五、本卷中的数字书写，按国务院1984年2月27日颁布的《中华人民共和国法定计量单位》和国家技术监督局1996年6月1日起实施的《出版物上数字用法的规定》执行。

六、全卷记述的地名除经国务院和地方政府正式命名或更名的外，一律沿用历史或习惯称谓，必要时加注乡名。科技术语、专业名词一律采用中文名称。机构名以印鉴为准，或使用规范简称。

七、本年鉴除必要时使用繁体字外，一律采用国务院1956年公布的《汉字简化方案》和1964年批准的《简化字总表》中的简化字。

八、本年鉴中，凡称“党的”均指中国共产党；凡称省委、市委、县委、镇（区）委，均指中国共产党相应地方组织；相关部门和单位一概以“省××厅”“省××局”出现，省略“广东”二字。

九、全卷除引用原文外，均以第三人称记述。文体采用现代汉语的记叙文或说明文。

十、本年鉴注释采用括注或在表格下编码脚注的方式，不编通码。

《广东省防灾减灾年鉴》编辑部

2022年10月

目　录

概　述

大 事 记

重大自然灾害事件

自然灾害分述

省直部分单位防灾减灾工作

各地级以上市灾情与防灾减灾工作

附 录

编 后 记

概　　述

自然灾害概况

2021 年，受双拉尼娜背景和西太平洋副热带高压强度偏强、脊线偏北影响，广东气候明显异常，极端天气气候事件多发；台风、暴雨洪涝灾害明显偏轻，但低温和干旱灾害重。主要气象与水文灾害特点：温高雨少致阶段性气象干旱重、1 月寒潮，造成局地灾害损失严重；全省先后出现 19 次强降水过程，平均雨量 1358 毫米，较常年偏少 24%；“5·20”强降水导致韶关、清远 2 市洪涝灾害重；“龙舟水”偏少，但降水极端性强，5 月 31 日惠州市龙门县龙华镇 3 小时雨量达 400.9 毫米，破广东历史极值；全年有 6 个台风登陆或严重影响广东，其中台风“查帕卡”给阳江、江门 2 市带来一定的风雨灾害影响，造成较大损失。

据省应急管理厅统计，受暴雨洪涝、热带气旋、风雹、干旱等自然灾害影响，全年全省累计 99.99 万人次受灾，紧急转移安置 0.83 万人次，因灾死亡 2 人；倒塌房屋 263 间，严重损坏房屋 50 间，一般损坏房屋 1121 间；农作物受灾面积 7.72 万公顷，其中绝收面积 1.45 万公顷；造成直接经济损失 25.36 亿元。

据省水利厅统计，全年全省共有 27 条河流、36 个站次发生超警洪水。受暴雨洪水影响，全省损毁水库、水闸、塘坝等水利工程 80 座，损毁堤防 23.4 公里，造成水利设施损失 2 亿元，为近三年损失最低年份。江河来水严重偏枯，水库蓄水严重不足。至 10 月 15 日，全省大中型水库蓄水量（145.5 亿立方米）较多年同期偏少 28%；其中汕头市、汕尾市蓄水量较多年同期分别偏少 55%、46%，东江、韩江流域骨干水库有效蓄水量较多年同期分别偏少 87%、76%。

全省共出现雷击灾害 205 起，发生雷击致人伤亡事件 6 宗，受伤 2 人，死亡 6 人，雷电灾害造成直接经济损失 842 万元。

省地震台网全年共记录 M3.0 级以上地震 4 次，最大为 4 月 2 日发生在河源市东源县的 3.8 级地震。

全年共发生突发性地质灾害 3 起，无人员伤亡，造成直接经济损失 12 万元。

省海上搜救中心全年共接报遇险船舶 509 艘，其中获救 451 艘，沉没 58 艘；遇险人数 2959 人，其中救起遇险生还者 2881 人，死亡、失踪 78 人。

全年共发生森林火灾 86 起，火场总面积约 2100.25 公顷，其中受害森林面积 970.26 公顷。

全年共发生城乡火灾 6.4 万起，死亡 112 人（含纵火案件死亡 32 人），受伤 235 人（含纵火案件受伤 7 人），造成直接财产损失 7.47 亿元。未发生重大以上火灾事故。

全年林业有害生物发生危害面积约 52.07 万公顷，成灾面积 0.64 万公顷；农作物病虫草鼠螺害发生面积约 1860.95 万公顷次，损失粮食 53.37 万吨、经济作物 71.48 万吨；渔业因病害造成直接经济损失 2.11 亿元。

表 1　2021 年广东省主要自然灾害灾情统计表

灾种		发生时间	受灾人口（万人次）	农业受灾面积（万公顷次）	倒塌房屋（间）	伤亡（人）		直接经济损失（亿元）
						受伤	死亡、失踪	
寒潮		2020 年 12 月 29 日—2021 年 1 月 2 日	1.12	0.33	—	—	—	1.47
		1 月 16—18 日	10.42	2.56	—	—	—	10.36
暴雨洪涝		5 月 20 日	5.1	0.68	89	—	1	7.64
		5 月 30 日—6 月 4 日	2.59	0.15	—	—	—	0.57
		6 月 22 日—9 月 14 日	0.21	0.07	—	—	—	0.1
热带气旋		7 月 18—22 日①	4.96	0.36	—	—	—	1.62
		10 月 13—15 日②	1.28	0.05	—	—	—	0.17
		10 月 7—11 日③	6.56	0.26	—	—	—	0.11
强对流		5 月	0.73	0.17	—	—	1	0.67
干旱		1—12 月	67.05	3.12	—	—	—	2.66
雷击		1—12 月	—	—	—	2	6	0.08
地质灾害④		1—12 月	—	—	—	—	—	0.001
环境污染⑤		1—12 月	—	0.03	—	—	—	0.05
海难		1—12 月	—	—	—	—	78	—
赤潮		1—12 月	—	1.96	—	—	—	—
病虫害	农业⑥	1—12 月	—	—	—	—	—	22.09
	林业	1—12 月	—	52.07	—	—	—	—
	渔业	1—12 月	—	0.55	—	—	—	2.11
森林火灾		1—12 月	—	0.21	—	—	—	—
城乡火灾		1—12 月	—	—	—	235	122	7.47
合计		全年	100.02	62.57	89	237	208	57.17

注：①该时段为台风“查帕卡”影响期间。②该时段为台风“圆规”影响期间。③该时段为热带风暴“狮子山”影响期间。④已在“暴雨洪涝”“热带气旋”和“强对流”中纳入统计的，不计入此处。⑤主要对渔业产生影响。⑥含粮食作物 53.37 万吨、经济作物 71.48 万吨。

防灾减灾概况

2021年，广东省先后受强对流天气、暴雨洪涝、热带气旋、干旱等灾害影响，各地不同程度受灾，局部地区灾情严重。在省委、省政府的坚强领导下，各级、各部门以人为本，全力组织做好防灾、抗灾、救灾工作并取得较好成效。

省应急管理厅坚持以人为本，认真贯彻落实国家防汛抗旱总指挥部（以下简称“国家防总”）、应急管理部和省委、省政府工作部署，充分运用应急管理“五应”（科学应备、时时应变、统一应战、精准应灾、及时应验）战法，积极开展三防工作，实现防台风连续三年零伤亡，防洪减灾成效显著。全年全省共投入抢险力量14.1万人次、抢险物资3442.4万元，处置险情720处，减淹人口17.8万人、减淹面积3294.62平方千米。帮助85户因灾“全倒户”和6户因灾“严损户”重建家园。共成功创建综合减灾示范社区1366个。累计派出23个工作组开展明查暗访，督促各地压紧压实防灭火责任。

省军区按照上级统一部署，组织部队、民兵预备役参加抢险救灾，先后参与龙舟水等多次强降水、台风等防御行动，累计出动现役人员449人次、民兵9.38万人次，动用车辆机械239台次，加固堤坝2050米，挖运土石148方，抢通道路25公里，扑灭山火1960.3亩，打隔离带11.5公里，有力支援了地方抢险救援行动，确保人民群众生命财产安全。

全省消防救援队伍全力做好灭火和灾害救援等工作。圆满完成中国共产党成立100周年和第130届广交会、中国航展消防安保及珠海“7·15”透水事故抢险救援等重大任务。全年共接警出动16.7万多次，营救疏散群众3.9万多人，抢救保护财产60.3亿元。带动各级政府挂牌整治火灾高风险区域145个、重大火灾隐患单位298个。全年消防检查社会单位14.1万家，整改隐患4.3万处。

省气象局准确预报寒潮、多个热带气旋、多次强降水和强对流天气过程，并为政府部门和公众及时做好相关服务。全力做好19次强降水、6个产生严重影响的台风和自1963年以来最严重旱情等的重大气象服务工作。全省台站共发布台风、暴雨等灾害性天气预警信号8.13万次。开展火箭增雨作业次数为历年最多，达436次，飞机增雨作业32架次，增加降水约8.5亿立方米。

省水利厅坚持防汛抗旱并举，强化预报、预警、预演、预案措施，切实落实责任，狠抓防御重点，强化风险防控，全省江河堤围无一决口、大中小型水库无一垮坝，抗旱保供水形势总体平稳。组织全省水文部门共发布水情专报4721份，发布洪水预警信号49次。全省共发出并处置山洪预警1832个。共派出专家组208组次、813人次，处置险情230处。同时，狠抓水土流失治理，全省共治理水土流失面积808.34平方千米。

省自然资源厅坚持人民至上，抓好汛期防御和隐患点综合治理，地质灾害防治工作取得积极成效，实现人员“零伤亡”目标。全年全省共发布地质灾害气象风险预警554次；共出动巡排查人数7.7万人次，巡查隐患点、风险点3.7万处次，转移避险8205人。完成大型及以上隐患点避险搬迁8处、工程治理148处，完成中小型隐患点综合治理2890处；减少受威胁群众

7.4 万人。加强海洋观测网建设和运行管理，推进海洋生态预警监测体系建设，提升海洋综合减灾能力。

省农业农村厅全力抓好农业防灾减灾工作。下拨抗旱资金 7000 万元，带动各地市财政投入 3.37 亿元，带动生产主体投入 4 亿元资金投入抗旱；启动省级应急救灾玉米种子 60 吨，支援农民改种和扩种玉米、甘薯等粮食作物 26 万亩。全省农作物病虫草鼠螺防治面积 3.4 亿亩次，挽回农作物损失 825 万吨。全年全省共监测畜禽血清抗体样品 32 万多份（次），监测主要动物疫病 18 种；监测畜禽病原学样品 21 万多份（次）、病种 10 多种；共检查动物和动物产品运输车辆 14.47 万车次；共检疫电子出证 4300 多万份，检疫生猪 3200 多万头、家禽 11 多亿只，动物产品 300 多万吨。共检验海洋渔船 2.55 万艘，整治"脱检"渔船近 8000 艘，排查整改渔船安全隐患 8693 起；成功救助海上遇险人员 400 人、船舶 151 艘。

全省各级林业主管部门积极开展监测普查、严格检疫执法、狠抓灾害除治，压实防控责任，科学精准施策，做好灾害防治。全省实施林业有害生物防治作业面积 46.62 万公顷次，无公害防治率达 89.21%；实施调查监测面积 3500 万公顷；实施完成产地检疫面积达 8400 公顷，种苗产地检疫率为 100%。

省海上搜救中心加强"一案三制"（搜救预案，搜救法制、搜救体制、搜救机制）建设，强化沟通合作机制，做好灾害预防预警。全年共接报有关海难事故 405 宗，涉及遇险人员 2959 人；协调组织派出参与救助船舶 1363 艘次、飞机 39 架次（其中港台地区飞机 6 架次）；救起遇险生还者 2881 人，搜救成功率为 97.4%。

省地震局强化震情跟踪监测，有效应对地震突发事件。高效有序处置广东东源 3.8 级地震等 7 次省内突发震情，派员支援云南漾濞 6.4 级地震应急处置。完成建党 100 周年等特殊时段的地震安保预案服务工作。国家地震烈度速报与预警工程广东子项目完成 900 个一般站建设，数据接入率达 100%，数据运行率为 96.27%。

自然资源部南海局积极开展海洋观测、监测和预警报等海洋灾害防御减灾工作。全年共有 16 个浮标站、4 个油气平台和 18 艘志愿船、54 艘搭载船实行业务化运行。共开展搜救服务预报 59 次，发布南海海上遇险搜救应急专报 83 期。共发布热带气旋预报 237 期，发布海浪警报 66 期、风暴潮警报 36 期，发送各类海洋预警报短信 2468 次、共 369.17 万条，参与省防汛防旱防风总指挥部（以下称"省防总"）应急值守 20 多人次。

省生态环境厅深化大气污染防治和科学系统治水，大气六项主要污染物指标连续七年全面达标，全省 AQI 达标率为 94.3%；149 个地表水国考断面水质优良率为 89.9%，近岸海域水质优良面积比例达 90.2%，均创国家实施考核以来的最好水平，县级及以上集中式饮用水水源地水质 100% 达标。累计清理整治入海排污口 235 个。全省纳入监督执法正面清单企业 7000 多家，开展非现场检查 4 万多次。全省共办理环境违法案件 14108 宗。

省卫生健康委员会积极做好新冠肺炎等突发急性传染病疫情防控和灾害事件应急处置工作。成立常态化新冠肺炎医疗救治专家组，钟南山院士任顾问，包含省三线专家 73 人、市二线专家 105 人，专业涵盖多个学科，坚持常态化在线会诊制度；有力有效控制 13 起本土疫情并实现"零外溢"；全年累计接种新冠病毒疫苗 2.75 亿剂次、1.24 亿人次，全人群疫苗全程接种覆盖率达 94%。共处置 17 起"一般"及以上级别突发公共卫生事件，累计报告事件相关病例 973 例、死亡 9 例。所有突发急性传染病疫情均得到快速、有效、科学的处置。

防灾减灾组织体系

广东省各类自然灾害的防灾减灾工作由省政府统一管理，并通过下属机构和有关职能部门具体执行，实行行政首长负责制。

【省级主要防灾减灾机构及其负责人】

1. 广东省减灾委员会

主任：林克庆（省委常委、常务副省长）

副主任兼办公室主任：王中丙（省应急管理厅厅长）

2. 广东省防汛防旱防风总指挥部

总指挥：林克庆（省委常委、常务副省长）

副总指挥兼办公室主任：王中丙（省应急管理厅厅长）

3. 广东省森林防灭火指挥部

总指挥：林克庆（省委常委、常务副省长）

专职副总指挥兼办公室主任：王中丙（省应急管理厅厅长）

4. 广东省海上搜救中心

主任：陈良贤（副省长）

办公室主任：林奎（广东海事局副局长）

5. 广东省防震抗震救灾工作联席会议

召集人：张虎（副省长）

【广东省防灾减灾系统】

广东省防灾减灾系统情况如图 1 所示。

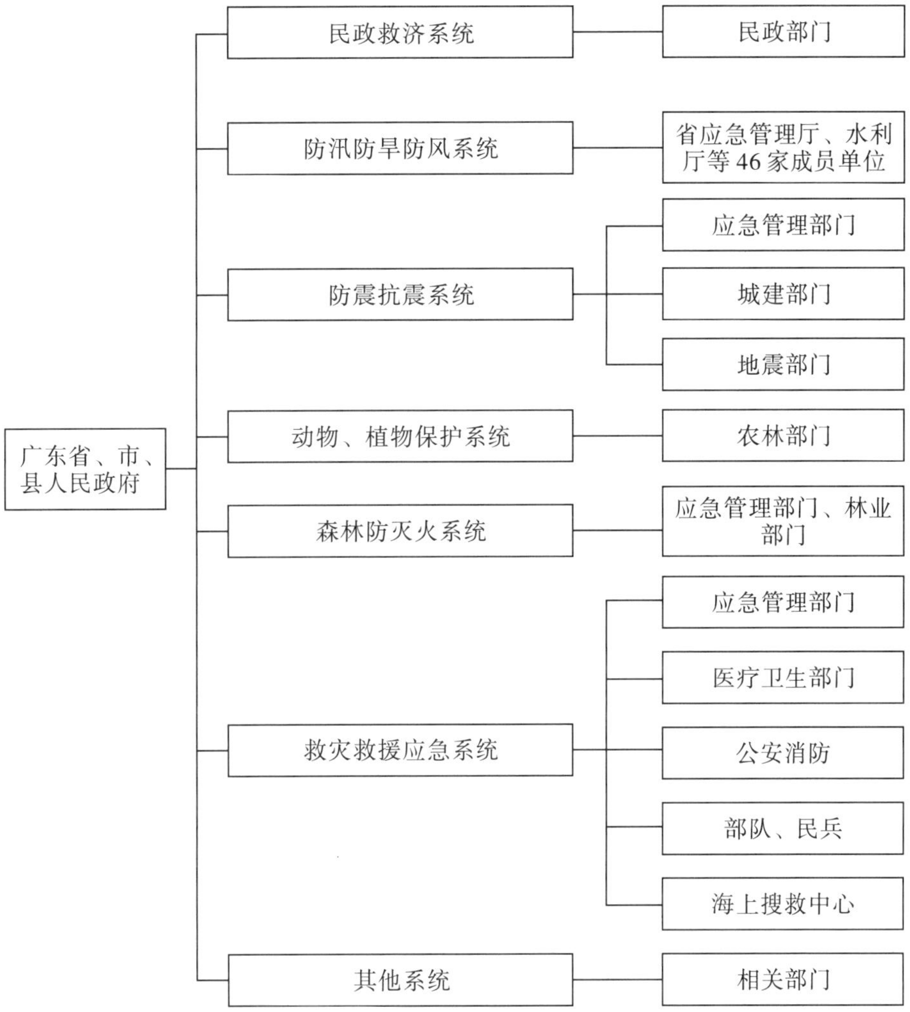

图 1 广东省防灾减灾系统示意图

广东省防汛防旱防风总指挥部成员单位包括：省应急管理厅、省水利厅、省气象局、南部战区联合参谋部作战局、省军区战备建设局、武警广东省总队、省消防救援总队、省委宣传部、省发展改革委、省教育厅、省工业和信息化厅、省公安厅、省民政厅、省财政厅、省人力资源和社会保障厅、省自然资源厅、省生态环境厅、省住房城乡建设厅、省交通运输厅、省农业农村厅、省商务厅、省文化和旅游厅、省卫生健康委、省广电局、省能源局、省水文局、民航中南管理局、广东银保监局、省通信管理局、省地震局、广东海事局、自然资源部南海局、粤海控股集团、省能源集团、省交通集团、省建工集团、中国铁路广州局集团公司、广东电网公司、省红十字会、中国移动广东公司、中国电信广东分公司、中国联通广东省分公司、中国铁塔广东省分公司、中石化广东石油分公司、中石化销售有限公司华南分公司、中国石油天然气股份有限公司广东销售分公司。

【广东省防汛防旱防风指挥系统】

广东省防汛防旱防风指挥系统情况如图 2 所示。

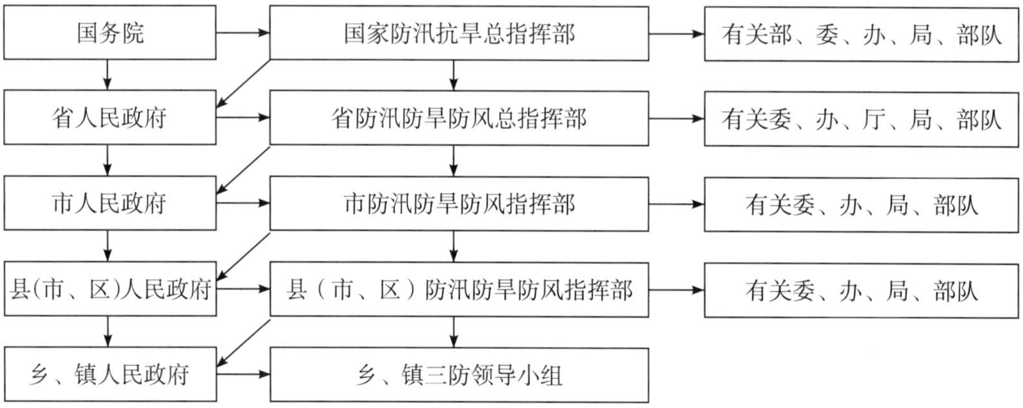

图 2 广东省防汛防旱防风指挥系统示意图

【广东省防汛防旱防风主要措施】

广东省防汛防旱防风主要措施包括工程措施和非工程措施两大类。

工程措施：通过防御、调蓄、疏导、分泄等手段，包括修建防洪防潮堤围、水闸、水库、蓄滞洪区、提水站、排涝站以及修渠打井、水土保持、营造防风林带等，减小或免除水旱风灾威胁和危害。

非工程措施：通过法律、政策、行政、经济、技术、管理等手段，包括建立以行政首长负责制为核心的三防责任制体系，强化气象、水文、海洋监测预报，完善三防信息系统和三防应急预案，加强土地使用管理、河道清障、洪泛区划分以及抢险救援、防灾保险等，提高各级三防减灾能力，减小灾害影响，把灾害损失降至最低限度。

广东省防汛防旱防风主要措施具体如图 3 所示。

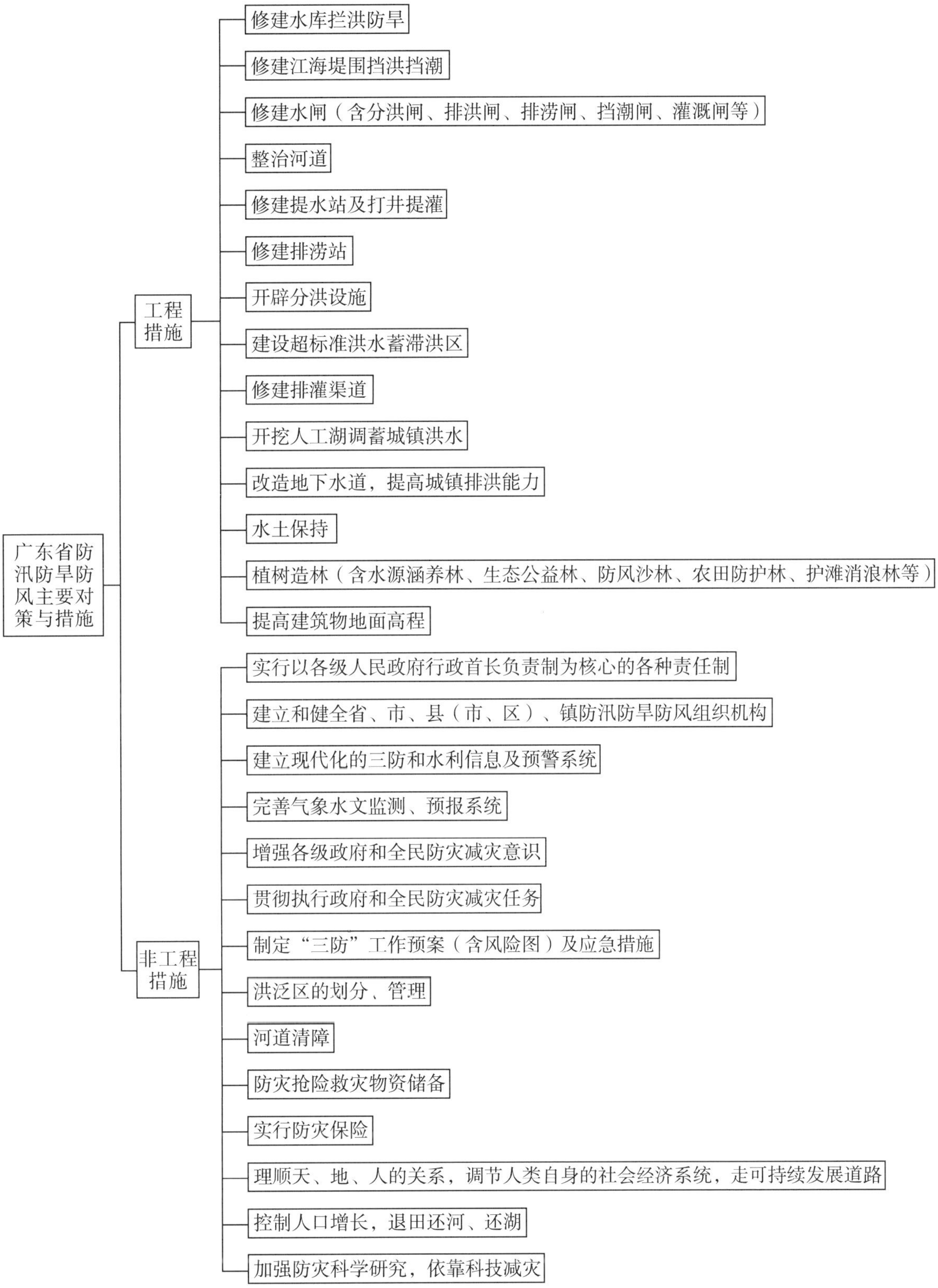

图3 广东省防汛防旱防风主要措施示意图

【广东省海上搜救系统】

广东省海上搜救系统情况如图 4 所示。

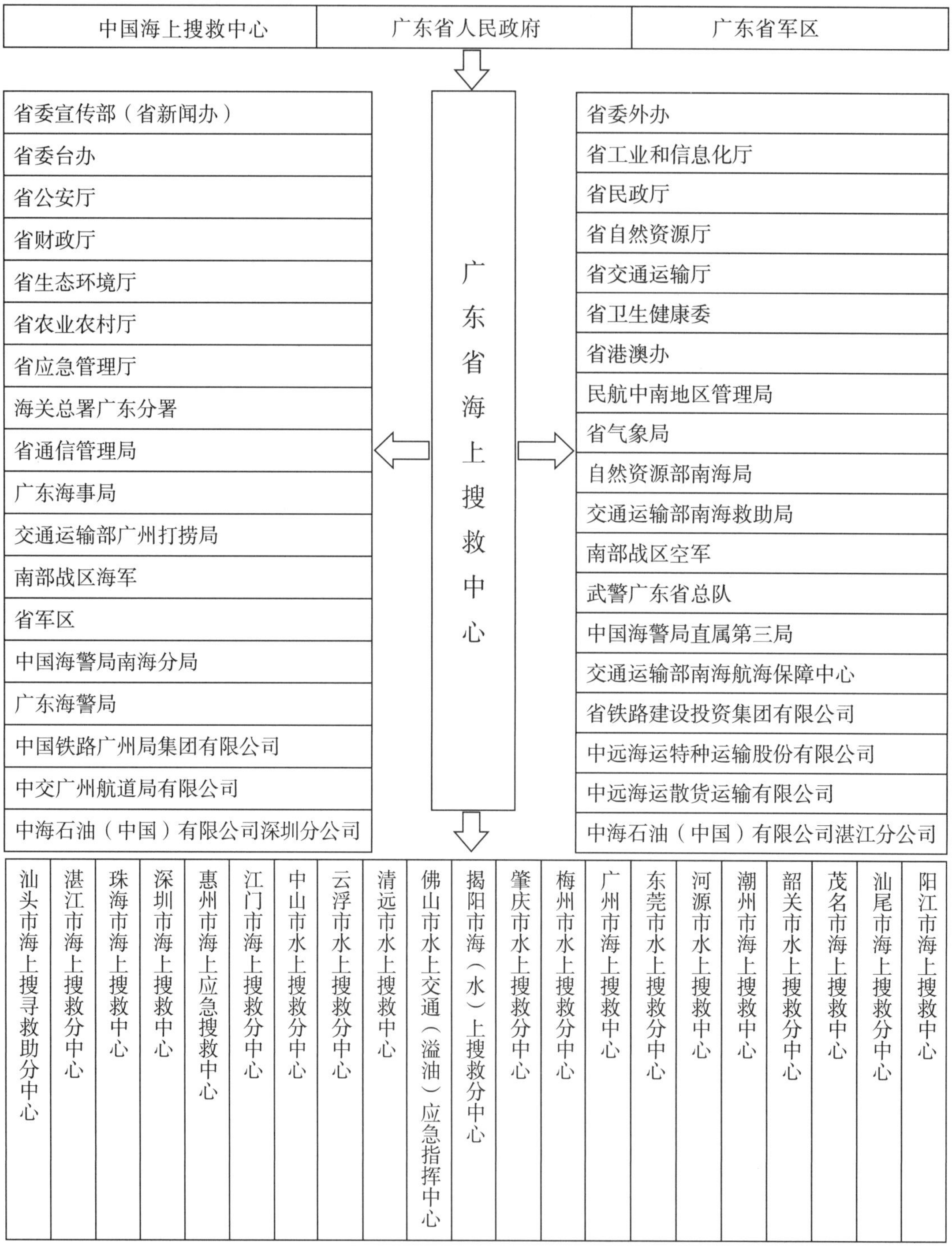

图 4　广东省海上搜救系统示意图（分中心序列按照成立先后排列）

【广东省防震减灾救灾系统】

广东省防震减灾救灾系统情况如图 5 所示。

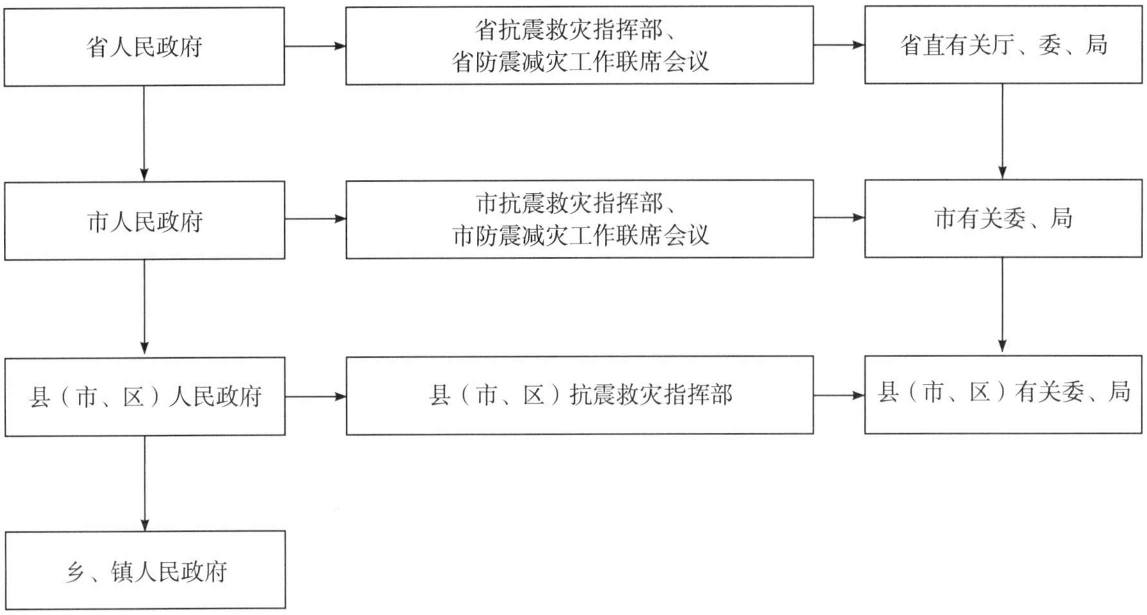

图 5　广东省防震减灾救灾系统示意图

省防震减灾工作联席会议的成员单位包括：省地震局、省军区战备建设局、省委宣传部、省发展改革委、省教育厅、省科技厅、省公安厅、省司法厅、省财政厅、省自然资源厅、省住房和城乡建设厅、省交通运输厅、省水利厅、省农业农村厅、省卫生健康委、省应急管理厅、省广播电视局、省通信管理局、省气象局、省粮食和物资储备局、省消防救援总队、广东电网有限责任公司、中国人民财产保险股份有限公司广东省分公司。

大 事 记

1 月

8 日 省应急管理厅厅长王中丙在省应急指挥中心视频调度粤北山区寒潮防御工作情况，并对防御工作作出明确要求。

9 日 应急管理厅再次视频调度粤北山区低温冰冻天气防范应对工作。

14 日 下午，广东省森林防灭火指挥部办公室组织召开省森林防灭火指挥部联络员会议。

14—15 日 广东省第一次全国自然灾害综合风险普查领导小组办公室组织举行广东省第一次全国自然灾害综合风险普查试点工作推进视频会暨试点工作培训班。

15 日 广东省发布 2021 年第一个高森林火险红色预警。

下午，省森林防灭火指挥部办公室组织召开全省森林防灭火工作视频会议，就做好全省森林防灭火工作进行再动员、再部署，确保今冬明春全省森林防灭火工作形势平稳安全。

2 月

7 日 上午，全省春节期间防旱抗旱工作调度会商视频会在省应急管理厅召开。会议任务是贯彻落实国家防总视频调度会和省政府常务会议精神，进一步研判旱情形势，对做好近期和春节期间防旱保供水工作进行再动员、再部署、再落实。

5 日—3 月 31 日 省森林防灭火指挥部办公室、省林业局组织全省各地部署开展森林火险隐患“五清”（清坟边、清林边、清地边、清隔离带、清旅游景区内可燃物）专项行动。

16 日 23 时 50 分，清远市清城区石角镇碧桂园假日半岛小区内的垃圾清运收集点发生一起较严重火灾，过火面积约 200 平方米。火灾造成 9 人死亡、1 人重伤，直接经济损失约 1200 万元。

3月

2日 广东共有四个气象科普基地获评2020年度全国优秀气象科普教育基地。

10日 省应急管理厅组织召开2021年度三防年景分析会，分析研判今年三防形势，研究部署各项防范工作。

18日 上午，省森林防灭火指挥部于全国森林草原防灭火工作电视电话会议后，继续召开全省会议部署防御工作。省委常委、常务副省长林克庆出席会议并讲话。

19日 省安委办主任王中丙主持召开全省水上运输和渔业船舶安全风险防范工作暨安全生产专项整治三年行动视频会议。

上午，广东省第一次《全国自然灾害综合风险普查实施方案（初稿）》专家研讨会在省应急管理厅召开。

23日 下午，省三防办、省应急管理厅组织召开2021年三防形势研判及汛前准备工作会议。

24—25日 省森林防灭火指挥部召开全省森林防灭火“阳山经验”现场会，深入贯彻落实中共中央总书记、国家主席、中央军委主席习近平关于森林防灭火工作的重要批示（指示）精神，进一步提升基层森林火灾风险防控水平，有效防范森林火灾。

26日 省应急管理厅与三家地震和地质灾害应急救援技术支撑单位签署战略合作协议。

30日 下午，2021年第二季度森林火险形势分析会在省应急管理厅召开。省林火卫星监测中心、省林业局、省公安厅森林公安局、部分地市应急管理局代表以及林业、气象等专家参加会议。省应急管理厅副厅长杨胜强参加会议并讲话。

本月 省应急管理厅印发《关于切实做好2021年自然灾害救助工作的通知》。

4 月

2 日 5 时 40 分，河源市东源县新回龙镇与锡场镇交界（23.85°N，114.50°E）发生 3.8 级地震，震源深度 10 千米。

省应急管理厅于应急管理部召开全国救灾和物资保障工作视频会议后，继续召开会议部署 2021 年重点工作任务。

13 日 下午，省三防办、省应急管理厅组织召开强降雨防御视频会商会。

14—16 日 省应急管理厅组织举办全省自然灾害救助和灾情信息管理工作培训班。全省 21 个地级以上市及部分多灾易灾县（市、区）分管领导和部门负责人近 150 人参训。

16 日 上午，广东省自然灾害防治工作联席会议第五次全体会议在省应急管理厅召开。

20 日 上午，省应急管理厅厅长王中丙会见上海厚天减灾救援公益促进中心负责人一行，双方就支持引导社会力量参与防灾减灾、安全宣传、应急救援等方面进行深入的座谈交流。

24—25 日 国家减灾委秘书长郑国光率国家防总检查组到广东省检查指导防汛抗旱防台风工作。

27 日 国家防总、广东省防指在广东联合开展 2021 年度北江流域防汛抢险综合演练。国家防总秘书长周学文，省委常委、常务副省长林克庆出席演练活动。省防总副总指挥王中丙主持演练。

28 日 第一次全国自然灾害综合风险普查（地震灾害）广州市从化区试点区任务、深圳市龙岗区试点区任务、汕头市南澳县试点区任务通过验收。

本月 省应急管理厅会同省粮食和物资储备局开展 2021 年省级救灾物资前置工作。汛期前完成 500 万元省级救灾物资前置工作。

省森林防灭火指挥部办公室、省应急管理厅印发《关于加快推进森林火灾风险隐患排查工作的通知》。

5月

2日 下午，省应急管理厅召开全省安全生产和防御应对强对流天气视频调度会。

3日 省三防办、省应急管理厅发布强降雨和强对流天气防御通告。

12—14日 省森防指、省应急管理厅联合在肇庆市国防教育训练基地举办全省扑火指挥员培训班。省森防指有关成员单位负责人及各地市、92个森林火灾高风险地区的应急管理局分管领导约130人在现场参训，市、县（市、区）、镇及（半）专业森林消防队伍等其他相关人员约8500人通过视频形式参训。

15日 下午，省应急管理厅、省消防救援总队联合召开全省火灾防范及应对强对流天气视频会议。

16日 省三防办、省应急管理厅发布关于防御强降雨和强对流天气的通告。

18日 省安委会办公室、省应急管理厅、省消防救援总队启动全省“一盘棋”应急响应机制。

20日 省三防办、省应急管理厅印发《关于进一步做好当前强降雨防御工作的通知》。

省水利厅发布山洪预警9个，发送信息1711条。

省自然资源厅联合省气象局、省水文局共发布地质灾害气象风险预警2次，发布三级预警短信2663条。韶关市、清远市启动防汛Ⅳ级应急响应。

22日 上午，省委常委、常务副省长林克庆到清远市飞来峡水利枢纽检查防汛工作责任落实情况。

23日 上午，省三防办、省应急管理厅召开全省强降雨防御工作视频会商会，进一步贯彻落实国家防总防汛专题视频调度会议精神和省防总工作部署。

24日 中国气象局温室气体及碳中和监测评估中心广东分中心成立。

26日 省三防办、省应急管理厅发布关于防御强降雨的通告。

下午，省三防办主任王中丙主持召开近期强降雨会商研判会，部署做好“龙舟水”防御工作。

27日 上午，省三防办、省应急管理厅召开全省防范应对“龙舟水”工作视频会议，贯彻落实省长马兴瑞、常务副省长林克庆批示（指示）精神，部署全省做好当前“龙舟水”防御工作。省防总副总指挥王中丙出席会议并讲话。

30日 晚上，省三防办、省应急管理厅召开全省“龙舟水”防御夜间视频会商会。

31日 8时30分，省三防办、省应急管理厅启动防汛Ⅳ级应急响应。

20时，省委常委、常务副省长林克庆在省应急指挥中心召开“龙舟水”防御工作视频会商会，听取省气象局、省水文局等三防成员单位对雨情水情的分析研判，调度惠州、河源、从化等地的防御工作，对进一步做好防御工作进行再部署。

6月

1日 省委、省政府召开全省三防工作视频会议，深入学习贯彻习近平总书记关于防灾减灾救灾工作的重要指示精神，分析研判三防形势，对全省三防工作进行再部署、再推动、再落实。中共中央政治局委员、省委书记李希出席会议并讲话，省长马兴瑞主持会议。

2日 上午，省三防办主任王中丙主持召开“龙舟水”防御工作视频调度会。

3日 晚上，省委常委叶贞琴到省应急管理厅，传达省委常委会会议关于三防工作的有关部署。

5日 省安委办、省三防办、省应急管理厅联合发出《关于做好高考期间降雨应对工作的通知》。

7日 20时13分，江门开平市（22.19°N，112.44°E）发生3.0级地震，震源深度8千米。

10日 下午，省安委办、省三防办、省应急管理厅组织气象、水文、海洋、水利、农业农村、海事等部门对当前南海热带低压和端午节期间防汛防风形势进行会商研判，并印发《关于做好南海热带低压防范应对工作的通告》。

21日 省安委办、省三防办、省应急管理厅联合发出《广东省安全生产委员会办公室、广东省防汛防旱防风总指挥部办公室、广东省应急管理厅关于防御强降雨和雷雨大风天气的通告》。

省三防办、省应急管理厅召开全省强降雨防御工作视频会商会。

22日 全国自然灾害综合风险普查工作电视电话会议后，省委常委叶贞琴召开全省第一次全省普查工作电视电话会议，贯彻落实国务院电视电话会议精神，对全省开展自然灾害综合风险普查工作进行部署。

下午，省委常委叶贞琴在省应急指挥中心召开强降雨防范工作调度会。省应急管理厅厅长王中丙汇报有关工作情况，省政府副秘书长郑伟仪出席会议。

7月

11日 上午，省三防办主任王中丙主持召开全省防旱抗旱工作视频会商会，传达贯彻省委、省政府领导对防旱抗旱工作的批示（指示），研究部署全省防旱抗旱工作。

15日 3时30分左右，珠海市石景山隧道施工段1.16公里位置发生透水事故，导致14名施工人员被困。经连日不间断搜救，至22日，14名被困人员已全部找到，确认遇难。

16日 广东省第一次全国自然灾害综合风险普查领导小组办公室召开技术组会议，审议《广东省第一次全国自然灾害综合风险普查实施方案》，总结技术组工作，对技术组下一步工作进行部署。

19日 13时30分，省防总、省应急管理厅启动防风Ⅳ级应急响应。

晚上，副省长孙志洋主持召开全省防台工作调度会，研判台风“查帕卡”“烟花”动态，连线了解、调度江门、阳江等地有关防台工作措施落实情况，对下一步防台工作进行再动员、再部署、再落实。

20日 24时，防风Ⅳ级应急响应提升到Ⅲ级。

20日 凌晨，省委常委、常务副省长林克庆召开全省防台工作紧急视频调度会，对防范台风“查帕卡”工作进行再部署、再落实。省应急管理厅厅长王中丙主持会议。

27日 省应急管理厅厅长王中丙主持召开党委会议，认真学习习近平总书记对防汛救灾工作作出的重要指示精神，传达省委常委会议和省政府常务会议精神，研究贯彻落实措施。

28日 上午，世界气象中心（北京）粤港澳大湾区分中心和粤港澳大湾区气象科技融合创新平台项目开工奠基仪式在中新广州知识城举行。

30日 上午，省安委办、省应急管理厅召开2021年第三季度全省防控重大风险形势综合会商研判会。

8 月

2 日　晚上，省安委办召开汛期地铁安全防范工作视频会议，贯彻落实省委、省政府领导批示精神，对做好汛期地铁安全防范工作进行再检查、再部署。

3 日　晚上，省三防办、省应急管理厅召开全省防御热带低压视频会。

4 日　晚上，省委常委、常务副省长林克庆主持召开台风“卢碧”防御工作视频会议。省应急管理厅厅长王中丙、省气象局局长庄旭东作分析研判汇报，省自然资源厅、省交通运输厅、省水利厅、省农业农村厅、广东海事局等相关负责人参加会议并提出防范工作建议。

4—5 日　省三防办、省应急管理厅主要负责人多次组织视频会商会，调度检查重点地级以上市防台风工作落实情况。

12 日　省应急管理厅组织召开全省防御强降雨强对流天气视频会议。

14 日　上午，省三防办主任王中丙主持召开防旱视频调度会议，调度揭阳普宁市蔡口水库和潮州市饶平县汤溪水库现场，并听取潮州、揭阳应急管理局主要负责人关于抗旱工作情况的汇报。

21 日　省应急管理厅、团省委联合举办广东省森林防灭火宣传志愿服务线上培训班。

24 日　下午，省应急管理厅召开支援“河南 7・20 特大暴雨”抢险救灾工作总结会。

28 日　上午，省三防办主任王中丙主持召开防汛救灾工作分析研判会，落实省委、省政府主要领导批示要求。

9 月

8 日 下午，省三防办主任王中丙主持召开防御部署双台风“康森”“灿都”工作视频会商会。省气象局、水文局和自然资源部南海局对台风发展态势和影响作预测分析，省自然资源厅、省交通运输厅、省水利厅、省农业农村厅、省文化旅游厅和广东海事局分别就防风工作提出意见建议。

9 日 上午，省森林防灭火指挥部办公室、省应急管理厅、省林业局、团省委联合举办广东省 2021 年森林防灭火宣传月线上启动仪式。

13 日 上午，省应急管理厅厅长王中丙主持召开高温天气安全防范研判会。

24 日 上午，省森林防灭火指挥部在国家森林草原防灭火指挥部召开全国秋冬季森林草原防灭火工作电视电话会议后，继续召开会议部署省内相关防御工作。副省长王志忠出席会议并讲话。省政府副秘书长张春新、省应急管理厅厅长王中丙，各地级以上市、各县（市、区）有关负责人参会。

26 日 上午，省应急管理厅召开森林防灭火指挥系统建设应用情况汇报会，听取森林火险预警系统、林火监测子系统、扑救指挥系统等部分的建设情况汇报。省应急管理厅厅长王中丙主持会议并讲话。

10 月

9 日 省三防办主任王中丙主持召开防台风视频会商会，听取省气象局、省水文局、自然资源部南海局关于台风“狮子山”“圆规”影响的分析预报，对近期的台风防御工作进行再研判、再强调、再部署。

12 日 晚上，省委常委、常务副省长林克庆召开全省防御台风“圆规”工作视频会。省应急管理厅厅长王中丙主持会议。

21 日 省应急管理厅厅长王中丙带队到新丰江和枫树坝水库调研，分析研判东江流域雨情、水情、旱情形势，安排部署抗旱保供水工作。

22 日 省安委办、省减灾办、省应急管理厅会同 26 家涉及自然灾害防治和安全生产监管责任的有关单位，召开 2021 年第四季度全省防控重大风险形势综合会商研判会。

2021 年秋冬季，全省共租用 7 架大型直升机在全省范围内开展森林航空消防工作。

11 月

3—5 日 第 26 届粤港澳气象业务合作会议暨第 34 届粤港澳气象科技研讨会在澳门举办。粤方分会场设在省气象局。

4 日 首届全国应急管理系统先进模范和消防忠诚卫士表彰大会在北京举行。广东共有 2 个单位被评为先进集体，8 人被评为先进工作者，1 人被评为中国消防忠诚卫士、二级英雄模范。

上午，省委常委、统战部部长黄宁生到台山市气象局（综合防灾减灾救灾指挥中心）调研指导“三十合一”防减救应急指挥平台建设工作。江门市委书记陈岸明、台山市委书记李惠文参加调研。

15 日 省政府办公厅印发《广东省推进气象防灾减灾第一道防线先行示范省建设的实施意见》。

由省气象局与中山大学大气科学学院共同举办的首届联合学术论坛在中山大学珠海校区召开。

25 日 上午，省应急管理厅厅长王中丙主持召开厅务会和党委会，学习习近平总书记在深入推动黄河流域生态保护和高质量发展座谈会上的重要讲话精神，传达省委常委会会议有关部署要求，研究贯彻落实意见。

26 日 上午，省森林防灭火指挥部、省应急管理厅在肇庆市国防教育训练基地举行福建省森林消防总队广东肇庆驻防队伍进驻仪式。

12 月

8 日　上午，省应急管理厅厅长王中丙带队到省航空护林站调研应急航空救援能力建设工作。

13 日　省委常委叶贞琴主持召开森林防灭火专题汇报会，对岁末年初以及“双节”两会期间的森林防灭火工作作部署要求。省森防办主任王中丙就近期森林防灭火工作情况作了汇报，省政府副秘书长郑伟仪参加会议。

18 日　省委常委叶贞琴一行赴揭阳市调研岁末年初和“双节”期间的森林防灭火工作。

上午，省三防办、省应急管理厅于国家防办异地视频调度会后，继续召开会议部署台风“雷伊”防御工作。

20 日　上午，省三防办主任王中丙主持召开防旱抗旱会商会，传达省委、省政府领导批示（指示）精神，对防旱抗旱工作进行再研判、再部署。

24 日　省委常委叶贞琴主持召开低温冰冻天气防御工作视频会，分析研判寒潮低温冰冻天气形势，对低温冰冻天气防御工作进行部署。

25 日　省应急管理厅厅长王中丙主持召开寒潮防范工作视频调度会，听取省气象局对此轮寒潮发展趋势的分析，省应急厅现场工作组、有关地级以上市、县（市、区）应急管理局负责人汇报了防寒工作情况。

28 日　省委常委叶贞琴主持召开省防总寒潮防御工作会议，省三防办主任王中丙汇报有关低温冰冻天气防御工作情况，省政府副秘书长郑伟仪对继续做好相关防御工作提出建议。

重大自然灾害事件

跨年寒潮

跨年寒潮。2020 年 12 月 29 日—2021 年 1 月 2 日，受强冷空气影响，广东省出现自北向南急剧降温并伴有 6～8 级大风天气，大部分地区气温 24 小时降幅达 10～15℃。中北部地区出现 0～5℃的低温，高寒山区最低气温达零下 5℃到零下 3℃，并出现冰冻。其中，肇庆市德庆县录得全省最大过程降温 14.4℃，河源市连平县录得全省最大 24 小时降温 10.8℃，韶关市仁化县录得本次冷空气过程最低气温零下 2.6℃。始兴、龙川等 59 个县（市、区）出现 5℃以下过程最低气温，其中仁化、曲江、大埔、龙门等 8 个县（市、区）过程最低气温达 0℃以下。全省共有 59 个县（市、区）达到寒潮级别，25 个县（市、区）达到强冷空气级别。据统计，惠州、揭阳、云浮 3 市的 6 个县（市、区）遭受低温冷冻灾害，1.12 万人受灾，农作物受灾面积 3260 公顷，直接经济损失 1.47 亿元。

1 月 16—18 日寒潮

1 月 16—18 日，受中等偏强冷空气影响，广东省日平均气温下降 5～8℃，并伴有 6～8 级大风。粤北地区最低气温 1～4℃，其中高寒山区零下 2℃～0℃，沿海地区 8～11℃，其余地区 4～7℃。云浮、惠州、揭阳 3 市分别遭受低温冷冻灾害，部分农作物和经济作物（马铃薯、菠萝）产业片区灾害损失严重。据统计，云浮、惠州、揭阳 3 市的 7 个县（市、区）、93 个乡镇、10.42 万人受灾，农作物受灾面积 2.56 万公顷，直接经济损失 10.36 亿元。

干旱

2021年，广东平均气温创历史新高，平均降水量为2005年以来最少，导致广东出现持续时间长、影响范围广的阶段性气象干旱，致使土壤墒情低、江河水位下降、山塘水库干涸、珠江口出现咸潮，对农业生产、森林防火、生活用水造成严重影响。全年降水量仅10月和12月偏多，其余月份均偏少。其中，1—9月全省平均降水量1089.3毫米，较常年同期（1659.3毫米）偏少34%，仅次于1963年（1027.3毫米），为历史同期第二个少年。汕头、汕尾、茂名等20个市偏少二至六成，为历史同期最少。长期温高雨少，加上江河来水少、水库蓄水少，致使广东大部地区气象干旱阶段性发展，粤东地区旱情持续发展。珠江及各河流流域枯水期降水和径流减少，咸潮上溯增强，珠江口出现咸潮，珠三角西江干流水道广昌泵站、联石湾水闸出咸时间分别提前至6月21日、8月3日，为有咸情监测记录以来最早。

受此影响，惠州、汕尾、潮州、云浮4市的19个县（市、区）、146个乡镇、67.05万人受灾，因旱饮水困难需救助人口达6.44万人；受旱面积4.85万公顷，其中农作物受灾面积3.12万公顷；直接经济损失2.66亿元。

5 月 7—9 日强对流

5 月 7—9 日，韶关市始兴县、乐昌市、南雄市和梅州市大埔县、平远县、梅县区出现短时强降雨，雷雨时伴有 8～10 级短时大风和冰雹。据统计，共有 5 个县（市、区）、15 个乡镇、0.73 万人受灾，农作物受灾面积 1740 公顷，一般损坏房屋 12 间，直接经济损失 0.67 亿元。

5 月 20 日暴雨

5 月 20 日，受低空急流、切变线和冷空气共同影响，韶关北部、清远北部地区出现暴雨到大暴雨，局地出现 8 级左右短时大风。据气象站点统计，当日全省平均降水量 8.3 毫米，共有 248 个镇街录得超过 50 毫米的暴雨；其中，超过 250 毫米的站点有 1 个，100～250 毫米的站点有 98 个；韶关市乳源县洛阳镇录得广东最大过程雨量 289.8 毫米，同时录得最大小时雨量 76.7 毫米（19 日 22 时）。此次强降雨导致韶关、清远二市出现洪涝灾害，造成韶关市的南雄、翁源、乳源、武江、曲江、仁化、新丰、乐昌和清远市的连山、连南等县（市、区）共 105 个乡镇、5.1 万人受灾，死亡 1 人，倒塌房屋 89 间，农作物受灾面积 6790 公顷，直接经济损失 7.64 亿元。

5 月 30 日—6 月 4 日暴雨

5 月 30 日—6 月 4 日，广东省出现 2021 年第一轮“龙舟水”降水过程，先后有 3 波强降水影响广东省不同地区，此次过程具有“持续时间长、累积雨量大、降水范围广、短时雨强大”的特点。其中，惠州市龙门县龙华镇录得全省最大累积雨量 618. 7 毫米，同时录得 3 小时累积雨量 400. 9 毫米，刷新历史纪录。

持续时间长：先后有三波强降水影响广东省不同地区。其中，第一波季风降水出现在 30 日夜间至 6 月 1 日早晨，重点影响珠三角（惠州、珠海、中山）及河源、汕尾、揭阳；第二波南支槽降水出现在 1 日午后至 2 日傍晚，重点影响珠三角中西部及清远；第三波锋面降水于 3 日夜间至 4 日白天自北向南影响广东省大部分地区，并伴有 7～9 级短时大风。

累积雨量大：5 月 30 日 20 时至 6 月 4 日 17 时，全省平均雨量 103. 7 毫米，惠州市龙门县和博罗县、揭阳市惠来县、河源市紫金县、汕尾陆丰市、中山市、珠海市出现特大暴雨。雨量较大的有：惠州市龙门县龙华镇 646. 9 毫米，珠海市香洲区横琴镇 519. 9 毫米，中山市坦洲镇 475. 4 毫米，汕尾陆丰市南塘镇 453. 1 毫米，韶关市新丰县丰城镇 396. 5 毫米，河源市紫金县古竹镇 375. 8 毫米，揭阳市惠来县葵潭镇 372. 3 毫米，广州市从化区吕田镇 327. 5 毫米。

降水范围广：除粤西出现中到大雨、局部暴雨外，全省大部普遍出现暴雨到大暴雨，累积雨量大于 250 毫米的站点有 99 个，100～250 毫米的有 846 个，50～100 毫米的有 544 个。

短时雨量强：惠州市龙门县龙华镇录得最大 1 小时（5 月 31 日 6～7 时）雨量 156. 4 毫米；3 小时（5 月 31 日 5～8 时）雨量 400. 9 毫米，破全省历史纪录；6 小时（5 月 31 日 3～9 时）雨量 479. 6 毫米，破“龙舟水”期间全省历史纪录。

此次强降水造成博罗、惠东、龙门、紫金、江东新区、新丰、连南共 7 个县（区）、74 个乡镇、2. 59 万人受灾，农作物受灾面积 1460 公顷，直接经济损失 0. 57 亿元。

台风“查帕卡”

7月18日14时，南海北部的热带扰动在广东省近海海面发展为热带低压，19日8时加强为热带风暴“查帕卡”，17时加强为强热带风暴，23时加强为台风；20日21时50分以台风级别在阳江市江城区沿海地区登陆，登陆时中心附近最大风速33米/秒（12级），中心最低气压968百帕。“查帕卡”登陆后缓慢西移，21日0时减弱为强热带风暴，4时减弱为热带风暴，8时在阳春市境内减弱为热带低压，17时移入广西境内。“查帕卡”是2021年第一个登陆广东的台风，具有“近海生成、靠岸加强、移速偏慢、中心风大”的特点，是广东历史上近岸加强最急的台风。

近海生成：热带低压在广东省近海190公里的海面上形成，其后在距离广东省陆地约120公里的近海（距离江门上川岛仅95公里左右）发展为台风“查帕卡”（热带风暴级）。

靠岸加强：“查帕卡”生成后向西北方向移动，并逐渐靠近广东省，在15小时内实现强度“三级跳”，快速从热带风暴级加强到台风级。

移速偏慢：从生成到登陆及穿过粤西期间，“查帕卡”54小时移动了约260公里，平均时速约5公里，且多次停滞摆动。

中心风大：“查帕卡”中心经过的附近区域录得最大阵风49.2米/秒（15级）和平均风36.4米/秒（12级），而大风半径仅约40公里，外围风力小。

受“查帕卡”影响，18日夜间至22日，广东沿海地区出现暴雨，其中部分市县出现大暴雨、局地特大暴雨；其余地区出现雷阵雨、局部大雨或暴雨。据气象水文监测，18日20时至22日15时，全省平均雨量54.2毫米，超过25毫米的站点数占全省总站数的63.0%，各级累积雨量站数情况为：250毫米以上59站，100～250毫米324站，50～100毫米393站，25～50毫米409站。雨量较大的有：阳江市江城区闸坡镇460.8毫米，茂名市电白区观珠镇407毫米，深圳市大鹏新区大鹏街道400毫米，江门台山市海宴镇366.2毫米，中山市五桂山街道305.7毫米。

另外，广东沿海地区和海面出现平均风7～9级、阵风10～13级的大风，其中阳江市阳东区东平镇南鹏岛录得平均风36.4米/秒（12级）、阵风49.2米/秒（15级），江门台山市川岛镇录得平均风34.9米/秒（11级）、阵风45.4米/秒（14级）。

受“查帕卡”影响，阳江市江城、阳西、阳东、阳春、海陵县和江门台山市共有64个乡镇、4.96万人受灾，农作物受灾面积3620公顷，主要受灾农作物为水稻、蔬菜、香蕉、龙眼等，直接经济损失1.62亿元。

自然灾害分述

气象和水文灾害

2021 年，受双拉尼娜背景和西太平洋副热带高压强度偏强、脊线偏北影响，广东气候明显异常，极端天气气候事件多发；台风、暴雨洪涝灾害明显偏轻，但低温和干旱灾害重。广东天气气候总体特征是“温高雨少登陆台风少，阶段性气象干旱造成严重影响”。总体而言，2021 年广东气候年景偏差。

【基本气候特点】

2021 年，全省平均气温 23.0℃，较常年偏高 1.1℃，为 1951 年有气象记录以来最高；平均高温日数 42.9 天，较常年偏多 25.4 天，创历史新高。平均降水量 1358 毫米，较常年偏少 24%，为历史上第五个少年。“龙舟水”偏少，但降水极端性强，其中 5 月 31 日惠州市龙门县龙华镇 3 小时降水量 400.9 毫米，破广东历史极值。初台偏晚，有 2 个台风登陆广东，较常年偏少 1.7 个；有 4 个台风影响广东，影响程度总体偏轻。温高雨少致阶段性气象干旱严重。年初、年尾受寒潮影响，降温显著。全省灰霾日数继续维持较低水平。

1 月，全省平均气温 13.3℃，接近常年同期；全省平均降水量 6.5 毫米，较常年同期显著偏少 85%。受跨年寒潮影响（2020 年 12 月 29 日—2021 年 1 月 2 日），惠州、揭阳、云浮罗定 3 市的 6 个县（市、区）遭受低温冷冻灾害，造成直接经济损失 1.47 亿元。1 月 16—18 日，受中等偏强冷空气影响，云浮、惠州、揭阳 3 市的 7 个县（市、区）、93 个乡镇受灾，造成直接经济损失 10.36 亿元。2 月，全省平均气温 18.0℃，较常年同期显著偏高 3.3℃，仅次于 2009 年，为 1951 年有气象记录以来次高；全省平均降水量 66.5 毫米，较常年同期偏少 14%。1 月 1 日—2 月 8 日，全省平均降水量仅 6.5 毫米，较常年同期偏少 89%，气象干旱发展迅速。2 月 8 日，全省有 64 个县（市、区）达到重旱到特旱级别，其中特旱地区有 41 个。2 月 9—10 日，全省大部分地区出现罕见冬季暴雨，2020 年秋冬以来的气象干旱得到缓解。

春季（3—5 月），全省平均气温 23.8℃，较常年同期偏高 2.2℃，为常年同期最高。3 个月的平均气温均显著偏高，3 月偏高 2.9℃、4 月偏高 1.2℃、5 月偏高 2.6℃，其中 3 月、5 月均为常年同期最高；全省平均降水量 315.6 毫米，较常年同期偏少 44%，其中 3 月偏少 64.8%，4 月偏少 49.5%，5 月偏少 30.6%。3 月 11 日—4 月 7 日，全省平均降水量仅 9.3 毫米，较常年同期偏少 93%，广东气象干旱再次发展；4 月 8—9 日、4 月 25—28 日的降水过程缓解了全省大部气象干旱，但粤东干旱持续。5 月出现 4 次大范围强降水过程，使气象干旱得到缓解，其中，5 月 31 日粤东地区出现暴雨到大暴雨、局地特大暴雨，使粤东旱情缓解。同时，强降水也造成较大损失。其中，5 月 7—9 日粤北、粤东的短时强降雨、雷雨大风冰雹天气造成直接经济损失 0.67 亿元；“5·20”强降雨致韶关和清远二市出现洪涝灾害，造成 1 人死亡，直接经济损失 7.64 亿元。“龙舟水”偏少，降水极端性强，5 月 31 日惠州市龙门县龙华镇 3 小时降水量 400.9 毫米，破广东历史极值。

夏季（6—8 月），全省平均气温 28.6℃，较常年偏高 0.5℃，为历史同期第三高。其中 6 月偏高 0.7℃，7 月偏高 0.9℃，8 月接近常年。全省平均高温日数 23.0 天，较常年同期偏多 8.0 天。全省共出现 10 次大范围高温天气过程。7 月 22 日—8 月 2 日，出现持续 12 天的大范围高温天气过程。全省平均降水量 616.1 毫米，较常年同期偏少 23%。其中 6 月、7 月、8 月降水分别偏少 18.2%、43.2% 和 8.5%。6 月 12—13 日，台风"小熊"给南部沿海带来风雨影响。初台（当年第一个登陆的台风）"查帕卡"于 7 月 20 日以台风级别在阳江市登陆，较常年偏晚 22 天，造成阳江市和江门台山市直接经济损失 1.62 亿元。2021 第 9 号台风"卢碧"近岸生成、沿岸东行，于 8 月 5 日登陆汕头市。8 月 9—10 日，珠三角、清远和粤西的部分地区出现中到强雷雨，部分地区出现暴雨或大暴雨，造成肇庆、惠州、清远等市的 21 个乡镇、0.2 万人受灾，直接经济损失 929.37 万元。8 月下旬至 9 月末，由于高温少雨，粤北、粤东气象干旱露头并持续发展。

秋季（9—11 月），全省平均气温 24.0℃，较常年同期偏高 0.6℃，其中 9 月偏高 2℃，10 月、11 月接近常年同期。全省平均降水量 304.7 毫米，较常年同期偏多 12%，其中 9 月偏少 55%，为有气象记录以来同期第三少年；10 月全省平均降水量 203.5 毫米，较常年同期（59.1 毫米）偏多 2.4 倍，为历史同期第三多年，其中澄海、汕头等 13 个县（市、区）降水破 10 月最多纪录；11 月偏少 41.7%。9 月广东平均高温日数 12.4 天，较常年同期偏多 10.6 天，为 1951 年以来历史同期最多。9 月 2—22 日，全省出现 2021 年持续时间最长、范围最广的高温天气过程，导致电量负荷双增长。10 月上半月台风"狮子山"和"圆规"带来丰沛的降水，有效缓解了广东旱情，特别是对于降水显著偏少的粤东，利远大于弊。11 月有两次强冷空气影响广东。

12 月，全省平均气温 15.4℃，较常年同期偏高 0.6℃；全省平均降水量 42.2 毫米，较常年同期偏多 31.8%。"雷伊"是历史上 12 月进入南海的最强台风，刷新影响广东最晚台风纪录。受"雷伊"残余环流、冷空气和人工增雨的共同作用，12 月 21 日，全省大部分地区出现大到暴雨和大风天气。12 月 25—27 日，出现寒潮天气过程，全省降温显著。

1. 气温

• 年平均气温

2021 年，全省平均气温 23.0℃，较常年（21.9℃）偏高 1.1℃，创 1951 年有气象记录以来最高纪录，年平均气温介于 20.3℃（连山）～25.1℃（徐闻），其中北部地区 20.3～22.0℃，中南部地区 22.0～25.1℃。汕头、顺德、河源等 48 个县（市、区）年平均气温为有气象记录以来最高。与常年相比，全省一致偏高 0.3～2.2℃，其中珠江口及以东大部偏高 1.0℃以上。年内气温除 10 月较常年同期略偏低 0.2℃，其余各月均正常或偏高。其中 2 月较历史同期偏高 3.3℃，为历史同期第二高年；3 月、5 月、9 月平均气温较常年同期偏高 2.0～2.9℃，均为历史同期最高，全省分别有 49 个、63 个、63 个县（市、区）月平均气温破历史同期最高纪录。

• 年极端最高气温

2021 年，全省各地年极端最高气温介于 35.1℃（汕尾）～39.3℃（普宁）。

• 年极端最低气温

2021 年，全省各地年极端最低气温介于零下 4.7℃（平远）～6.7℃（上川岛）。

2. 降水

• 年降水量

2021 年，全省平均降水量 1358.0 毫米，较常年（1789.9 毫米）偏少 24%，为历史第五少年，也为2005年以来最少。各地降水量介于680.1毫米（南澳）～2590.3毫米（斗门），其中南澳、大埔和汕头等7个市、县（区）降水量为历史第二少年。年降水量粤东偏东地区介于680.1～1000.0毫米，珠江口及西南部地区介于1500.0～2590.3毫米，其余地区介于1000.0～1500.0毫米。与常年相比，除珠海市偏多外，其余大部分偏少10%～52%，其中粤东偏少30%以上。年内降水阶段性变化大，除10月、12月降水偏多外，其余各月均偏少。其中，1月偏少85%，龙川、梅县区等14个县（市、区）1月降水量创当地有气象记录以来最少纪录；3月、4月、9月偏少50%～65%，其中潮阳、惠东、龙川等6个县（市、区）降水破9月最少纪录；10月平均降水量203.5毫米，较常年同期偏多2.4倍，为历史同期第三多年，其中澄海、汕头等13个市、县（区）降水破10月最多纪录。12月偏多32%。按气象行业标准，广东于5月3日开汛，较常年平均开汛日期（4月6日）偏晚近1个月。

• 最大日雨量

5月31日20时—6月1日20时，惠州市惠东县雨量达299.6毫米，为年内全省20时—次日20时最大日雨量。10月8日8时—9日8时，江门恩平市雨量250.3毫米，为年内全省8时—次日8时最大日雨量。

• 年雨日

2021年，全省各地年降水日数在68天（南澳）～172天（蕉岭、仁化）。与常年相比，梅州北部偏多1～24天，其余地区均偏少6～46天，其中河源中部偏少40天以上。

3. 日照

2021年，全省平均日照时数2058.8小时，较常年（1754.9小时）偏多17%。年日照时数从南向北递减，其中肇庆北部和清远北部等地介于1540.5～1700.0小时，粤东和雷州半岛介于2100.0～2651.3小时，其余地区介于1700.0～2100.0小时。与常年相比，全省大部偏多10%～73%，其中粤北偏北和粤东部分地区偏多30%以上。

【热带气旋】

2021年，西北太平洋和南海共有22个台风（中心附近最大风力≥8级）生成，个数较常年（25.5个）偏少3.5个，其中有6个登陆中国。年内有2个台风（“查帕卡”和“卢碧”）登陆广东，较常年（3.7个）偏少1.7个；4个未登陆广东的台风（“狮子山”“圆规”“小熊”“雷伊”）也给广东带来风雨影响。初台“查帕卡”于7月20日在阳江市登陆，较常年偏晚22天。2021年台风具有“初台晚、登陆台风少、总体影响偏轻”的特点。

据统计，2021年台风导致全省12.82万人受灾，农作物受灾面积6376公顷，直接经济损失1.89亿元，较近十年台风损失明显偏轻。10月台风“狮子山”和“圆规”带来丰沛的降水，有效缓解了广东旱情，特别是对于降水显著偏少的粤东，利远大于弊。

1. “小熊”给南部沿海带来风雨

6月12日9点45分，热带风暴“小熊”在海南省陵水县沿海地区登陆，登陆时中心附近最大风力8级（20米/秒），中心最低气压990百帕。受“小熊”和南海季风云系共同影响，6月12—13日，广东南部地区普遍出现大雨、局部暴雨或大暴雨，其余地区普遍出现雷阵雨、局部大雨或暴雨。另外，粤西沿海陆地、海面、南海中北部海面普遍出现9级左右大风、阵风6～7级。

2. 初台“查帕卡”登陆阳江，较常年偏晚

台风“查帕卡”于7月20日21时50分在阳江市江城区沿海地区登陆，登陆时中心附近最大风力12级（33米/秒），中心最低气压968百帕。“查帕卡”是2021年第一个登陆广东的台风，较常年偏晚22天。受其影响，7月18—22日，广东沿海地区出现暴雨，其中部分市县出现大暴雨、局地特大暴雨；其余地区出现雷阵雨、局部大雨或暴雨。据气象站点统计，全省平均降水量58.4毫米，阳江海陵岛闸坡镇出现全省最大过程雨量达550.9毫米。20日，阳江海陵岛闸坡镇吉坑自动站录得最大日雨量298.4毫米，上川岛当日也录得国家站最大日雨量205.9毫米。广东沿海地区和海面出现平均风7～9级、阵风10～13级。受台风“查帕卡”降水及云系影响，19日白天广东大部分地区最高气温较18日下降了1～5℃。“查帕卡”带来了清凉和强降水，缓解了广东西南部地区的气象干旱。受其影响，阳江市江城、阳西、阳东、阳春、海陵县和江门台山市共有64个乡镇、4.96万人受灾，直接经济损失1.62亿元（详见“重大自然灾害事件”）。

3. 台风“卢碧”近岸东行，不走寻常路

8月2日17时，南海热带低压在粤西近海形成，4日8时，加强为2109号热带风暴“卢碧”，并于5日11时20分以热带风暴级在汕头市南澳县沿海地区登陆，登陆时中心附近最大风力9级（23米/秒），中心最低气压为985百帕。“卢碧”随后穿过南澳岛后一路东北行，先后登陆福建省东山县沿海、台湾省新竹市、日本鹿儿岛枕崎市。“卢碧”具有“近岸生成、沿岸东行、结构偏心”的特点。受其影响，8月2—6日，粤西、珠三角南部和粤东沿海地区先后出现大雨到暴雨、局地特大暴雨。揭阳市惠来县前詹镇出现全省最大过程雨量442.6毫米，5日该站也录得此次过程最大日降水量330.9毫米。另外，广东中东部沿海地区和海面出现大风10～11级、阵风7～9级，其中汕头市南澳南澎岛录得最大阵风32.6米/秒（11级）。

4.“圆规”大风影响范围广

10月8日17时，菲律宾以东洋面上的热带低压加强为热带风暴“圆规”，11日夜间加强为强热带风暴并进入南海东北部海面，13日5时加强为台风级，并于15时20分以台风级别在海南省琼海市沿海地区登陆，登陆时中心附近最大风力11级（30米/秒）。“圆规”具有“路径稳定移速快、结构偏心不对称、大风影响范围广”的特点。受“圆规”和冷空气共同影响，10月13—15日，粤东、珠三角南部和粤西出现大雨到暴雨、局部大暴雨。据气象站点统计，全省平均降水量44.3毫米，过程雨量超过100毫米的站点有413个；其中，湛江雷州市雷高镇录得全省最大过程雨量376.3毫米，汕头市南澳县后宅镇录得最大日雨量214.9毫米（15日）。南海中北部海面、广东海面出现大风9～10级、阵风11～13级，南部沿海地区出现大风6～8级、阵风9～10级，其余地区出现大风5～6级、阵风7～8级。其中，深圳市龙岗大鹏新区南澳街道录得最大阵风37.7米/秒（13级）。受其影响，阳江、茂名、云浮、肇庆、珠海5市的31个乡镇、1.28万人受灾，农作物受灾面积470公顷，直接经济损失1700万元。

5.“狮子山”带来丰沛降水，缓解广东中南部旱情

10月8日22时40分，热带风暴“狮子山”在海南省琼海市沿海登陆，登陆时中心附近最大风力8级（20米/秒），中心最低气压990百帕。“狮子山”具有“路径曲折、移速缓慢、风雨明显”的特点。受“狮子山”、冷空气带来的自然降水和人工增雨作业的共同作用，10月7—11日，粤东和珠三角、粤西地区先后出现持续性的暴雨到大暴雨、局地特大暴雨，广东中南部旱情得到缓解。据气象站点统计，全省平均降水量133.1毫米，过程雨量超过250毫米的站点有578个，100～250毫米的站点有1198个；其中，珠海市香洲区万山镇录得全省最大过程雨量718.3毫米、最大日雨量377.3毫米（10日）。另外，受“狮子山”叠加冷空气影响，广东南部沿海和海面出现大风7～9级、阵风10～11级。其中，珠海市港珠澳大桥海豚气象观测站录得最大平均风31.7/秒（11级），江门台山市川岛镇（海拔高度260米）录得最大阵风38.8米/秒（13级）。此次过程造成珠海、肇庆二市的29个乡镇、6.58万人受灾，农作物受灾面积2590公顷，直接经济损失1100万元。

6.“雷伊”刷新影响广东最晚台风纪录

12月13日14时，2122号台风“雷伊”（热带风暴级）在菲律宾马尼拉东南方的西北太平洋洋面上生成，随后向西偏北方向移动并迅速加强为超强台风，穿过菲律宾南部群岛；17日夜间以强台风级移入南海东南部海面，随后再度加强为超强台风；20日在西沙群岛附近海面转向偏北到东北方向移动，强度快速减弱；21日8时在南海北部减弱消失。“雷伊”是历史上12月进入南海的最强台风，也是最晚给广东带来海上大风和陆地降水的台风。该台风具有“中心强度极端、北上路径罕见、海上大风宽广、降水温和面大”的特点。受其影响，12月18—20日，南海中北部海面出现9～11级阵风、广东海面出现8～10级阵风；受“雷伊”减弱后的残余环流、冷空气、南支槽和人工增雨的共同作用，21日，河源、梅州、揭阳、汕尾、珠三角地区出现大雨到暴雨，江门台山市汶村镇录得全省最大过程雨量135.0毫米。12月21日，时值冬至，广东不同地区同时发布了5种不同类型（暴雨、台风、森林火险、寒冷和大雾预警）的气象灾害预警信号。

2021年登陆我国、2021年影响广东的热带气旋的情况分别如表2、表3所示。

表2 2021年登陆我国的热带气旋一览表

中央台编号	国际编号	名称	最大强度	登陆时间	登陆地点	登陆时中心气压（百帕）	登陆时最大风力（级）	登陆时最大风速（米/秒）
2104	2104	小熊	热带风暴	6月12日9时45分	海南陵水	990	8	20
—	—	—	热带低压	7月7日11时	海南陵水	998	7	15
2106	2106	烟花	强台风	7月25日12时30分 7月26日9时50分	浙江舟山 浙江平湖	968 978	12 10	35 25
2107	2107	查帕卡	台风	7月20日21时50分	广东阳江	968	12	33
2109	2109	卢碧	热带风暴	8月5日11时20分 8月5日16时50分 8月7日8时30分	广东汕头 福建东山 台湾新竹	985 986 992	9 8 8	23 20 18
2117	2117	狮子山	热带风暴	10月8日22时40分	海南琼海	990	8	20
2118	2118	圆规	台风	10月13日15时20分	海南琼海	972	11	30

表3　2021 年影响广东的热带气旋简况表

编号	名称	最大强度	影响起止日期	过程最大雨量及录得地区		风速[①]（米/秒）		
				雨量（毫米）	地区	最大风速	极大风速	大风影响日期
2104	小熊	热带风暴	6 月 11—13 日	105.3	上川岛	11.7（上川岛）	20.8（上川岛）	6 月 12 日
—	—	热带低压	7 月 6—8 日	50.9	阳春	12.7（徐闻）	18.0（徐闻）	7 月 7 日
2107	查帕卡	台风	7 月 17—24 日	338.5	上川岛	17.8（阳江）	29.3（阳江）	7 月 21 日
2109	卢碧	热带风暴	8 月 3—7 日	212.4	深圳	15.3（清远）	24.6（封开）	8 月 2 日[②] 8 月 4 日[③]
2115	电母	热带风暴	9 月 23—25 日	52.6	雷州	11.9（高要）	18.8（徐闻）	9 月 24 日
2117	狮子山	热带风暴	10 月 7—11 日	457.3	斗门	18.2（珠海）	27.3（上川岛）	10 月 9 日
2118	圆规	台风	10 月 13—15 日	147.5	汕尾	20.3（上川岛）	32.0（上川岛）	10 月 13 日
2122	雷伊	超强台风	12 月 19—21 日	102.2	台山	14.6（上川岛）	20.2（上川岛）	12 月 20 日

注：①风速值后括号中的地区为该最大/极大风速录得地区。②该日期为最大风速影响期。③该日期为极大风速影响期。

台风“查帕卡”、台风“圆规”和超强台风“雷伊”的移动路径情况如图 6 所示。

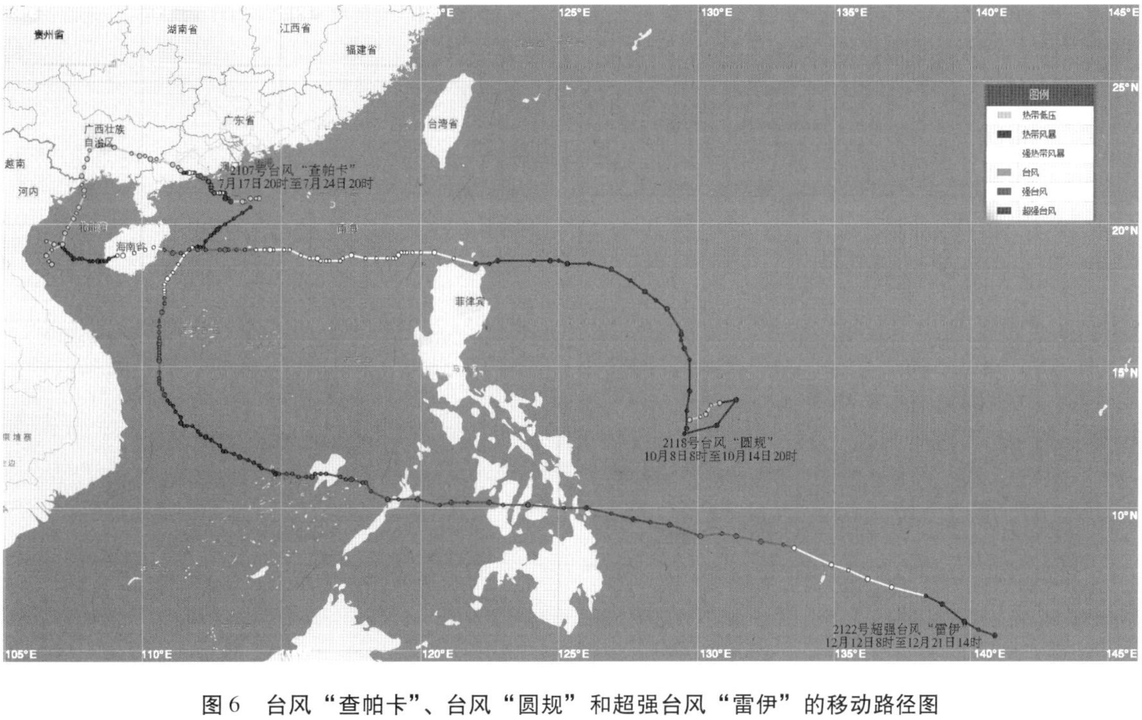

图 6　台风“查帕卡”、台风“圆规”和超强台风“雷伊”的移动路径图

【暴雨洪水】

2021年，全省共出现19次区域性暴雨过程，其中“5·20”强降水导致韶关、清远二市洪涝灾害重。全省共出现暴雨（日降水量≥50毫米）457站日，较常年（643站日）偏少28.9%。根据《广东省防汛防旱防风条例》，综合考虑气象、水文、水利等各方面因素，广东省防总决定，广东于4月15日进入汛期。汛期（4月15日—10月20日，下同），全省平均降水量1146.9毫米，较常年同期偏少17%；全省平均暴雨日数为4.6天，较常年同期偏少1.8天。据统计，2021年洪涝灾害导致全省7.85万人受灾，死亡1人，农作物受灾面积8933公顷，直接经济损失8.31亿元，暴雨洪涝损失较近十年明显偏轻。除台风暴雨外，还造成影响较大的区域性暴雨过程。

1. 2月出现罕见冬季暴雨

2月9—10日，受高空槽、低层东南气流以及弱冷空气影响，广东自西向东出现明显降水，云浮、肇庆、清远、韶关、粤西等地出现暴雨、局部大暴雨，其余地区出现大雨、局部暴雨。据气象站点统计，全省平均降水量49.6毫米，其中，韶关市曲江区乌石镇录得全省最大过程雨量134.1毫米，湛江市徐闻县锦和镇录得全省最大小时雨量42.4毫米（9日20时）。

2. 开汛偏晚

5月2—3日，受冷空气和切变线共同影响，珠三角西部、茂名、湛江、清远等地午后出现大雨到暴雨、局部大暴雨，广州市花都区和清远市清新区等地出现8级左右雷暴大风。按气象行业标准，广东在5月3日开汛，较常年平均开汛日期（4月6日）偏晚近1个月。据气象站点统计，全省平均降水量26.7毫米，其中，茂名化州市良光镇录得全省最大日雨量268.4毫米（2日），湛江市遂溪县遂城镇录得全省最大小时雨量97.0毫米（3日16时）。

3. “5·20”强降雨韶关致灾重

5月20日，受低空急流、切变线和冷空气共同影响，韶关北部、清远北部地区出现暴雨到大暴雨，局地出现8级左右短时大风。据气象站点统计，5月20日，全省平均降水量8.3毫米，雨量超过50毫米的站点有248个，其中超过250毫米的有1个，100～250毫米的有98个。其中，韶关市乳源瑶族自治县洛阳镇录得全省最大过程雨量达289.8毫米，同时录得最大小时雨量76.7毫米（19日22时）。“5·20”强降雨导致韶关和清远二市出现洪涝灾害，造成韶关市南雄、翁源、乳源、武江、曲江、仁化、新丰、乐昌和清远市连山、连南等县（市、区）的105个乡镇、5.1万人受灾，1人死亡，农作物受灾面积6790公顷，倒塌房屋89间，直接经济损失7.64亿元（详见“重大自然灾害事件”）。

4. “龙舟水”偏少，降水极端性强

“龙舟水”期间（5月21日—6月20日），全省平均降水量201毫米，较常年同期偏少37%，其中廉江、阳春、和平县（市）为有气象记录以来同期最少。其间有2次大范围强降水过程，分别出现在5月31日—6月2日、6月4日。受“龙舟水”影响，博罗、惠东、龙门、紫金、江东新区、新丰、连南7个县（区）的74个乡镇、2.59万人受灾，农作物受灾面积1460公顷，直接经济损失0.57亿元。

5月31日—6月2日，受华南准静止锋、切变线影响，全省大部出现暴雨到大暴雨；其中，

惠州龙门和博罗、揭阳惠来、中山、珠海、河源紫金、汕尾陆丰出现特大暴雨。据气象站点统计，全省平均降水量90.2毫米，过程雨量超过500毫米的站点有2个，250～500毫米的有89个。其中，惠州市龙门县龙华镇3小时雨量达400.9毫米（5月31日6—8时），破广东省3小时雨量历史极值（广州市增城区永宁街道382.6毫米，2017年5月7日6—8时）；龙华镇同时录得最大过程雨量608.4毫米，31日录得最大小时雨量156.4毫米（7时），6小时雨量479.6毫米，均破惠州市历史极值；河源、中山、珠海3市也出现不同历时雨量突破本市极值的现象（详见“重大自然灾害事件”）。

6月4日，受西南季风和切变线影响，粤北、珠三角南部和粤东部分地区出现大雨、局部暴雨到大暴雨，其余地区出现分散阵雨。据气象站点统计，4日全省平均降水量15.2毫米，过程雨量超过50毫米的站点有179个；其中，清远市清新区笔架山录得全省最大日雨量118.0毫米，连山县福堂镇录得最大小时雨量59.2毫米（3日23时）。强降水未造成严重的自然灾害，一定程度上缓解了广东旱情（详见“重大自然灾害事件”）。

6月22—24日，受西南季风和切变线影响，潮州、韶关、清远、河源、云浮、江门、珠三角地区出现暴雨、局部大暴雨，其余地区出现大雨、局部暴雨，局地出现7～9级短时大风。据气象站点统计，全省平均降水量72.5毫米，过程雨量超过300毫米的站点有6个；其中，珠海市香洲区录得全省最大过程雨量344.7毫米，广州市增城区石滩镇录得最大小时雨量124.4毫米（22日6时）。此次降水导致肇庆市广宁、德庆二县和韶关市始兴、仁化二县局地性洪涝灾害，共有4个县（市、区）、7个乡镇、41人受灾，直接经济损失26.2万元。

5. 8月强降水频发

8月1日，湛江、茂名、阳江、揭阳、惠州、汕尾、佛山等市局部地区出现暴雨或大暴雨。据气象站点统计，1日全省平均雨量8.5毫米，过程雨量超过50毫米的站点有152个，其中湛江廉江市高桥镇录得全省最大日雨量168.7毫米，云浮市新兴县录得最大小时雨量100.1毫米（17时）。

8月9—10日，珠三角、清远和粤西的部分地区出现中到强雷雨，部分地区出现暴雨或大暴雨，其余地区出现（雷）阵雨、局部大雨或暴雨。另外，雷雨时局地还出现7～8级短时大风。据气象站点统计，全省平均降水量42.0毫米，过程雨量超过200毫米的站点有12个；其中，清远市清新区笔架山录得全省最大过程雨量319.4毫米，该站同时录得最大日雨量264.2毫米（9日）；珠海市香洲区唐家湾镇录得最大小时雨量97.2毫米（10日3时）。受其影响，肇庆、惠州、清远等市的21个乡镇、0.2万人受灾，农作物受灾面积680公顷，直接经济损失929.37万元。

8月14日，茂名、阳江、江门部分地区出现大雨到暴雨、局部大暴雨，清远、梅州、珠三角、粤东地区出现中雷阵雨、局部暴雨，其余地区出现雷阵雨。雷雨时局地出现6～8级短时大风。据气象站点统计，14日全省平均雨量13.3毫米，过程雨量超过100毫米的站点有12个，50～100毫米的有147个；其中，阳江市阳东区东平镇录得全省最大日雨量164.1毫米。

8月18日，粤东、粤北、珠三角北部地区出现分散暴雨、局地大暴雨。据气象站点统计，18日全省平均雨量11.1毫米，过程雨量超过100毫米的站点有7个；其中，广州市从化区大岭山林场录得全省最大日雨量118.1毫米，从化区吕田镇录得最大小时雨量86.5毫米（18日16时）。受其影响，阳江阳春市、肇庆市广宁县、茂名市电白区和高州市4个县（市、区）的8个乡镇、40人受灾，直接经济损失54.7万元。

9 月 14 日，受高空槽、低空切变线以及西南季风影响，江门、深圳、潮州等地出现暴雨。据气象站点统计，全省平均雨量 10.6 毫米，惠州市博罗县福田镇录得全省最大日雨量 123.5 毫米。另外，雷雨时局地还出现 8 级左右短时大风。受其影响，肇庆市德庆县马圩镇、阳江阳春市岗美镇、梅州市丰顺县丰良镇、韶关乐昌市两江镇 4 个县（市、区）的 4 个镇、18 人受灾，直接经济损失 17.5 万元。

【低温】

2021 年，全省平均低温日数（日最低气温≤5℃）为 9.4 天，较常年偏少 0.8 天。全省各地低温日数介于 0～34 天（仁化），与常年相比，北部偏少 2～13 天，中南部偏多 1～7 天。影响广东的冷空气总体偏弱，较强及以上冷空气过程（含寒潮）主要出现在 1 月、3 月、11 月、12 月；其中，在 2020 年 12 月 29 日—2021 年 1 月 2 日和 2021 年 1 月 7—8 日、12 月 25—27 日出现寒潮。2021 年 1 月 16—18 日低温造成严重经济损失。2021 年 11 月 7—8 日、21—23 日有 2 次强冷空气影响广东。据统计，低温共造成全省 11.55 万人受灾，农作物受灾面积 2.89 万公顷，直接经济损失 11.83 亿元。

跨年寒潮。2020 年 12 月 29 日—2021 年 1 月 2 日，受强冷空气影响，广东出现急剧降温，并伴有 6～8 级大风天气，大部分地区气温 24 小时降幅达 10～15℃。中北部地区出现 0～5℃的低温，高寒山区最低气温达零下 5℃到零下 3℃，并出现冰冻。其中，肇庆市德庆县录得全省最大过程降温 14.4℃，河源市连平县录得全省最大 24 小时降温 10.8℃，韶关市仁化县录得此次冷空气过程最低气温零下 2.6℃。始兴、龙川等 59 个县（市、区）出现 5℃以下过程最低气温，其中仁化、曲江、大埔、龙门等 8 个县（市、区）过程最低气温达 0℃以下。全省共有 59 个县（市、区）达到寒潮级别，25 个县（市、区）达到强冷空气级别。据统计，惠州、揭阳、云浮罗定 3 市的 6 个县（市、区）遭受低温冷冻灾害，1.12 万人受灾，农作物受灾面积 3260 公顷，直接经济损失 1.47 亿元（详见“重大自然灾害事件”）。

1 月上旬后期寒潮。1 月 7—8 日，受寒潮影响，全省大部地区日平均气温下降 5～8℃，粤北高寒山区局部出现小雪，广东陆地出现 5～7 级、沿海海面出现 7～9 级大风。本次强冷空气过程中，全省大部地区过程降温幅度为 5.0～11.7℃，其中湛江廉江市出现全省最大过程降温 11.7℃，广州和连山、廉江等 56 个市、县（市、区）出现 5℃以下过程最低气温；其中，8 日早晨，清远连山县录得全省最低气温 0.6℃。廉江、信宜、大埔等 9 个县（市、区）达到寒潮级别，河源、清远、广州、湛江的 61 个县（市、区）达到强冷空气级别。受其影响，广东电网监测全省覆冰主网线路 15 条，均为轻度覆冰。8 日，清远 220 千伏山安乙线观冰点最低气温达零下 3.6℃，塔身迎风面覆冰厚度超过 8 毫米。

1 月 16—18 日，受中等偏强冷空气影响，全省日平均气温下降 5～8℃，并伴有 6～8 级大风。粤北地区最低气温 1～4℃，其中高寒山区零下 2℃～0℃，沿海地区 8～11℃，其余地区 4～7℃。云浮、惠州、揭阳 3 市遭受低温冷冻灾害，部分农作物和经济作物（马铃薯、菠萝）产业片区灾害损失严重。据统计，云浮、惠州、揭阳 3 市的 7 个县（市、区）、93 个乡镇、10.42 万人受灾，农作物受灾面积 2.56 万公顷，直接经济损失 10.36 亿元（详见“重大自然灾害事件”）。

11 月 7—8 日，受强冷空气影响，全省气温普遍骤降，粤北和珠三角地区下降 8～12℃，其余地区下降 6～8℃。中北部地区出现中到大雨、局部暴雨。8 日，清远连山县出现过程全省最低气温 8.0℃。大部分地区出现 6～8 级局部 10 级阵风，沿海海面出现 7～9 级的偏北大风。广州、深圳、乐昌等 63 个市、县（市、区）达到强冷空气标准。

11 月 21—23 日，受强冷空气影响，全省气温明显下降，韶关、清远、肇庆、云浮、佛山、广州、东莞、河源北部地区下降 6～9℃，部分地区下降 10℃左右，其余除粤东外的大部分地区下降 2～5℃。广东陆地出现 6～8 级阵风。南雄、始兴、封开等 16 个县（市、区）达到强冷空气标准。

12 月 25—27 日，广东出现寒潮天气过程，该寒潮具有“降温幅度大、海陆风力大、粤北冰冻重”的特点。大部分地区过程降温幅度 7～12℃，中南部地区出现小到中雨、局部大雨。27 日早晨和 28 日早晨，清远连州、连山、连南县（市）和韶关乐昌市的高海拔山区出现冰冻，部分路段、桥面和护栏出现薄冰；其中，27 日早晨，清远连州市和韶关乐昌市的高海拔山区还出现小范围雨夹雪。中北部地区出现 1～5℃的低温，高寒山区最低气温达零下 5℃～0℃。其中，27 日早晨，清远连山永和镇录得过程最低气温零下 5.7℃，广州市区录得最低气温 5.6℃。广东陆地普遍出现 5～8 级大风，沿海海面风力 7～8 级、阵风 9～10 级。河源市连平县、惠州市惠东县达到寒潮等级，郁南、罗定、封开等 33 个县（市、区）达到强冷空气标准。

【高温】

2021 年，全省平均高温日数（日最高气温≥35℃）42.9 天，较常年（17.5 天）偏多 25.4 天，破历史最多纪录。各县（市、区）高温日数介于 1 天（珠海、南澳）～97 天（德庆），从沿海向内陆递增，其中河源、广州、梅州（大埔）、茂名等 46 个市、县（市、区）为有气象记录以来最多年。梅州、河源、韶关、云浮、潮州北部、揭阳北部、清远大部以及佛山等地的高温日数超过 50 天，德庆高温日数达 97 天，为广东最多；而珠海、南澳仅出现一天高温日，为广东最少。与常年相比，除珠海、深圳和信宜高温日数偏少 1～4 天外，其余大部偏多 5～66 天；其中，梅州、河源、韶关、云浮、潮州北部、揭阳北部、清远大部以及佛山等地偏多 30～60 天。

5—10 月，全省共有 17 次大范围高温过程，出现时间为：5 月 15—16 日、19 日、21—23 日、27—30 日，6 月 17—21 日、27 日，7 月 3—6 日、9—16 日、18 日，7 月 22 日—8 月 2 日，8 月 7—8 日、17 日、21—23 日、27 日，9 月 2—22 日，9 月 26 日—10 月 1 日，10 月 5 日。高温天气异常多，造成广东用电量屡创新高。

7 月 22 日—8 月 2 日，受台风“烟花”外围下沉气流以及西太平洋副热带高压影响，广东出现持续 12 天的大范围高温天气过程，其中 7 月 26—27 日，高温范围最广、强度最大，有 70 多个县（市、区）出现高温。7 月 27 日，全省平均最高气温达 36.8℃，有 52 个县（市、区）最高气温超过 37.0℃，23 个县（市、区）最高气温超过 38℃，丰顺录得最高气温 39.0℃（27 日）。五华（27 日）、紫金、从化、和平（28 日）最高气温破本站 7 月极端最高气温历史极值。7 月 28 日，普宁录得此次高温过程最高气温同时也是 2021 年广东极端最高气温 39.3℃。7 月中下旬多地出现持续大范围高温天气，各地电网负荷不断攀升。7 月 26 日 13 时 59 分，广州电网用电负荷历史首次突破 2000 万千瓦，创下 2003.6 万千瓦的历史新高，较 2020 年最高负荷（1934.9 万千瓦）增长 3.55%，广州成为全国首个用电负荷突破 2000 万千瓦的省会城市，也是全国第六个迈入 2000 万千瓦负荷水平的城市。

9 月，广东出现历史罕见的高温天气，“秋老虎”天气重。全省平均高温日数 12.4 天，较常年同期偏多10.6天，为1951年以来历史同期最多。粤东、粤北大部高温日数超过20天，蕉岭为全省最多（28天），其次为梅州梅县区、河源，均为27天。9月2—22日，受显著偏强、偏西的西太平洋副热带高压控制以及台风外围下沉气流影响，全省出现2021年持续时间最长、范围最广的高温天气过程，其特点是：持续时间异常长，持续21天，创下9月高温过程持续时间新纪录（常年9月高温过程平均日数不到2天）；高温范围广，12日，全省有80个县（市、区）出现35℃以上的最高气温，占比93%，是2021年广东范围最广的高温天气过程，阳山出现全省最高气温38.6℃。9月26日—10月1日，全省再次出现大范围高温天气，此次长时间的高温天气过程导致电量负荷双增长，最高统调负荷需求超过1.41亿千瓦，同比增长11%。

【干旱】

2021年，广东平均气温创历史新高，平均降水量为2005年以来最少，出现持续时间长、影响范围广的阶段性气象干旱，致使土壤墒情低、江河水位下降、山塘水库干涸、珠江口出现咸潮，对农业生产、森林防火、生活用水造成严重影响。全年降水量仅10月和12月偏多，其余月份均偏少。其中，1—9月全省平均降水量1089.3毫米，较常年同期（1659.3毫米）偏少34%，仅次于1963年（1027.3毫米），为历史同期第二少年。汕头、汕尾、茂名等市的20个县（市、区）偏少2～6成，为历史同期最少。长期温高雨少，加上江河来水少、水库蓄水少，致使全省大部地区气象干旱阶段性发展，粤东地区旱情持续发展。珠江及各河流流域枯水期降水和径流减少，咸潮上溯增强，珠江口出现咸潮，珠三角西江干流水道广昌泵站、联石湾水闸的出咸时间分别提前至6月21日、8月3日，为有咸情监测记录以来最早。受其影响，惠州、汕尾、潮州、云浮4个市的19个县（市、区）、146个乡镇、67.05万人受灾，因旱饮水困难需救助人口达6.44万人；受旱面积4.85万公顷，其中农作物受灾面积3.12万公顷；直接经济损失2.66亿元（详见“重大自然灾害事件”）。

1月1日—2月8日，全省平均降水量仅6.5毫米，较常年同期偏少89%，气象干旱发展迅速。2月8日，全省有64个县（市、区）达重旱到特旱级别，其中特旱41个。2月9—11日、3月6日的全省大范围降水过程，缓解了秋冬以来的气象干旱。3月中旬至4月7日，气象干旱再次发展。4月7日，全省有29个县（市、区）达到重旱、33个县（市、区）达到特旱级别。4月8—9日，降水过程缓解了粤西大部、珠三角中西部、清远南部、肇庆大部等地的气象干旱；4月25—28日，降水过程使粤东旱情略有缓解，但粤东仍有6个县（市、区）为特旱，8个县（市、区）为重旱。5月，全省出现4次大范围强降水过程，使气象干旱得到缓解，其中5月31日，粤东地区出现暴雨到大暴雨、局地特大暴雨，使粤东旱情缓解。8月下旬至10月6日，由于高温少雨，粤北、粤东气象干旱露头并持续发展。10月6日，全省有19%的县（市、区）出现中到特重气象干旱，其中重旱5个、特旱3个。10月上半月，台风“狮子山”和“圆规”先后影响广东，带来大雨到暴雨、局部大暴雨，气象干旱得到明显缓解。11月至12月中旬末，全省大部降水偏少4～9成，气象干旱又有所露头；12月下旬初台风“雷伊”给广东带来降水，气象干旱缓和。

【灰霾】

2021年，全省平均灰霾日数为15.0天，较常年偏少23.4天，比上年多1.7天，为1980年以来第二低年。从地域分布看，灰霾天气污染带与往年基本一致，主要分布在珠三角西部、粤西西南部及粤东个别地区。有15个观测站的灰霾日数超过全省平均水平，其中，全省灰霾日数较多的有10个站：吴川（135天）、雷州（114天）、廉江（106天）、徐闻（71天）、遂溪（71天）、茂名（30天）、新会（28天）、新兴（27天）、台山（24天）、高州（23天）；较少的有11个站：始兴、平远、大埔、梅州、信宜均为0天，龙川、龙门、河源、增城、紫金、上川岛均为1天。灰霾天气主要发生在1月、3月和12月，夏季较少，冬春季较多。其中12月最多，全省平均灰霾日数为3天；6月、7月、8月最少，均为0.2天。自2007年起，全省灰霾日数总体呈下降趋势。

【强对流天气】

1. 概况

2021年，广东首次强对流天气出现于3月6日。是日，韶关、肇庆等6个地级以上市出现8～9级雷雨大风，其中有3个地级以上市的局部地区出现降雹天气。年内影响广东的首次大范围强对流天气发生在5月4日。是日，韶关、云浮等13个地级以上市出现8～10级雷雨大风，其中有1个地级以上市的局部地区出现降雹天气。前汛期影响广东范围最广的强对流天气有两次，分别发生在6月4日和6月26日。其中，6月4日，清远、佛山等14个地级以上市出现8～9级雷雨大风；6月26日，广州、揭阳等14个地级以上市出现8～10级雷雨大风。后汛期影响广东范围最广（也是全年影响广东范围最大）的强对流天气有两次，分别出现在7月28日和8月2日。其中，7月28日，江门、汕尾等15个地级以上市先后出现8～11级雷雨大风；8月2日，梅州、河源等15个地级以上市出现8～9级雷雨大风。年内广东省最后一次强对流天气过程发生在10月3日，是日，珠海、江门等4个地级以上市出现8～9级雷雨大风。

全年广东省共有113个强对流日①。强对流天气以雷雨大风为主，冰雹、龙卷风也有发生。

2. 强对流天气区域分布

2021年，广东省各地级以上市均有强对流天气发生。强对流天气出现天数较多的有广州市（61天）、肇庆市（57天）以及韶关市（46天）。

3. 强对流天气活动特点

2021年，首次强对流天气发生在3月6日，出现时间基本正常；最后一次强对流天气出现在10月3日，结束时间比常年略微偏晚。

年内强对流天气活动极为频繁。全年共出现强对流日113天（详见表4），其中影响范围超过5个地级以上市的强对流天气过程共有65天。9月强对流天气活动异常频繁，同时还出现常年少见的降雹天气。8—9月，广东省几乎每天都有强对流天气发生。2021年广东省各地级以上市发生强对流天气天数情况如表5所示。

① 在一天之中，若在全省范围内有两个或两个以上的市、县（市、区）出现强对流天气，则定义为一个强对流日。

表 4　2021 年广东省强对流日情况一览表

月份	发生日期	天气现象	天数
3	6、30	雷雨大风、冰雹	2
5	2、4、7—9、12—14、17—19、21、24—27、29—31	雷雨大风、冰雹	19
6	1—4、11—13、15—17、21—30	雷雨大风、龙卷风	20
7	1—3、5—7、14—18、23、24、26—31	雷雨大风	19
8	1—16、18、19、21、24、25、27—31	雷雨大风、冰雹	26
9	2—17、19—24、26、29、30	雷雨大风、冰雹	25
10	1、3	雷雨大风	2
合计			113

表 5　2021 年广东省各地级以上市发生强对流天气天数一览表

市别	天数	市别	天数	市别	天数
广州	61	惠州	31	韶关	46
佛山	43	河源	41	清远	45
深圳	27	汕头	10	肇庆	57
珠海	31	汕尾	27	云浮	33
中山	16	潮州	10	阳江	24
江门	39	揭阳	24	茂名	40
东莞	34	梅州	38	湛江	39

4 月，广东省强对流天气活动异常偏少，整个月未有强对流天气发生。

全年共有降雹天气 9 天，分别发生在 3 月、5 月、8 月和 9 月。出现龙卷风天气 1 天，发生在 6 月。

强对流天气强烈，雷雨大风极大风速达 31.9 米/秒（11 级，9 月 16 日，深圳市宝安区西乡街道）。

【雷电】

1. 灾害概况

2021 年，全省防雷安全形势总体平稳。据调查统计，全省共出现雷击灾害 205 起，较上年减少 10.87%；造成直接经济损失 842 万元，比上年减少 15.55%。其中，雷灾造成人员伤亡事故 6 起，死亡 6 人、受伤 2 人，雷灾事故发生在湛江、韶关、汕尾、广州 4 市的农村户外。

全省雷电活动频繁时段主要分布在 12—19 时，雷电活动集中在 5—9 月，雷电影响周期较长，雷电次数占全年雷电总数的 96.23%，此时段也是雷灾高发时段。雷灾发生地区主要集中在珠三角和粤北地区，其中，东莞市雷灾事故总数最多（55 起），其次是深圳（20 起）。从事故所处区域看，农村雷灾事故 32 起，其中中山最多（12 起）；从雷灾损失类别看，办公电子电器设备受损严重，占雷灾事故总数的 72.68%；从雷灾发生行业分布看，住房建筑行业受雷电灾害影响最大，占雷灾事故总数的 33.70%，其次是交通行业。

2. 雷电灾害实例

●3 月

3 月 11 日 14 时，清远连州市瑶安大坑坪二级水电有限公司遭雷击，击坏 1 组高压多油断路器（型号 DW1－35G），直接经济损失 5 万元、间接经济损失 10 万元。

●4 月

4 月 15 日 3 时，位于清远市佛冈县石角镇黄花村的润电风能（佛冈）有限公司遭雷击，击坏风能发电机 1 台，直接经济损失 40 万元。

●5 月

5 月 2 日 17 时，位于东莞市塘厦镇清湖头社区的东莞建钛塑胶制品有限公司遭雷击，击坏铜质电缆 54 米、500A 总制空气开关 1 个、地磅传感器 4 台，直接经济损失 7.62 万元、间接经济损失 15.24 万元。

5 月 3 日 16 时，位于湛江市遂溪县山湖海小区（遂海路 65 号）的湛江山湖海物业服务有限公司遭雷击，击坏电梯 4 台，直接经济损失 8 万元。

5 月 4 日，位于韶关市曲江区梅花中路玥珑山的中山市宜德物业管理有限公司韶关分公司遭雷击，击坏电梯集成电路块 5 个、监控设备 9 台、消防报警系统主机 3 台、电源总闸 2 个，直接经济损失 8 万元、间接经济损失 10 万元。

5 月 12 日 15 时，位于湛江市遂溪县山湖海小区（遂海路 65 号）的湛江山湖海物业服务有限公司遭雷击，击坏电梯 6 台，直接经济损失 12 万元。

5 月 12 日 18 时 1 分，位于肇庆市广宁县坑口镇黎村的广宁县丰源水电有限公司（古兴水电站）遭雷击，击坏变压器 1 台、高压避雷器 6 台，造成水电站停工 5 天，直接经济损失 10 万元、间接经济损失 50 万元。

5 月 18 日 17 时，位于清远市清城区高田镇的乐广高速林屋隧道设备遭雷击，击坏悬臂式信息标志极模组 22 块、悬臂式信息标志极扫描板 1 块、主控板 1 块、以太网光端机 1 块，直接经济损失 9.99 万元。

5 月 25 日 2 时，位于东莞市南城区森林湖路兰溪谷小区的广东中海物业有限公司遭雷击，击坏监控显示器 2 台、停车场系统闸机 2 台、停车场识别机 2 台、消防回路板 13 台、消防回路探头 480 个、摄像机枪机 8 台、摄像机球机 5 台、人行摆闸 2 台、人脸识别机 1 台、门禁控制器 1 台、防尾随门 1 套、电梯 1 台，直接经济损失 10 万元、间接经济损失 20 万元。

5 月 25 日 15 时，位于揭阳市揭西县的京明温泉度假村内景区遭雷击，击坏监控设备 8 台，直接经济损失 5 万元。

5 月 31 日 15 时 50 分，汕尾市陆河县河口镇旱凹自然村两名小学生在放学路上遇雷击。其中，一名学生事故中手握有雨伞，遇雷击后胸腹部严重烧伤，伤口附近衣服烧焦，经抢救无效死亡；另一名学生烧伤症状相对较轻，无生命危险。该雷击事故造成直接经济损失 70 万元。

5 月 31 日 16 时 30 分，位于广州市黄埔区的广州立邦涂料有限公司遭雷击，击坏消防系统主机回路板18块、监控摄像头25个，直接经济损失6.19万元。

5月31日18时，位于东莞市南城街道莞太大道周溪路2号101室的东莞市祥昇汽车有限公司遭雷击，击坏电缆线500米，直接经济损失19万元、间接经济损失38万元。

•6月

6月1日14时30分，东莞市佳兆业物业管理有限公司企石东江豪门小区物业管理处遭雷击，击坏发电转换开关1台、消防感烟探测器210台、消防手报器19台、输入输出模块10台、消防回路信号总线2000米，直接经济损失11万元、间接经济损失22万元。

6月1日18时，位于江门台山市斗山镇西部沿海高速台山段南北收费站B区的广东交通实业投资有限公司西部沿海分公司遭雷击，损坏收费显示屏4台、LED屏2台、天线3台、电脑4台、地磅2个、交换机1台、自动栏杆机1台，直接经济损失10万元。

6月4日15时，揭阳市潮惠高速揭西灰寨收费站遭雷击，损坏设备2台，直接经济损失5万元。

6月10日15时，位于东莞市石龙镇中山东社区中央豪门4栋的东莞市佳兆业物业管理有限公司（中央豪门物业管理）遭雷击，击坏公共万能断路器1台、消防主机驱动板5块、消防感烟探测器80台、温度感烟探测器40台、手动报警器40台、消防手报器40台、输入输出模块40台、总线盘等设备一批，直接经济损失6万元、间接经济损失12万元。

6月12日12时30分，汕头市潮南陈店贤达发丝花厂遭雷击，雷击引发火灾，导致该厂1栋5层钢筋混凝土框架结构建筑被烧，损坏电脑1台；隔壁1栋2层建筑被烧，建筑内货物被烧。该两栋建筑物均为仓储性质，无生产经营设备，无其他设备设施破坏。此次雷击灾害累计造成直接经济损失约500万元。

6月14日14时，位于东莞市虎门镇中国电子东莞产业基地的东莞市中电桑达科技有限公司遭雷击，击坏电梯主板4台、控制电源2台、W1控制板3块，直接经济损失5.16万元，间接经济损失10.32万元。

6月17日11时，位于广州市南沙区榄核收费站（G1508广州绕城高速公路出口）的广东省公路建设有限公司南环段分公司遭雷击，击坏工控机1台、计重设备主控电路板1套、集中设备接线盒主板等设备一批，直接经济损失6万元。

6月21日17时35分，位于揭阳市揭东区玉滘镇的中海石油揭阳能源开发利用有限公司遭雷击，击坏路由器1台、监控摄像头6个、广播系统1套、称重显示控制器1台、PLC模块1台，直接经济损失8万元。

6月30日11时，韶关市新丰县黄磜镇茶峒村曾屋河树坑竹林遭雷击，造成1人身亡。灾情发生时，受灾人员正避雨坐在竹林边上。

•7月

7月10日18时，东莞峰达电子有限公司遭雷击，击坏交换机3台、打印机2台、显示器8台、计算机主机22台、空调2台，直接经济损失5万元、间接经济损失10万元。

7月24日18时，深圳市前港合作区一在建工地履带式塔吊机遭雷击，烧毁5角度传感器1个、主机1个、传感器1个，直接经济损失9.2万元。

7月27日14时，深圳市无线电基地监控中心消防控制系统遭雷击，烧毁消防广播主机1台、消防电话主机1台、烟感器52个、声光报警器58个，直接经济损失7万元。

7月27日16时，位于清远市清新区太和镇的森叶（清新）纸业有限公司遭雷击，损坏高压变压器1台，直接经济损失11万元、间接经济损失12万元。

7月27日17时30分，东莞市路桥投资建设有限公司常虎高速公路分公司遭雷击，击坏14台ETC车道LED显示屏，致9台雨棚LED情报板被拆除、3台雨棚LED情报板重新安装调试，直接经济损失14.33万元、间接经济损失28.66万元。

7月28日15时，位于东莞市塘厦镇迎宾路的东莞市塘厦三正半山酒店有限公司遭雷击，击坏高清监控镜头48个，直接经济损失7.2万元、间接经济损失14.4万元。

7月28日15时30分，位于东莞市塘厦镇大坪社区的广东坚朗五金制品股份有限公司遭雷击，击坏监控系统122台、道闸5台、地磅1台，直接经济损失15万元、间接经济损失30万元。

7月30日3时，位于东莞市黄江镇裕元工业区的杰群电子科技（东莞）有限公司遭雷击，击坏X轴驱动器1台、连接用电缆线套件1台、换能杆3个、电气组件UPS电源1台、机组控制器1台、电流控制器等设备一批，直接经济损失5.79万元、间接经济损失11.58万元。

7月30日3时30分，位于东莞市黄江镇裕元工业区的精成科技电子（东莞）有限公司遭雷击，击坏吸嘴45个、控制卡1个、驱动器4台、马达7台，直接经济损失8.6万元、间接经济损失17.2万元。

•8月

8月2日18时，位于东莞市黄江镇北岸社区裕元工业区的东莞中盈电子科技有限公司遭雷击，击坏中央空调主机1台，直接经济损失10万元、间接经济损失20万元。

8月2日20时，深圳市科彩印务公司三楼研发中心设备遭雷击，烧毁气象色谱仪5975C侧板1块、1个电感耦合等离子体质谱仪ICM主板1块，直接经济损失6.2万元。

8月2日21时，东莞市东城区东城科技工业园区的东莞中电第二热电有限公司遭雷击，击坏“E+H”电磁流量计1台，直接经济损失5万元、间接经济损失10万元。

8月2日21时5分，清远市连山壮族瑶族自治县公安局办公大楼受雷击天气影响，损坏电梯控制板1块、门禁系统1套、监控设备1台、视频终端1台、交换机3台、监控录像1台、计算机主机5台、LED显示器1台，直接经济损失5万元。

8月3日16时15分，位于梅州市梅县区南口镇葵岗村的广东安信电力工程有限公司遭雷击，击坏变压器1台，直接经济损失5.5万元、间接经济损失10万元。

8月4日20时，深圳市胜宝旺工程有限公司施工作业区CC008履带吊机遭雷击，烧毁信号系统1套，直接经济损失30.2万元。

8月6日21时30分，江门市昌达木业有限公司遭雷击，雷击导致一台变压器起火，直接经济损失25万元、间接经济损失100万元。

8月7日14时25分，湛江市吴川市塘缀镇板桥下羌园村村民李某某（男）在田间耕种时遇雷击身亡。

8月19日16时30分，位于广州市花都区花东镇花都大道东569号永光村的多栋居民楼遭雷击，击坏多户建筑物、电气线路及电脑、冰箱、洗衣机、电视机等用电设备，且有1户民居设备起火，直接经济损失5万元。

8月31日4时40分，位于韶关市新丰马头镇工业园的广东邦弗特新材料有限公司遭雷击，击坏监控设备1套、路由器1台、气体检测报警装置2套，直接经济损失8.13万元。

●9月

9月4日16时30分，湛江廉江市营仔镇大新围村颜某某（男）、陈某某（女）在田间耕作时遇雷击身亡。

9月12日16时10分，湛江廉江市高桥镇扫杆冲村林某（男）在红树林海围处捉蟹时遇雷击身亡。

9月14日上午，位于广州市增城区朱宁公路的广州荣文市政工程有限公司遭雷击，造成直接经济损失20万元、间接经济损失5万元。

9月16日15时，位于东莞市沙田镇鲩沙大道29号的东莞市中油建兴仓储有限公司遭雷击，击坏柴油罐区电动执行机构通信板18块、罐区火焰探测器2台，直接经济损失10.3万元、间接经济损失20.6万元。

9月16日16时，深圳市宝润燃气有限公司监控显示设备遭雷击，烧毁8套可燃气体泄漏报警器和地磅系统、1套气相色谱仪、2台远传液位等，直接经济损失30.3万元。

9月19日15时，位于深圳西涌海滩附近的大鹏西涌停车场，一辆白色小轿车（大众牌）遭雷击起火，烧损汽车1台，致2台汽车电子设备失灵，直接经济损失20万元。

9月26日8时30分，湛江雷州市广业环保有限公司遭雷击，击坏出水数采仪1台、出水PH值仪1台、新的出水消毒系统PLC模块1个、进气流量计1台、进水流量计1台、进水氨氮中控1台，直接经济损失26万元、间接经济损失42万元。

9月30日20时，位于揭阳市S14汕湛高速的揭西收费站遭雷击，损坏设备26台，直接经济损失15万元。

●10月

10月1日14时，位于广州市增城区的广州荣文市政工程有限公司遭雷击，击坏变压器1台，直接经济损失20万元、间接经济损失5万元。

2021年广东各地级以上市雷电灾害事故情况如表6所示。

表 6　2021 年广东各地级以上市雷电灾害统计表

市别	雷灾起数（起）	火灾或爆炸（起）	灾害情况								经济损失情况		行业分布情况					
			人身事故			建（构）筑物受损（起）	办公电子电器设备受损		家用电子电器设备受损		直接经济损失（万元）	间接经济损失（万元）	电力行业（起）	石化行业（起）	通信行业（起）	交通行业（起）	住房建筑（起）	学校（起）
			起	伤（人）	亡（人）		起	件	起	件								
广州	18	1	1	1	0	2	14	97	2	15	91. 1	10	1	4	0	3	9	0
深圳	20	1	0	0	0	0	19	366	1	3	133. 41	0	0	0	0	0	0	0
珠海	7	0	0	0	0	0	7	31	0	0	17. 3	0	0	0	0	0	0	3
汕头	1	1	0	0	0	2	1	1	0	0	0	0	0	0	0	0	0	0
佛山	3	0	0	0	0	0	3	5	0	0	8. 26	0	0	0	0	0	3	0
韶关	9	0	1	0	1	1	5	70	3	14	42. 33	10	0	0	0	0	4	1
湛江	8	0	3	0	4	0	2	6	1	8	48. 12	42. 48	0	0	0	0	2	0
肇庆	5	0	0	0	0	0	5	14	0	0	12. 2	50	0	0	1	0	0	0
江门	4	1	0	0	0	0	3	23	1	3	36	100	0	0	0	2	1	0
茂名	2	0	0	0	0	0	2	6	0	0	3. 1	5. 5	0	0	0	0	0	0
惠州	0	0	0	0	0	0	0	0	0	0	0	0	0	0	0	0	0	0
梅州	4	0	0	0	0	0	3	3	1	7	7. 9	14. 7	2	0	0	1	1	0
汕尾	3	0	1	1	1	2	2	31	0	0	74. 2	0	0	0	0	0	0	1
河源	5	0	0	0	0	2	3	9	2	3	5. 4	0	1	0	0	0	2	0
阳江	0	0	0	0	0	0	0	0	0	0	0	0	0	0	0	0	0	0
清远	19	0	0	0	0	0	18	68	0	0	98. 76	36. 3	3	1	0	6	0	0
东莞	55	0	0	0	0	1	38	1551	17	88	189	378	1	2	0	8	1	1
中山	15	0	0	0	0	3	4	41	11	106	16. 73	50. 19	0	0	0	0	6	1
潮州	3	1	0	0	0	0	2	20	0	0	7. 58	0	0	1	0	1	0	0
揭阳	8	0	0	0	0	1	7	54	1	3	36. 46	3. 66	0	2	0	3	2	0
云浮	16	0	0	0	0	2	11	22	3	4	14. 41	0	0	0	0	0	0	0
总计	205	5	6	2	6	16	149	2418	43	254	842. 26	700. 83	8	10	1	24	31	7

注：资料由各市、县（市、区）气象局防雷设施检测所和省直有关厅局提供，截止日期为 2021 年 12 月 31 日。

地震灾害

【地震活动特点】

1. 地震活动概况

2021 年，广东省及邻近海域共发生 1 级（含 1 级）以上地震 249 次，其中 1.0～1.9 级 211 次，2.0～2.9 级 34 次，3.0～3.9 级 4 次，最大为 4 月 2 日发生在河源东源的 3.8 级地震。

2. 地震活动特征

2021 年广东省地震活动分布较广，基本处于正常水平，总体上略高于上一年。2 级以上地震主要发生在河源、阳江、梅州和江门等地，粤东地区地震活动强于粤西地区；新丰江、阳江、南澳 3 个老震区的地震频度和强度均高于上一年度，但仍处于正常水平。4 月 2 日东源 3.8 级和 5 月 1 日河源 3.0 级地震后，震中区附近的地震活动显著增强，之后，地震活动恢复至正常水平；6 月 7 日开平 3.0 级地震和 12 月 15 日台山附近海域 3.0 级地震后，因地震序列类型为孤立性，故震中区附近的地震活动无明显变化。

2021 年广东省陆地及近海 $M \geqslant 1.0$ 级地震震中分布情况如图 7 所示。2021 年广东省及近海 $M \geqslant 2.5$ 级地震发生情况如表 7 所示。2000—2021 年广东省及近海地震频度情况如表 8 所示。

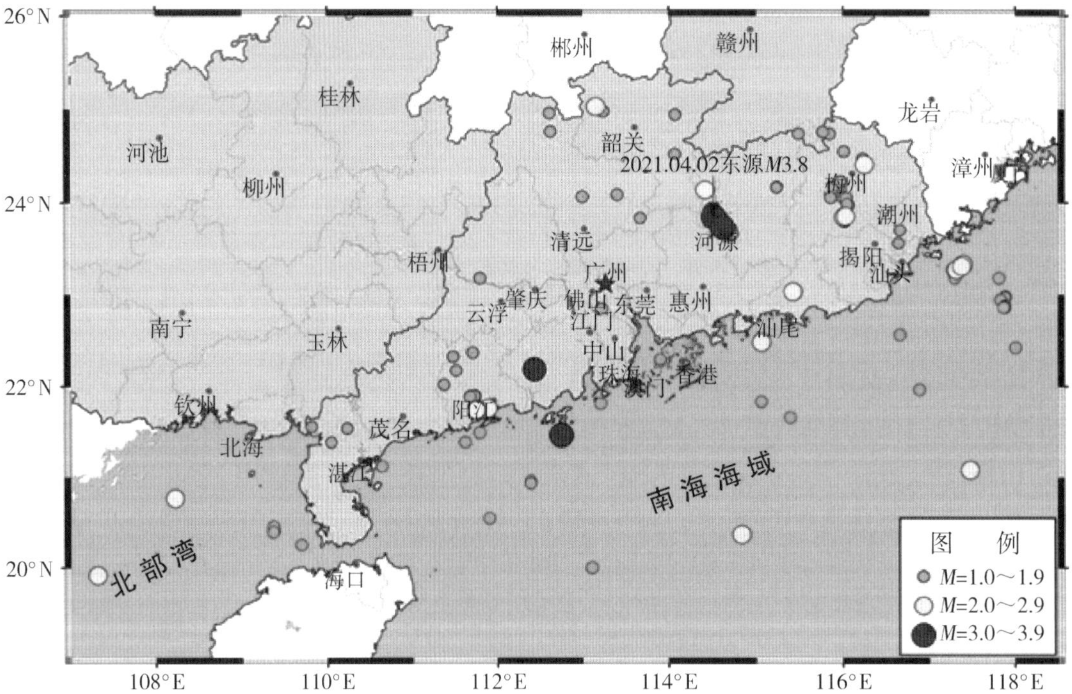

图 7 2021 年广东省陆地及近海 $M \geqslant 1.0$ 级地震震中分布示意图

表 7　2021 年广东省及近海 $M \geqslant 2.5$ 级地震目录表

序号	发生时间	经纬度	震级（M）	参考震中
1	1 月 24 日 12 时 18 分	23.27°N，117.32°E	2.6	南澳海域
2	3 月 13 日 6 时 34 分	20.37°N，114.83°E	2.6	南海
3	3 月 16 日 16 时 05 分	22.49°N，115.06°E	2.8	海丰海域
4	4 月 2 日 5 时 40 分	23.85°N，114.51°E	3.8	东源
5	4 月 17 日 1 时 19 分	21.08°N，117.48°E	2.5	南海
6	4 月 22 日 16 时 31 分	21.74°N，111.81°E	2.9	阳江
7	5 月 1 日 4 时 19 分	23.73°N，114.61°E	3.0	河源
8	5 月 10 日 0 时 35 分	23.73°N，114.61°E	2.6	河源
9	6 月 7 日 20 时 13 分	22.19°N，112.44°E	3.0	开平
10	6 月 7 日 21 时 45 分	23.85°N，116.02°E	2.6	丰顺
11	6 月 19 日 19 时 40 分	19.92°N，107.31°E	2.9	北部湾
12	9 月 4 日 15 时 51 分	23.89°N，114.51°E	2.5	东源
13	9 月 24 日 12 时 33 分	23.91°N，114.50°E	2.5	东源
14	12 月 15 日 0 时 38 分	21.47°N，112.76°E	3.0	台山附近海域

表 8　2000—2021 年广东省及近海地震频度统计表[①]

年份	地震频度（次）					地震总能量[②]（焦耳）
	震级（M）				最大震级（M）	
	2.0～2.9	3.0～3.9	4.0～4.9	5.0～5.9		
2000	52	8	1	0	4.0	8.89^{e+10}
2001	23	3	1	0	4.2	1.46^{e+11}
2002	31	2	0	0	3.4	1.91^{e+10}
2003	36	2	0	0	3.1	1.08^{e+10}
2004	42	4	1	0	4.8	1.03^{e+12}
2005	32	4	0	0	3.4	5.66^{e+10}
2006	34	1	1	0	4.0	7.72^{e+10}
2007	22	6	0	0	3.4	2.64^{e+10}
2008	21	2	0	0	3.2	1.83^{e+10}
2009	13	1	0	0	3.3	4.08^{e+9}
2010	16	2	0	0	3.3	1.48^{e+10}

（续上表）

年份	地震频度（次）					地震总能量②（焦耳）
	震级（*M*）				最大震级（*M*）	
	2.0～2.9	3.0～3.9	4.0～4.9	5.0～5.9		
2011	22	1	0	0	3.0	1.30^{e+9}
2012	32	2	2	0	4.8	1.21^{e+12}
2013	34	4	1	0	4.7	9.88^{e+11}
2014	27	2	1	0	4.0	2.78^{e+10}
2015	30	6	0	0	3.8	3.65^{e+10}
2016	15	4	0	0	3.4	1.84^{e+9}
2017	20	4	0	0	3.1	1.04^{e+9}
2018	19	4	0	0	3.7	4.08^{e+9}
2019	26	7	1	1	5.1	2.98^{e+12}
2020	34	4	0	0	3.7	1.61^{e+10}
2021	34	4	0	0	3.8	4.75^{e+10}
平均值	27.95	3.50	0.41	0.05	3.78	3.09^{e+11}

注：①统计时间为每年 1 月 1 日至 12 月 31 日。②本列数据中，$e+N=10^N$。

地质灾害

【灾害概况】

2021 年，全省共发生地质灾害 3 起（广州市 2 起、肇庆市 1 起），无人员伤亡，造成直接经济损失约 12 万元。与上年同期相比（231 起，2056.03 万元），地质灾害发生数量、直接经济损失分别减少 98.7%、99.4%。

海洋与渔业灾害

【船舶遇险】

1. 船舶遇险概况

2021 年，广东省海上搜救中心共接报遇险船舶 509 艘，其中获救 451 艘，沉没 58 艘；遇险人数 2959 人，其中救起遇险生还者 2881 人，死亡、失踪 78 人。

2. 船舶遇险实例

- 1 月

3 日清晨，“桂钦渔 20216”在珠江口香港以南 85 海里处疑似被一艘商船碰撞，渔船沉没。船上 8 人，其中 1 人被“桂北渔 15005”渔船救起，7 人失联。省海上搜救中心接报后，立即核实险情并协调南海救助局派出“南海救 101”和救助直升机前往现场搜救，协调中国海警局直属第三局、省渔政执法总队、香港海上救援中心派出力量参与搜救。经过多天搜救，最终 1 人获救，1 人死亡，6 人失联。

10 日午夜，“深自用 1210”（钓鱼小艇，船上 5 人）在珠江口广州港 45 号锚地南面水域因风浪太大发生自沉。5 人落水，其中 4 人被“鸿信 29”轮救起，1 人失联。广州市海上搜救中心接报后，立即协调当地海事、渔政、海警、港航等单位派出“海巡 09077”“海巡 09079”“海巡 09080”等船艇前往搜救。经多日搜救，未找到失联人员。

16 日凌晨，“东顺”轮（巴拿马籍，船长 104 米、宽 17 米，载 6679 吨白云石，从越南至湛江港，船上 14 人）在琼州海峡中水道 7 号灯标偏东方向航道外搁浅，船上人员安全，船体无破损、未发生倾斜，无漏油、不碍航。湛江海上搜救分中心接报后，立即协调湛江 VTS 中心播发航警提醒过往船舶加强瞭望、注意避让；同时指导船方做好自救准备，穿好救生衣，密切关注船体破损情况，根据实际情况拟定脱浅举措。傍晚，“东顺”轮在拖轮的协助下平安脱浅。

17 日凌晨，“粤海渔 11259”渔船在惠州市大星山对开 4 海里附近水域进水（船上 11 人），请求救助。省海上搜救中心接报后，立即通报惠州、汕尾市搜救分中心，要求进一步核实情况，并指导做好遇险人员的救助工作。汕尾、惠州搜救分中心立即协调附近“建兴 32”“双宁”“吉航”“润江 25”等船前往救助，并指导船上人员做好自救工作；渔政部门派出“中国渔政 44673”前往救助，并协调附近作业渔船前往救助。稍后，11 名遇险人员被安全转移至“惠澳 1889”船上。

19 日正午，“粤电 3”轮（深圳籍，船长 215 米、宽 32 米，船上 23 人，总吨 36120 吨）与“闽龙渔 63866”渔船在汕头市南澳岛东南方 28 海里处发生碰撞，造成“闽龙渔 63866”船头凹陷破损进水，经排水堵漏，进水得到控制，渔船能自航，船上 6 人安全；“粤电 3”轮 6 号舱水线面上有轻微凹陷，人员安全。汕头市海上搜寻救助分中心接报后，协调附近“闽东渔 61296”渔船守护破损渔船，并要求该渔船人员须穿戴救生衣，护航渔船做好应急准备，确保人员安全。

傍晚，破损渔船在救助船护航下安全抵达福建省漳州市东山港。

25 日上午，港澳流动木质渔船“珠桂 6496”（船长 31 米、宽 7 米，船上 12 人）在汕尾港以南约 14 海里处起火，稍后沉没，船上 12 人遇险，其中 4 人被附近渔船救起、8 人失联。省海上搜救中心接报后，立即协调派出飞机、救助船艇和过往船舶等力量开展大规模海空立体搜救；经广州打捞局水下探摸以及打捞沉船，最后均未找到失联人员。

•2 月

14 日凌晨，“追击者 1 号”钓鱼船（船上 10 人），在珠江口珠海市荷包岛以南约 70 海里海域时，因海上迷航，燃油耗尽，发出求救。过往商船香港籍集装箱船“SEASPAN AMAZON”发现并安全转移钓鱼船上 8 人，随后送至深圳盐田；另 2 人留在钓鱼船上，并已联系其他渔船接应。省海上搜救中心接报后，立即协调香港海事处通知“SEASPAN AMAZON”做好获救人员在船安置工作；同时协调深圳海上搜救中心做好获救人员的上岸接应准备工作，是日，该船顺利到达深圳，遇险人员安全到港。

18 日凌晨，“粤阳江渔 07128”渔船（船长 32.16 米、宽 6.3 米，船上 14 人，总吨 258 吨）在揭阳市惠来县靖海对开 61 海里海域处沉没。省海上搜救中心接报后，立即核实险情，同时通报南海救助局协调派出救助力量前往救助；当地渔船部门协调附近“粤阳西渔 96455”“粤阳江渔 07036”等多艘渔船参与救助。稍后，“粤阳西渔 96455”安全救起 13 人。最终 1 人失联。

22 日夜晚，“轩海”轮（佛山籍，散货船，船长 109.8 米、宽 18 米，总吨 5008 吨，载运 6900 吨石膏从汕头开往佛山，船员 12 人）在珠江口珠海市横琴岛马骝洲水道十字门水域 M26 浮标附近航行时，因避让渔船操纵不当导致搁浅。珠海市海上搜救中心接报后，立即协调海事部门派出“海巡 09195”前往现场处置，同时协调珠海海事交管中心播发航行安全信息提醒附近过往船舶注意安全。23 日下午，经过驳货物后，遇险船舶乘潮自行脱浅，船上人员安全，船舶无破损，自行开往佛山。

•3 月

28 日下午，过路货船“海邦达 218”在珠海市崖门水道 22 号浮标附近发现有一艘无名快艇翻沉，艇上 4 人落水，请求救助。珠海市海上搜救中心接报后，立即协调过路货船“海邦达 218”积极参与搜救，同时协调海事、海警、渔政等部门派出力量前往现场救助。随后，4 名落水人员被“海邦达 218”货船救起。

29 日清晨，“汉领”散货船（泰州籍，船长 167 米、宽 23 米，总吨 14114 吨，船员 18 人）在珠江口广州港莲花山东航道水域搁浅，船舶和人员安全，无泄漏、不碍航。广州市海上搜救中心接报后，立即协调海事部门派出海巡船前往现场处置，协调广州海事交管中心播发航行警告，提醒过往船舶加强瞭望，注意避让。当日深夜，经减载 5000 吨货物后，“汉领”在拖轮“东莞拖 09”“东莞拖 11”的协助下成功脱浅，船舶和人员安全。

•4 月

6 日凌晨，散货船“威龙 86”与渔船“琼文渔 33111”在阳江闸坡西南约 8 海里处发生碰撞，导致渔船进水，有沉没危险，渔船上 9 人随后被转移至“威龙 86”船上。阳江市海上搜救中心接报后，立即协调海事、救助部门派出“海巡 0950”“南海救 204”前往现场救助。清晨，遇险人员全部由“南海救 204”安全送至阳江港。

10 日夜晚，“浩航 167”轮（船长 93.5 米、宽 14 米，总吨 2669 吨，装载 3596 吨沙，从外伶仃开往广州益海码头，船员 13 人）与“海澜中谷 9”轮（船长 180 米、宽 28 米，总吨 19296

吨，从广州新港开往上海，船员22人）在珠江口广州港60号浮标附近（东莞市沙田镇坭洲头附近）主航道水域发生碰撞，造成“浩航167”在浮标西南侧航道内沉没，船上13人落水，全部被过往无名快艇救起，未造成水域污染；“海澜中谷9”无明显损伤。广州市海上搜救中心接报后，立即协调派出“海巡09111”“海巡09115”“海巡09117”“海巡09118”等船艇到达现场，并做好人员转移工作；协调广州海事交管中心播发航行警告，以防次生灾害发生；协调港航环保科技有限公司、广州市绿之建环保科技有限公司派出清污船前往现场；协调派出卸砂抓斗船“汇龙7”、打捞船“粤东莞工0096”“粤东莞捞0002”“力洋起重333”等作业船舶开展打捞沉船作业。至21日，沉船被打捞出水，航道全面恢复通航。

24日中午，一艘木质小渔船在汕头市云澳东南方约10海里水域翻扣，船上3人，请求救助。汕头市海上搜救分中心接报后，立即协调当地海警、渔政部门派出“中国海警21520”“中国海警21095”前往救助，协调过往商船“新盛36”“骊华28”前往守护，并提醒过往船舶注意避让。稍后，木质渔船恢复动力，在海警船艇护航下安全靠泊前江码头。

26日凌晨，“琼儋渔11105”（船上5人）在珠江口担杆岛以东约21海里处被一艘商船碰撞，造成渔船船艏受损进水，船上5名渔民遇险。省海上搜救中心接报后，立即通报惠州市海上搜救中心，同时通报南海救助局、省海洋执法总队、香港海上救援协调中心协助救援；惠州市海上搜救中心接报后协调过往船舶“SC CHONGQING”、拖轮“德泽”等搜救，指导遇险渔民做好自救、待救措施，渔船船东协调同行渔船“琼儋渔11322”搜救，稍后“琼儋渔11322”救起5人，“琼儋渔11105”渔船沉没。

28日凌晨，“港宏1368”（船员6人）与“金兆15”（船员13人）在西江广中江高速滨江大桥上游约1.5公里处水域（江门市蓬江区）发生碰撞，造成“港宏1368”船翻扣、船上6人落水，现场救起2人，有4人失联，“金兆15”船艏进水。江门市海上搜救中心接报后立即协调派出“海巡09439”“粤标巡1115”“中国渔政44219”搜救，协调打捞力量到达现场。最终2人获救，4人死亡。

•5月

6日早上，“粤中山工8666”（船长53米、宽22.5米，疏浚工程船，船上共11人）在广州南沙港粮食通用码头对开约1公里水域锚泊作业时，船长安排2名水手检查左侧空舱，2人进去后不久晕倒在舱内。船长发现异常后，立即呼叫并进舱了解情况，其进入舱内也随即晕倒。出现3人晕倒，其余船员立即请求救助。广州市海上搜救中心接报后，立即协调海事部门派出“海巡09073”“海巡09077”前往现场处置，协调南沙区应急局、南沙区消防大队、南沙区龙穴派出所等单位派出力量前往现场救援。稍后，船长被救出，经抢救无效死亡；下午，消防队员进舱救援，从舱内吊出2名水手，经证实已死亡。经检测，事故舱室氧气含量仅为20.5%。

10日中午，“华凯111”轮（船上43人）在湛江大黄江附近水域抛锚时船舶机舱着火，船上43人已自行全部安全撤离，请求消防救助。湛江海上搜救分中心接报后，立即协调湛江海事局派出“海巡09057”前往现场，协调有关单位派出“湛港消拖601”“湛港消拖602”前往救助。傍晚，“华凯111”轮火势被扑灭。

15日早上，台湾省中华台北搜救协会通报省海上搜救中心，一艘船舶在台湾浅滩水域（福建东山岛东南方向约65海里）沉没，船体呈半沉状态，5人被台湾飞机救起（其中1人死亡，4人生命体征正常），3人失联。省海上搜救中心接报后，立即通报汕头市海上搜寻救助分中心、福建省海上搜救中心、广东省海洋综合执法总队、香港海上救援协调中心协调派出舰船参与搜寻遇险人员。汕头市海上搜寻救助分中心协调派出“海巡 0920”核查与搜寻，确定事故船舶于次日上午沉没，现场无油污和漂浮物。经过多日海空立体搜救，未找到失踪人员。

•6 月

10 日深夜，一艘钓鱼小艇在广州下横沥大桥水域被涉嫌走私快艇碰撞，艇上 5 人落水，其中 4 人被正在执行公务的“中国海警 3304”救起，1 人失联，涉嫌走私快艇逃逸。广州市海上搜救中心接报后，组织协调海警、水上派出所、渔政、应急等部门和过往船舶等力量参与搜寻失联人员。12 日，失联人员在横沥大桥上游被找到，已无生命体征。

16 日下午，5 人在湛江市坡头区海边游泳时，3 人安全上岸，1 人溺水身亡，另 1 人失踪。湛江搜救分中心接报后，协调派出“海巡 09056”“中国渔政 44506”前往搜救，协调播发航行警告，协调附近过往船舶协助搜寻，最后未找到失踪人员。

26 日上午，“宝森 7”轮（防波堤施工工程船，船长 79 米、宽 15 米，总吨 1305 吨，船上 12 人）在珠海市高栏港铁炉湾防波堤外发生机舱进水，失去控制，准备弃船，请求救助。珠海市海上搜救中心接报后，立即协调海事派出“海巡 09183”前往救助，协调珠海金湾海上救助协会派出力量前往救助，同时指导船舶应急处置。稍后，“金湾海上救助 14”救起 12 人，无人员伤亡，船舶倾斜、搁浅，无溢油。

•7 月

2 日下午，一艘香港籍白色帆船在内伶仃附近水域航行时桅杆断裂，随后失去联系，具体位置不详，船上 8 人。省海上搜救中心接报后，立即将情况通报广州、深圳海上搜救中心和广东海警局。广州、深圳海上搜救中心接报后协调派出“海巡 09077”“海巡 09079”“海巡 14103”等前往附近海域搜救，协调附近过往船舶协助搜寻。稍后，“海警 21087”“海警 21100”发现帆船，并护送帆船安全抵达香港。

13 日清晨，“新谷 333”（集装箱船，船长 59.98 米，总吨 2139 吨，船员 5 人，从广州驶往珠海高栏，载货约 1500 吨）在航经广州番禺沙湾水道北斗大桥时，船舶触碰桥墩，导致桥墩受损，船体轻微受损，无人员伤亡。广州市海上搜救中心接报后，立即通报番禺公安、交警、桥梁业主等单位，协调海事派出“海巡 09099”处置。稍后，桥面封路，水域封航，“新谷 333”卸货后前往佛山新黄奇船厂维修。桥梁经检测与抢修，于 10 月 9 日恢复桥面通车、水域通航。

18 日晚上，“新兴达 18”轮（船长 53.8 米、宽 8.8 米，总吨 498 吨，船上 6 人，从福州开往佛山，装载 950 吨钢材）在汕尾市惠来县海域（距岸 3.5 海里）进水沉没，船上 6 人弃船登上救生筏，请求救助。揭阳市海上搜救分中心接报后立即协调派出“海巡 0965”“粤电拖 8”“沪救 19”前往现场救助，并协调过往“顺安达 68”等船舶参与救助。最终，6 名遇险人员被“沪救 19”安全救起。

25 日上午，“升平 001”轮（海上风电施工船，天津籍，船长 60 米、宽 54 米，吃水 4.4 米，总吨 6700 吨，无动力水上平台）在惠州市惠东海龟国家级保护区东南 16 海里海域时发生倾斜，船上共有 65 人，其中 4 人落水失踪。省海上搜救中心接报后，立即协调救助力量前往救助。最终 1 人死亡、3 人失踪。

•8 月

4 日夜晚，一艘无名铁质渔船在汕头南澳岛东南方向约 37 海里附近水域失去动力，船上 7 人请求救助。省海上搜救中心接报后，立即协调南海救助局派出“南海救 115”前往现场搜救，协调过往商船“中联汕头”协助救助。次日凌晨，7 名遇险人员被“中联汕头”成功救助到船上。

10 日深夜，15 名游客因涨潮被困在阳江市阳西山后坎仔海滩度假村海边的礁石上，请求救助。阳江市海上搜救中心接报后，立即协调阳西渔政部门派出船艇前往救助。随后，15 名游客全部被安全转移上岸。

20 日清晨，两艘渔船（船牌号分别为“41087”与“29605”）在汕尾甲子港 3 海里附近海域发生碰撞，两船失去动力，并进水，船上共 5 人。汕尾市海上搜救分中心接报后，立即协调派出“中国渔政 44066”前往救助。随后，5 名遇险人员被安全转移上岸。

28 日午后，“粤鼎湖货 2688”航经佛山市北江金三水泥厂码头（油金大桥下游 4 公里左右）对开水域时，船上生活区起火，船舶就地抛锚，船上 3 人跳水自救，稍后被过往船“兴桂 1070”救起，无人员伤亡和水域污染。佛山市水上交通（溢油）应急指挥中心接报后，立即协调附近商船“桂物通 1788”帮助灭火，同时协调派出“海巡 09218”与港清船到达现场灭火。随后船舶火势被全部扑灭，险情解除。

•9 月

14 日深夜，“粤湛渔 00209”（船上 8 人）与“粤惠来渔 22056”在汕尾市遮浪角东南约 19 海里海域处发生碰撞，碰撞发生后“粤惠来渔 22056”离开现场，“粤湛渔 00209”船体进水，请求救助。汕尾市海上搜救分中心接报后，立即协调当地渔政部门派出“中国渔政 44072”“中国渔政 44071”“中国渔政 44611”等前往救助，并协调过往商船参与救助。15 日上午，“粤湛渔 00209”在“粤湛渔 00207”护航下安全到达汕尾市城区炮台船厂码头。

19 日正午，海南籍渔船“琼洋渔 18007”（船上 11 人）在惠来县靖海渔港东南面对开海域约 32 海里处作业时，机舱着火，情况紧急，准备弃船，请求救助。省海上搜救中心接报后，立即通报汕头市海上搜救中心和省海洋综合执法总队，要求协调过往船舶、现场作业渔船和有关力量参与搜救；协调南海救助局派出“南海救 111”和救助直升机“B－7341”前往现场救援；协调中国海警局派出快艇“中国海警 21102”前往现场。下午，过往船舶巴拿马籍商船“GODSPEED”发现 11 名遇险渔民并安全救起。

23 日凌晨，港澳流动渔船“台沙 2849”（船上 7 人）在珠海市东澳岛以西的小蒲台岛附近水域机舱进水，请求救助。珠海市海上搜救中心接报后，立即协调海事、海警、渔政等单位派出“海巡 09156”“中国海警 21066”“中国渔政 44174”及过往船舶“云宏之星”前往事发水域开展救援。随后，7 名遇险人员被安全转移到“中国海警 21066”船上。

•10 月

4 日傍晚，多哥籍散货船“畅达 366”（管理公司为香港李渊国际集团有限公司，船长 98 米、宽 18 米，装载水泥管 7000 吨，船员 14 人，其中中国籍船员 9 人，越南籍船员 5 人，从越南开往台湾）航经珠海横琴岛南面 12 海里附近海域时发现船舶艏尖舱进水，报警求助。省海上搜救中心接报后，立即协调救助、海事单位派出“南海救 101”“海巡 09156”前往救助。子夜时分，“畅达 366”轮船长宣布弃船，14 名船员安全转移到“海巡 09156”船上，人员安全。

5 日正午，散货船“感恩 7”（船长 97 米，总吨 2962 吨，船上 13 人，装载黄沙约 5000 吨，从福州开往广州）航经汕尾红海湾以南 16 海里处时船舱进水，请求救助。稍后，13 名遇险人员安全转移到渔船“粤陆渔 52059”船上，人员安全。

8 日正午，一艘渔业养殖平台（船）因受大风影响，从码头边被风吹到雷州东里镇附近海域，船上有 8 名渔民被困。平台虽已抛锚，但仍在缓慢移动，8 名渔民请求协调救助。下午，湛江海上搜救分中心协调派出一艘渔船成功将 8 人救起。

21 日下午，一艘无名渔船在阳江市双山港以南约 8 海里附近海域由于风浪大无法掉头，船舶有轻微进水，船上 6 人，请求救助。南海救助局派出“南海救 204”船前往现场。省海上搜救中心接报后，立即将情况通报阳江市海上搜救中心、省海洋综合执法总队，要求组织力量前往救助。傍晚，过往工程船“绿源拖 1”成功将 6 名渔民全部救起，并安全送至阳江闸坡港。

- 11 月

8 日凌晨，集装箱船“穗富航 628”（船长 49 米，总吨 1375 吨，船上 7 人，从香港开往佛山，载有 67 个集装箱）在珠江口深中通道东人工岛东南 1500 米附近水域机舱进水，请求救助。深圳海上搜救中心接报后，立即协调海事、救助部门派出“海巡 14102”及周边过往船舶前往救助。稍后“海巡 14102”到达现场救起全部船员，人员安全。船上集装箱漂落水中，后经一个多月的扫测与打捞，大部分集装箱被打捞上岸。

12 日下午，钦州籍散货船“航盛 88”在揭阳市惠来县辖区离岸 40 多海里处航行时发生倾斜。过往渔船“闽狮渔 07570”救起“航盛 88”放下的救生筏上的 13 名人员，获救人员状况良好，稍后“航盛 88”轮沉没。

17 日傍晚，“海鸿 03”（扬州籍，船长 130 米、宽 22 米，空载，船上 14 人，总吨 8666 吨）在汕尾港以南 30 海里水域机舱着火，请求灭火。省海上搜救中心接报后，立即协调海事、南海救助局、广州打捞局、省海洋综合执法总队、广东海警局、当地港口拖轮公司等单位派出“海巡 0941”“中国海警 21533”“中国海警 21101”“中国渔政 44611”“盐港拖一”等力量前往救助，协调周边船舶与附近渔船“粤汕尾渔 11312”等参与救助。最终，5 人被“中国海警 21101”安全救起，9 人被附近渔船“粤陆渔 29936”安全救起。

- 12 月

2 日上午，“翔瀚 88”散货船（船长 89.8 米、宽 18.0 米，总吨 2996 吨，船上 12 人，从广西防城港开往广州）途经茂名放鸡岛以南 24 海里处船体进水，船员准备弃船登上救生筏，请求救助。省海上搜救中心接报后，立即协调海事、海警、渔政等力量前往救助，同时协调过往商船和附近渔船搜寻。渔船“粤茂滨渔 43899”“粤茂滨渔 43898”“粤茂滨渔 42387”在事发水域附近共救起 10 名遇险人员，2 人失踪。经多日搜救，最终 10 人获救，2 人失踪。

23 日下午，“粤汕尾渔 12186”（木质渔船，船上共 5 人）在汕尾市龟龄岛正南约 10 海里海域沉没，船上 5 人被附近渔船“粤汕尾渔 12409”救起。傍晚，“粤汕尾渔 12409”平安到达汕尾港，5 名获救人员安全上岸。

【风暴潮】

2021 年，广东沿岸共发生 2 次台风风暴潮灾害，分别为“查帕卡”和“圆规”台风风暴潮，造成直接经济损失 2838.12 万元。

7 月 20 日 21 时 50 分，台风“查帕卡”在阳江市江城区沿海地区登陆，登陆时中心附近最大风力 12 级（33 米/秒），中心最低气压 968 百帕。受其影响，珠江口沿岸出现 43～51 厘米风暴潮增水，粤西沿岸出现约 40 厘米风暴潮增水。其中，最大增水出现在台山站，达 51 厘米。风暴潮造成广东水产养殖受灾面积 1.73 万公顷，损失产量 220 吨，直接经济损失 1798.92 万元。

10 月 13 日 15 时 20 分，台风“圆规”在海南省琼海市沿海地区登陆，登陆时中心附近最大风力 11 级（30 米/秒），中心最低气压为 972 百帕。受其影响，粤东沿岸出现 69 ～ 123 厘米风暴潮增水，珠江口沿岸出现 105 ～ 152 厘米风暴潮增水，粤西沿岸出现 94 ～ 211 厘米风暴潮增水。其中，最大增水出现在湛江站（211 厘米），硇洲站、水东站、闸坡站和台山站最大增水分别为 197 厘米、171 厘米、154 厘米和 152 厘米。最大风暴潮增水超过 100 厘米的站点有 5 个：饶平站、惠州站、深圳站、广州站和珠海站，风暴潮增水分别为 111 厘米、123 厘米、105 厘米、106 厘米和 144 厘米。超过当地橙色警戒潮位的站点有 4 个：汕尾站、遮浪站、惠州站和深圳站，最高潮位分别为 170 厘米、160 厘米、185 厘米和 181 厘米；超过当地黄色警戒潮位的站点有 4 个：饶平站、南澳站、珠海站和海安站，最高潮位分别为 162 厘米、141 厘米、181 厘米和 169 厘米；超过当地蓝色警戒潮位的站点有 2 个：赤湾站和台山站，最高潮位分别为 170 厘米和 167 厘米。风暴潮造成广东水产养殖受灾面积 183. 99 公顷，损失产量 4 吨，损毁养殖设备、设施 2 个，损毁渔船 10 艘，损坏码头 7 座，损毁海堤和护岸 0. 27 千米，直接经济损失 1039. 20 万元。

【赤潮】

2021 年，广东沿海共监测到赤潮 14 次，累计面积约 196. 47 平方千米，主要发生在 1 月（6 次）和 12 月（3 次），赤潮生物种类主要有中肋骨条藻、球形棕囊藻、红色赤潮藻、夜光藻、叉状角藻、红色中缢虫、凯伦藻、柔弱角毛藻、海洋角毛藻、丹麦细柱藻、链状裸甲藻、血红哈卡藻、海链藻等。最大面积赤潮发生在 1 月 26—31 日，其间汕尾附近海域红色赤潮藻、叉状角藻、中肋骨条藻面积达 80 平方千米。其次为发生在 5 月 21—26 日的赤潮灾害，其间湛江港海域柔弱角毛藻、中肋骨条藻、海洋角毛藻面积达 65 平方千米。赤潮发生情况如表 9 所示。

表 9　2021 年广东海域赤潮发生情况一览表

起止时间	发生海域	面积（平方千米）	赤潮生物种类
1 月 18—20 日	深圳湾大桥附近海域	1. 5	中肋骨条藻
1 月 20 日—2 月 3 日	大鹏湾海域	1. 7	球形棕囊藻、红色赤潮藻
1 月 23—31 日	惠州市马鞭洲至深圳市桔钓沙连线周边海域	12	夜光藻、红色赤潮藻
1 月 25 日—2 月 24 日	淇澳岛周边海域	3. 5	夜光藻、球形棕囊藻、红色赤潮藻
1 月 26—31 日	汕尾附近海域	80	红色赤潮藻、叉状角藻、中肋骨条藻
1 月 27 日—2 月 1 日	深圳机场附近海域	6	红色中缢虫
2 月 3—13 日	深圳市西湾公园—前海湾附近海域	6. 2	红色赤潮藻
3 月 17—27 日	前海湾海域	1. 5	凯伦藻
3 月 27 日—4 月 21 日	深圳湾海域	7. 5	凯伦藻
5 月 21—26 日	湛江港海域	65	柔弱角毛藻、中肋骨条藻、海洋角毛藻

（续上表）

起止时间	发生海域	面积（平方千米）	赤潮生物种类
8 月 24—29 日	海门湾附近海域	7.8	丹麦细柱藻、链状裸甲藻、血红哈卡藻
12 月 7—15 日	小铲岛—深圳机场附近海域	3.5	海链藻
12 月 15—20 日	珠海市情侣中路沿岸海域	0.02	夜光藻
12 月 18—26 日	大亚湾海域	0.25	红色赤潮藻

【咸潮入侵】

2021 年，珠江口共监测到咸潮入侵过程 8 次，主要发生在春季和冬季，其中盐度最高的咸潮入侵过程于 12 月 13 日开始，持续时间 9 天。12 月 15 日 21 时 14 分，全禄水厂监测到该次过程最高盐度为 8.90‰（氯度 4926 毫克/升）。咸潮入侵情况如表 10 所示。

表 10　2021 年珠江口咸潮入侵①情况一览表

起始时间	持续天数（天）	最高盐度出现时间	最高盐度值（psu）
1 月 8 日	6	1 月 10 日 21 时 18 分	5.64
1 月 22 日	7	1 月 25 日 22 时 15 分	7.72
2 月 7 日	4	2 月 10 日 0 时 15 分	3.05
2 月 20 日	7	2 月 22 日 20 时 8 分	4.27
3 月 23 日	3	3 月 23 日 18 时 25 分	5.32
12 月 3 日	1	12 月 3 日 0 时 20 分	0.75
12 月 13 日	9	12 月 15 日 21 时 14 分	8.90
12 月 28 日	7	12 月 29 日 20 时 21 分	6.99

注：①咸潮入侵标准：氯化物 >250 毫克/升（盐度 >0.45‰）。

【渔业灾害】

2021 年，台风、洪涝、病害、污染和干旱给广东渔业造成一定影响。据省农业农村厅统计，全省渔业直接经济损失 4.63 亿元，其中，水产品损失 4.29 万吨，经济损失 4.22 亿元；台风、洪涝损毁渔业设施造成经济损失 4073 万元，因灾损毁池塘 601 公顷、网箱 863 箱、围栏 5 千米、堤坝 542 米、涵闸 3 座、护岸 721 米、防波堤 816 米。全省水产养殖受灾面积 2.48 万公顷，其中，台风和洪涝致渔业受灾面积 6704 公顷，损失水产品 0.75 万吨，经济损失 1.04 亿元；病害受灾面积 5481 公顷，损失水产品 1.92 万吨，经济损失 2.11 亿元；干旱受灾面积 2926 公顷，损失水产品 5707 吨，经济损失 0.53 亿元；污染受灾面积 255 公顷，损失水产品 477 吨，经济损失 0.05 亿元。

环境灾害

【突发事件】

2021年，广东省发生一般突发环境事件24起，与上年起数持平。其中，江门4起，阳江、茂名各3起，韶关、梅州、惠州、中山各2起，广州、深圳、东莞、湛江、肇庆、揭阳各1起；未发生较大及以上突发环境事件。按照事件类型分，属水污染事件19起，属大气污染事件4起，属土壤污染事件1起；按事件起因分，属安全生产事故引发12起，属交通事故引发10起，属其他原因引发2起。事件均得到当地政府和生态环境部门及时妥善处置，最大程度地减少对群众生产生活和周边环境的影响。

【酸雨】

2021年，全省城市降水测点pH均值为5.72，范围在5.13（江门）～7.04（汕尾）；酸雨频率为10.7%。其中，15个城市出现酸雨（$pH_{min}<5.6$），8个城市受酸雨污染（$pH_{avg}<5.6$），无重酸雨区（$pH_{avg}<4.5$或$4.5\leq pH_{avg}<5.0$且酸雨频率>50%）。

降水化学监测结果分析表明，全省降水中主要阳离子为钙离子和铵离子，分别占离子总当量浓度的18.5%和14.7%；主要阴离子为氯离子和硫酸根离子，分别占离子总当量浓度的16.1%和14.7%。降水中硫酸根离子和硝酸根离子的当量浓度比为1.2，硫酸化合物为广东省降水中的主要致酸物质。

与上年相比，全省城市降水pH均值升高0.2个pH单位，酸雨频率下降8.2个百分点，连续2年无重酸雨区城市，全省降水质量状况明显改善。除茂名、梅州、河源、阳江4市外，全省其余地级以上市属于酸雨控制区。酸雨控制区内除潮州、汕头、揭阳和汕尾4市外，其他市均出现过酸雨，其中江门、珠海、云浮和佛山4市均受酸雨污染。非酸雨控制区中，茂名、梅州2市均出现过酸雨（未受酸雨污染）。

农田作物灾害和农田生物灾害

【农田作物灾害】

2021 年，影响广东省农业生产的主要自然灾害有：1 月上中旬出现的大范围低温过程；2020 年秋季至 2021 年 4 月中旬的干旱（东江、韩江流域经受了 60 年一遇的旱情考验）；5 月下旬至 6 月上旬的大范围强降水；7 月和 10 月的 3 个热带气旋，分别是 7 月 20 日登陆阳江的“查帕卡”、10 月先后登陆海南的“狮子山”（8 日）和“圆规”（13 日）。

1. 低温冻害

1 月上中旬，全省大部分地区经历低温过程，导致韶关、云浮、惠州等地农作物受灾面积 31.31 万亩（其中成灾 12.82 万亩，绝收 5.83 万亩）。主要受灾作物为冬种薯类、玉米和蔬菜。

2. 农业干旱

自 2020 年秋季以来，全省大部分地区农业生产用水紧张，局部地区干旱程度破有记录以来极值，全省农业生产用水始终处于紧平衡状态。春耕高峰期间，全省有 280 多万亩耕地缺水无法耕种，东江、北江和韩江流域普遍需抽水浇灌，惠州惠东、汕尾、揭阳、潮州和汕头等东部沿海地区旱情特别严重，局部打井 200 多米仍无法抽取地下水，反复播种 4 次仍无法正常育秧。至 4 月中旬，全省仍有 110 多万亩农作物受旱，缺水办田面积 30 万亩，早稻播种进度减少 40 万亩。经统计部门核定，全省因旱造成早稻面积减少 16.7 万亩。各级农业农村部门通过引导支持结构调整、撂荒耕地复耕复种、改种补种等方式，增加旱粮作物面积 26 万多亩。农业干旱对抑制大部分水稻病虫害发生流行有利，全省病虫害发生为害水平较低，加上光照温度条件好，全省早稻单产突破 0.4 吨，为多年最高水平。

3. 暴雨洪涝和风雹

5 月下旬至 6 月上旬，受西南季风影响，东江流域遭遇暴雨，惠州、东莞等地受多轮持续强降水袭击，导致农作物受灾面积 2.22 万亩，主要集中在惠州市博罗、龙门 2 县，受灾作物主要为水稻、花生、玉米和蔬菜等。此外，降雨还对荔枝生产带来较大影响，受前期持续干旱影响，果实发育较差，着色提前；强降雨加速了荔枝落果、裂果，尤其是正值果实膨大期和着色关键期的桂味、糯米糍，普遍损失近 20%。

4. 热带气旋

全年对广东农业生产造成影响的台风主要有 3 个，分别为 7 月的“查帕卡”和 10 月的“狮子山”与“圆规”，造成农作物受灾面积 210 万亩（其中成灾 3.99 万亩，绝收 1.81 万亩）。台风对晚稻生产的影响总体不大，晚稻实现高产。

【农田生物灾害】

1. 灾害概况

2021 年，全省农作物生物灾害（病虫草鼠螺害）总体偏重发生。发生面积 1860.95 万公顷次，受灾面积 3.68 万公顷（成灾 0.84 万公顷），造成粮食损失 53.37 万吨、蔬菜损失 38.50 万吨、水果损失 25.03 万吨、油料损失 2.93 万吨、茶叶损失 0.31 万吨、其他经济作物损失 4.71 万吨。草地贪夜蛾偏重、局部重发生；纹枯病、黄曲条跳甲、小菜蛾、瓜蓟马、荔枝蒂蛀虫、桔小实蝇、柑桔红蜘蛛和杂草等偏重发生；稻飞虱、稻纵卷叶螟、瓜实蝇、斜纹夜蛾、蔬菜霜霉病、白粉病、玉米螟、荔枝霜疫霉病、柑桔锈蜘蛛、鼠害等局部偏重发生。

2. 病虫害

全省农作物病虫害总体偏重发生，略重于上年。发生面积 1365.66 万公顷次，造成粮食损失 35.71 万吨、蔬菜损失 35.18 万吨、水果损失 23.15 万吨、油料损失 2.36 万吨、茶叶损失 0.22 万吨、其他经济作物损失 4.33 万吨。

• 水稻病虫害

中等、局部偏重发生。水稻病虫发生面积 542.48 万公顷次，实际损失稻谷 25.48 万吨。发生特点为：早稻稻飞虱迁入时间晚，迁入峰次少、主峰不明显；稻纵卷叶螟未监测到迁入峰；晚稻“两迁”害虫迁入峰次多、持续时间长，稻飞虱回迁虫峰明显、虫量较大；田间发生晚稻重于早稻，其中稻纵卷叶螟早稻偏轻发生，晚稻中等、局部偏重发生；稻飞虱早稻中等发生，晚稻偏重发生；钻蛀性螟虫中等发生，二化螟和大螟上升趋势明显，田间发生加重、范围扩大，在粤北和粤东等部分地区发生较重；纹枯病在低洼积水和密植田块发生较重；稻瘟病在部分稻区感病品种上发生较重；白叶枯病、水稻细菌性条斑病等发生偏轻；橙叶病、水稻瘤矮病毒、水稻条纹花叶病等叶蝉传播的病毒病在云浮、肇庆、茂名、广州和清远等地发生较重。

稻飞虱　中等、局部偏重发生。早稻迁入迟，迁入峰次少、迁入虫量小，迁入主峰出现在 5 月上中旬和 6 月上旬；晚稻受“查帕卡”“烟花”“卢碧”等台风环流天气影响，以及冷空气南下等影响，出现多个迁入虫峰，迁入虫量大，8 月中旬开始出现迁入峰，主迁入峰为 9 月中下旬和 10 月中旬。其中，10 月中旬全省大部地区监测到回迁虫峰，迁入褐飞虱占比高，主降区域为粤北和粤西北。田间早稻中等发生，晚稻中等、局部偏重发生，皆重于去年，发生分布不平衡，晚稻后期褐飞虱虫量大，部分地区个别田块出现“穿顶”。

稻纵卷叶螟　中等、局部偏重发生，比去年重。早稻迁入迟、迁入虫量少、未监测到明显的迁入峰，粤西部分地区田间蛾量稍大，其余大部分地区蛾量低。晚稻受台风“查帕卡”登陆和台风“卢碧”环流天气影响，8 月下旬至 9 月中旬持续出现迁入虫峰，9 月下旬至 10 月上旬出现回迁蛾峰。田间发生分布不平衡，早稻偏轻发生、局部中等发生，晚稻中等、局部偏重发生。全省 4—6 月平均卷叶率为 0.4%，低于去年的 3.1%；8—10 月平均卷叶率为 3.3%，高于去年的 1.7%。

钻蛀性螟虫　中等发生。主要种群有大螟、二化螟、三化螟和台湾稻螟，其中大螟和二化螟为优势种群。二化螟和大螟上升趋势明显，发生加重、范围扩大，在粤北和粤东等部分地区发生较重，个别失管田块受害重，三化螟种群继续呈下降趋势；台湾稻螟在局部地区发生。全省大部稻区田间虫口密度不高，螟害率一般在 2% 以下，但在局部地区个别田块为害重，重的螟害率可达40%以上。

纹枯病　偏重发生，重于去年。早稻前期少雨，病害发生较轻，主要在早插低洼积水和浓绿田块发生较重，5月之后降雨天气多发，病害迅速扩展；晚稻前期降雨多发病早，中后期后降雨少，纹枯病发生受到一定抑制。早、晚稻为害高峰期监测点平均病丛率分别为12.1%和16.4%。

稻瘟病　偏轻发生，轻于去年和常年。田间在瘟区和感病品种上发生较重。1—4月降雨少，入汛期偏迟，导致早稻稻叶瘟发生较迟、发生较轻，穗颈瘟于6月中下旬开始发病；晚稻前期降雨多，部分地区感病品种稻叶瘟发生早、发生较重，出现“坐蔸”田块，9月中旬以后降雨少，发病减轻，穗颈瘟10月初开始发生。

白叶枯病　轻发生，比去年发生轻。主要在晚稻中后期的西南沿海稻区发生，发病田块平均病叶率3.8%，高的达15%。

水稻病毒病　中等发生，南方水稻黑条矮缩病毒病轻发生。橙叶病、水稻瘤矮病毒、水稻条纹花叶病毒病等叶蝉传播的病毒病在云浮、肇庆、茂名、广州和清远等地发生较重。

2021年广东省水稻主要病虫害发生、防治及造成的损失情况如表11所示。

表11　2021年广东省水稻主要病虫害发生、防治及造成的损失情况表

发生种类	发生面积（万公顷次）	防治面积（万公顷次）	挽回损失（万吨）	实际损失（万吨）
稻飞虱	158.37	200.02	57.33	6.75
稻纵卷叶螟	126.21	158.95	39.85	5.06
钻蛀性螟虫	284.58	358.97	97.18	11.81
纹枯病	132.73	169.02	53.27	6.74
稻瘟病	20.30	34.20	8.62	1.27
白叶枯病	5.97	7.94	4.83	0.55
水稻病毒病	2.09	3.44	1.56	0.45

• 蔬菜病虫害

偏重发生。发生面积347.3万公顷次，实际损失35.18万吨。去冬今春气温偏高，干旱少雨，蔬菜虫害发生较重，病害发生较轻；入夏后雨日多、雨量大，病害发生扩散快。9月雨日雨量渐少，病害发生渐轻。主要发生病虫有黄曲条跳甲、小菜蛾、瓜蓟马、瓜实蝇、美洲斑潜蝇、斜纹夜蛾、烟粉虱、霜霉病、白粉病、疫病和炭疽病等。

黄曲条跳甲　偏重发生。春、秋两季发生较重，3—6月，全省监测点百株虫量平均为46.38头，低于去年的103.4头，株受害率为41.6%，低于去年的49.2%；9—11月，全省监测点百株成虫量平均为31.7头，低于去年，株受害率为34.3%，与去年持平。

小菜蛾　偏重发生。3—6月，全省监测点百株幼虫量平均为36.41头，与去年持平，株受害率平均为19.9%，低于去年的23.3%；9—11月，全省监测点百株幼虫量平均为5.5头，株受害率平均为5.3%，均低于去年。

瓜蓟马　偏重发生，重于去年。以4—6月和10—11月发生最重。其中，4—6月全省监测点百梢虫量平均为477.2头，高于去年的382.5头，梢受害率为32.3%；10—11月，全省监测

点百梢虫量平均为 54.8 头，梢受害率为 13.1%。

瓜实蝇　中等、局部偏重发生。以 5—10 月发生较重，全省监测点每候芯诱虫量平均为 38.9 头，百株虫量为 7.6 头，果受害率为 5.0%，与去年持平。

斜纹夜蛾　中等、局部偏重发生。以初夏部分地区的花生、芋头、黄瓜、茄子、豆角、甘薯等发生较重。4—6 月，全省监测点百株幼虫量平均为 3.5 头，每候芯累计诱虫量为 381.9 头，高于去年的 226 头，叶受害率平均为 9.5%，低于去年的 12.4%。

美洲斑潜蝇　中等发生。以 5—11 月发生较重，全省监测点百叶虫量平均为 157.5 头，低于去年的 187.7 头，叶受害率为 46.7%，低于去年的 51.4%，虫情指数为 11.1，低于去年的 14.1。

烟粉虱　中等发生。以 4—9 月发生最重，全省监测点百叶虫量平均为 55.7 头，低于去年的 95.2 头，每候每板累计诱虫 27.9 头，低于去年的 41.3 头，受害率为 19.8%，低于去年的 25.6%。

霜霉病　中等、局部偏重发生。以春、夏季发生最重，4—6 月，全省监测点病叶率平均为 10.6%，低于去年的 25.1%；病情指数为 3.8，低于去年的 9.7。

白粉病　中等、局部偏重发生。4—6 月，全省监测点病叶率平均为 15.3%，低于去年的 21.6%；病情指数为 7.2，低于去年的 11.0。

疫病　中等发生。全年全省监测点病株率平均为 7.2%，低于去年的 8.3%；病情指数平均为 3.6，高于去年的 2.6。

炭疽病　中等发生。全年全省监测点病叶率平均为 11.4%，病情指数平均为 3.7，分别低于去年的 12.7% 和 4.6。

2021 年广东省蔬菜主要病虫害发生、防治及造成的损失情况如表 12 所示。

表 12　2021 年广东省蔬菜主要病虫害发生、防治及造成的损失情况

发生种类	发生面积（万公顷次）	防治面积（万公顷次）	挽回损失（万吨）	实际损失（万吨）
黄曲条跳甲	39.82	50.45	23.72	4.21
小菜蛾	33.53	45.36	19.65	4.27
瓜蓟马	16.73	23.76	7.79	0.87
瓜实蝇	9.24	12.03	10.35	2.18
斜纹夜蛾	23.77	28.84	13.72	1.66
美洲斑潜蝇	11.01	14.02	4.73	0.72
烟粉虱	12.19	14.19	4.45	0.87
霜霉病	21.74	28.41	16.62	2.43
白粉病	9.23	11.87	6.52	0.89
疫病	9.54	13.96	9.56	1.64
炭疽病	9.70	12.76	8.59	1.56

• 果树病虫害

偏重发生。发生面积 278.11 万公顷次，实际损失 23.15 万吨。荔枝：花枝分化好、挂果多，是荔枝丰年。早、中、迟熟品种混栽现象较普遍，花果期荔枝蝽、荔枝蒂蛀虫、荔枝霜疫霉病等病虫发生较重。由于荔枝今年的产量高，果农管理果园和防控病虫的积极性普遍较高，有效地控制病虫的发生为害。柑桔：去冬今春干旱少雨，柑桔红蜘蛛等虫害发生早、繁殖快，发生较重；5 月开始降雨多，柑桔溃疡病、褐斑病等发生扩散快；下半年登陆或直接影响台风少、雨日和雨量偏少，柑桔病虫害发生较往年轻。香蕉：病虫害中等发生，香蕉叶斑病发生较突出。主要发生的果树病虫有：荔枝蒂蛀虫、荔枝霜疫霉病、荔枝蝽蟓、荔枝瘿螨、柑桔红蜘蛛、柑桔锈蜘蛛、柑桔潜叶蛾和香蕉叶斑病等。此外，荔枝尺蠖、荔枝炭疽病、柑橘木虱、介壳虫、香蕉象甲等也有不同程度发生。

荔枝蒂蛀虫　偏重发生。去冬今春气温偏高，发生期较去年和常年偏早，落地果蛀果率高、虫量大。3—6 月全省监测点蛀果率平均为 2.8%，低于去年的 4.8%，树上果百果虫量为 2.2 头，高于去年的 0.5 头。

荔枝蝽蟓　中等发生，轻于去年。2—4 月为发生高峰期，全省监测点百梢虫量平均为 7.8 头，低于去年的 34.9 头。

荔枝瘿螨　中等发生，重于去年。2—5 月，全省监测点新梢叶受害率平均为 8.3%，高于去年的 6.0%。

荔枝霜疫霉病　中等、局部偏重发生，轻于去年。4—6 月，全省监测点病果率平均为 4.6%，高于去年的 4.1%，病情指数为 0.8，低于去年的 1.1。

桔小实蝇　偏重发生。在番石榴、杨桃、杧果、枇杷等果树发生较重，在砂糖桔、柚等早熟柑桔品种中等发生。全省监测点果园单瓶候性诱虫量为 26.9 头，高于去年的 24.5 头；番石榴等果园树上果百果虫量平均为 43.8 头，蛀果率为 3.1%，落地果百果虫量为 329.4 头，蛀果率为 12.9%。

柑桔红蜘蛛　偏重发生，重于去年。出现春、秋两个高峰期：4—6 月，全省监测点百叶螨量为 178.1 头，高于去年的 114.7 头；9—11 月，全省监测点百叶螨量平均为 99.5 头，高于去年的 97.8 头。

柑桔锈蜘蛛　中等、局部偏重发生。夏季 7—8 月螨量最高，全省监测点百叶螨量平均为 389.2 头，略低于去年的 477.6 头。

柑桔潜叶蛾　中等发生。全年监测点百叶幼虫量平均为 5.7 头，高于去年的 4.4 头。

柑桔溃疡病　中等发生。在沃柑、贡柑和橙类等品种发生较重。全年监测点病叶率和病果率分别为 7.3% 和 43.0%，略低于去年的 8.9% 和 44.9%。

柑桔褐斑病　中等发生，轻于去年。在贡柑、年桔等品种发生较重。4—6 月，全省监测点病叶率平均为 2.6%，病果率 5.0%，分别低于去年的 7.2% 和 5.4%。

香蕉叶斑病　中等发生。高峰期时病叶率平均为 29.8%，病情指数为 8.19，分别高于去年的 25.1% 和 6.94。

2021 年广东省果树主要病虫害发生、防治及造成的损失情况如表 13 所示。

表 13　2021 年广东省果树主要病虫害发生、防治及造成的损失情况表

发生种类	发生面积（万公顷次）	防治面积（万公顷次）	挽回损失（万吨）	实际损失（万吨）
荔枝蒂蛀虫	38.89	43.82	12.55	2.77

（续上表）

发生种类	发生面积（万公顷次）	防治面积（万公顷次）	挽回损失（万吨）	实际损失（万吨）
荔枝蝽蟓	12.72	15.13	3.48	0.60
荔枝瘿螨	7.78	9.12	1.22	0.24
荔枝霜疫霉病	13.09	15.15	4.68	1.07
桔小实蝇	8.55	11.93	5.13	1.05
柑桔红蜘蛛	31.70	37.75	16.42	2.14
柑桔锈蜘蛛	14.59	16.97	5.74	1.06
柑桔潜叶蛾	18.98	18.21	6.47	1.12
柑桔溃疡病	3.68	6.18	2.80	0.34
柑桔褐斑病	9.53	13.70	7.46	0.85
香蕉叶斑病	6.26	11.67	18.06	4.05

• 玉米病虫

偏重发生。发生面积 41.24 万公顷次，实际损失 3.47 万吨。主要发生病虫有：草地贪夜蛾、玉米螟和玉米大小斑病，蚜虫、锈病、纹枯病等也有不同程度发生。

草地贪夜蛾　偏重、局部重发生。其中，夏、秋玉米发生重，达偏重、局部重发；春玉米和冬玉米发生中等、局部偏重。发生特点是越冬范围广、传播速度快，夏秋发生为害重。冬种玉米地区（粤东、粤西和珠三角）存在大量的本地虫源，在春季随西南气流扩散全省。1—4月，全省气温偏高少雨，利于该虫的繁殖和扩散为害，非冬玉米种植区首发时间比去年提早近 1 个月。为害作物有玉米、甘蔗、水稻和姜等，全年累计发生面积 7.33 万公顷次，绝大部分发生在玉米地。全年玉米平均被害株率为 7.8%，百株幼虫数为 6.1 头，略低于去年。

玉米螟　中等、局部偏重发生。受玉米地防治草地贪夜蛾用药多和与草地贪夜蛾竞争处于劣势等因素影响，玉米螟发生较往年轻，田间虫量明显低于常年。发生高峰期百株虫量一般为 3～6 头，高的为 20 头，为害株率一般为 3%～8%。

玉米大、小斑病　中等发生。自 5 月开始受高温高湿气候影响，大、小斑病尤其是大斑病发病较重、田间扩散快。小斑病病叶率一般为 8%～20%，大斑病病叶率一般 2%～10%，高的达 35.5%。

• 其他作物病虫害

马铃薯病虫　中等发生。主要发生病虫有蚜虫、蛴螬、早疫病、晚疫病、疮痂病、黑胫病等，蚜虫和晚疫病等发生较突出。发生面积 4.14 万公顷次，实际损失 0.62 万吨。

花生病虫　中等、局部偏重发生。主要发生病虫有蚜虫、斜纹夜蛾、蓟马、叶螨、叶斑病、锈病、病毒病、炭疽病、青枯病等。发生面积 71.07 万公顷次，实际损失 2.34 万吨。

• 蝗虫

中等发生，发生面积 1.06 万公顷次。主要发生的蝗虫种类有越北腹露蝗、异岐蔗蝗、东亚飞蝗、稻蝗和黄脊竹蝗等。其中，越北腹露蝗在清远、韶关等地桑地上局部偏重发生，发生期接近常年，卵孵化高峰期为 4 月上、中旬，蝗蝻聚集高峰期为 4 月中旬至 5 月初。

3. 农田草害

偏重发生。发生面积298.41万公顷次，实际损失粮食11.29万吨。杂草种类多，主要有稗草、牛筋草、看麦娘、莎草、马唐、千金子、牛繁缕、凹头苋、眼子菜、鸭舌草、马齿苋等。多在水稻田、蔬菜地、果园、花生地和茶园等发生，程度较重。

4. 农区鼠害

中等、局部偏重发生，较去年轻。发生面积142.11万公顷次，实际损失粮食11.31万吨。主要鼠种有黄毛鼠、小家鼠、板齿鼠、褐家鼠等，其中黄毛鼠为最大优势种群，占60%。监测点平均捕获率为0.5%～8.5%，高的为10%～12%，全年捕获率平均为4.26%，高于去年的3.60%。

5. 农田螺害

中等发生。发生面积54.76万公顷次，实际损失粮食1.31万吨。螺害以福寿螺为主，发生面积52.19万公顷次，实际损失粮食1.19万吨。

畜禽疫病灾害

【灾害概况】

2021 年，全省重大动物疫病常年免疫密度维持在 95% 以上，主要病种免疫抗体合格率达 70% 以上，重大动物疫情形势总体保持平稳。全年全省发生输入性非洲猪瘟疫情 1 起、输入性口蹄疫疫情 1 起，无高致病性禽流感疫情报告，猪瘟、猪繁殖与呼吸综合征、猪伪狂犬病等主要猪病流行强度明显降低，但羊布鲁氏菌病疫情时有发生，呈局部散发状态。

【畜禽疫病新动态】

1. 高致病性禽流感

高致病性禽流感流行毒株的血清型和基因型复杂多样。阳性多见于活禽市场的水禽，养殖场检出率很低。气温较低的冬春季，在免疫不到位的水禽养殖场发生疫情的风险较大。家禽 H7N9 疫情发生风险较低，但不排除蛋鸡场和免疫力不足的肉鸡场有零星发病的情况发生。H9 亚型禽流感阳性率一直处于较高水平，且活禽交易市场环境污染严重，病毒广泛存在，难以根除。气温较低的春季，在免疫不到位的家禽养殖场发生的可能性较大。

2. 口蹄疫

口蹄疫病毒的污染面较大，且屠宰场污染严重，有从境外不断传入新毒株的风险。在免疫薄弱环节和场点，存在散发 O 型口蹄疫疫情的可能，发生区域性流行的可能性较小。同时，不排除 A 型口蹄疫散发的可能。

3. 高致病性猪蓝耳病

广东省临床上猪繁殖与呼吸综合征仍然是多毒株流行，且欧洲型毒株和变异株流行范围有扩大趋势，高致病性猪蓝耳病仍占有一定比例，需高度关注。

4. 猪瘟

猪瘟抗体合格率为 86.32%，未检出病原学阳性样品。监测结果显示，猪瘟抗体合格率较高，建立了较好的免疫屏障，处于良好的控制状态，猪群发生猪瘟流行的风险较低。

5. 布鲁氏菌病

动物布鲁氏菌病以隐性感染为主，发生的主要风险点依然是布鲁氏菌病高风险地区输入的牛羊。家畜布鲁氏菌病防控形势依然严峻，以散发为主，不会出现大面积暴发，但部分地市出现家畜和人感染病例的可能性较大。同时，随着外省牛羊的不断调入，可能会出现疫情或隐性感染扩大趋势，在检疫、调运消毒或无害化处理等措施落实不到位的地区，疫情会局部反弹，且接触隐性感染动物引发人感染病例的风险依然较高。

6. 非洲猪瘟

非洲猪瘟病毒已在中国定殖，病毒污染依然点多面广，屠宰场、无害化处理厂等环节阳性率较高，环境中的病毒难以彻底清除，往养殖环节传播扩散的风险持续存在。流行毒株复杂，当前国内非洲猪瘟病毒流行毒株以基因Ⅱ型强毒株为主，但在监测中也发现有变异毒株（基因缺失株、自然变异株、自然弱毒株）。变异毒株感染潜伏期长，感染猪可间歇性排毒，初期无临床表现或临床症状不典型，致死率低，不易识别，导致感染不发病的猪进入屠宰场等流通环节，造成病毒污染面不断扩大。境外疫情形势严峻，传入风险存在。上半年阴冷雨水较多，环境中的非洲猪瘟病毒易传播，在局部地区发生疫情的可能性较大，防控形势依然严峻。

7. 猪伪狂犬病

猪伪狂犬病免疫抗体检测合格率为84.09%。原种猪场猪伪狂犬病野毒阳性率维持在较低水平，但个别原种猪场存在猪伪狂犬病野毒感染情况，需继续推进种猪场猪伪狂犬病净化工作，进一步从源头上控制猪伪狂犬病。

8. 猪圆环病毒病

猪圆环病毒Ⅱ型、Ⅲ型感染情况非常普遍。猪圆环病毒病同猪繁殖与呼吸综合征均是猪的免疫抑制性疾病，猪只感染后免疫力会大大下降，易感染其他病原，造成多病原混合感染和免疫失败，该病的防控应引起重视。

林业灾害

【森林火灾】

2021年，广东省共发生森林火灾86起，火场总面积为2100.25公顷，其中受害森林面积为970.26公顷，未发生重特大森林火灾和人员伤亡事故。春节、全国“两会”、清明、五一、建党100周年大庆等重点时段全省森林防灭火形势安全平稳。

【林业生物灾害】

1. 灾害概况

2021年，全省林业有害生物总体以轻度发生为主，发生面积52.07万公顷，与上年同比上升1.07%。其中，轻度发生面积47.55万公顷，中度发生面积3.22万公顷，重度发生面积1.3万公顷。全省实施防治作业面积46.62万公顷次，成灾面积0.64万公顷，成灾率为0.68‰。主要危害种类有松材线虫病、薇甘菊、松褐天牛、红火蚁、松突圆蚧、湿地松粉蚧、油桐尺蛾、马尾松毛虫、黄脊竹蝗、桉树焦枯病等50多种。总体表现如下：一是检疫性林业有害生物危害扩散势头得到控制，松材线虫病在广东19个地级以上市、77个县（市、区）级行政区（含5个省直属林场）发生，发生面积比上年减少300公顷，实现3个疫区县、26个疫点镇无疫情；薇甘菊在20个地级以上市、109个县（市、区）发生，发生面积同比下降，局部地区危害较重；红火蚁林地范围发生较少，主要在林缘周边、森林公园草坪、城市绿道周边等地带跳跃式发生。二是常发性林业有害生物控制良好，马尾松毛虫、松茸毒蛾、萧氏松茎象等食叶害虫防控体系较成熟，危害逐年减轻；竹林、肉桂和沉香等经济林病虫害整体发生平稳。三是松树枝干害虫继续保持较低危害水平，松突圆蚧、湿地松粉蚧等外来有害生物危害逐年减轻，基本不成为灾害。四是次生性有害生物在局部地区发生较重，由于进一步优化造林结构，混交林地面积逐渐扩大，城市绿化和红树林等树种种类增多，林业有害生物发生种类也逐渐增加，且局部地区危害较重，近几年呈危害上升趋势。

2. 主要有害生物

• 松材线虫病

总体重度发生。在全省19个地级以上市、77个县（市、区）、619个乡镇发生，发生面积29.54万公顷，病死树93.12万株。肇庆四会市和清远连南县2个县级疫区，病死树增加9.71万株。河源市发生面积达100多万亩，发生面积超万亩的县有49个，防控形势依然严峻。

• 薇甘菊

总体轻度发生。除韶关市外，全省共20个地级以上市、109个县（市、区）有分布，发生面积5.36万公顷，比上年减少0.15万公顷。受防治经费影响，粤西、粤东沿海地区危害程度比较严重，部分地区已从林缘地带进入林区危害，对桉树种植区造成较大影响；对封育好的生态林和耕种管护良好的农田影响较小。

- **红火蚁**

全省各地均有分布，发生面积 8440 公顷，主要在林缘周边、森林公园公共活动区、城市绿道周边、草坪等地带发生，植被丰富的林地范围内发生较少、危害较轻。叮咬人畜，对植物影响较少，未造成人员伤害事件。

- **松突圆蚧**

总体轻度发生。全省均有分布，发生面积 3.87 万公顷，比上年同期下降 10.31%。主要发生在云浮、阳江、茂名、梅州、肇庆、韶关、江门和汕尾等地。本地寄生蜂天敌种群稳定，有效抑制松突圆蚧的危害，发生区林间虫口密度低，危害逐年减轻，基本不成灾害。

- **湿地松粉蚧**

总体轻度发生。全省除汕头、梅州、潮州 3 市外，其余地区均有分布，发生面积 1.31 万公顷，同比持平。主要在粤西的江门鹤山市，茂名市电白区，肇庆市高要区、四会市、怀集县，阳江市阳东区、阳西县，云浮市云城区、云安县、新兴县等湿地松种植区发生，发生区虫口密度低，不影响松树生长。

- **松褐天牛**

全省松林区普遍有分布，总体轻度发生，发生面积 6.55 万公顷，同比下降 12.14%。单独发生影响小，局部地区虫口密度较高，主要是在松材线虫病发生区传播疫病，造成松树枯死。其中河源市的东源县、新丰江、紫金县，清远市的阳山县、英德市，肇庆市的封开县、德庆县等地发生面积较大。

- **马尾松毛虫**

全省松林均有分布，发生面积 1.13 万公顷，同比下降 16.68%，危害持续减轻。主要发生在河源连平县，韶关乐昌市，云浮新兴县、罗定市，肇庆怀集县等地。通过抓监测预报和采取生物、仿生物防治措施，全省未出现大面积成灾。

- **松树其他病虫害**

萧氏松茎象轻度发生，危害逐年减轻，发生面积 340 公顷，同比持平。主要发生在韶关市始兴县、乐昌市和肇庆市怀集县等地。松茸毒蛾发生面积 573 公顷，同比持平，主要发生在阳江市阳东区、阳西县、阳春市，云浮市属林场和茂名化州市等地。

- **竹林害虫**

危害竹林的种类主要为黄脊竹蝗、竹笋禾夜蛾（又名竹笋夜蛾）和环斜纹枯叶蛾。黄脊竹蝗发生面积 4467 公顷，与上年持平，单位面积跳蝻数量明显减少，主要发生在肇庆市广宁县，韶关市仁化县、始兴县、南雄市、乐昌市和曲江区，清远市清新区，梅州市丰顺县、平远县；竹笋禾夜蛾发生面积 2647 公顷，主要危害茶杆竹，轻度发生，主要分布在肇庆市怀集县和广宁县；环斜纹枯叶蛾发生面积 147 公顷，主要危害韶关市南雄市和仁化县的青皮竹，危害减轻，未出现局部成灾的现象。

- **桉树病虫害**

桉树林主要危害种类有油桐尺蛾、桉蝙蛾、桉树枝瘿姬小蜂、桉树青枯病、桉树焦枯病、桉树叶斑病、桉树枯梢病等，发生面积 2.32 万公顷，同比持平。油桐尺蛾发生面积 1.9 万公顷，比上年同期下降5.5%，主要发生在肇庆市封开县、高要市、怀集县，河源市连平县、东源县，江门鹤山市、恩平市，云浮市云安县，茂名市属林场等地，轻度危害，未发现暴发成灾现象；桉蝙蛾发生面积500公顷，主要发生在茂名化州市，肇庆市德庆县和阳江阳春市等地；桉树枝瘿姬小蜂发生面积193公顷，主要发生在云浮市云城区，湛江市遂溪县、廉江市，阳江市阳东区等地；桉树青枯病、焦枯病、枯梢病和叶斑病等桉树病害共发生3587公顷，同比上升27.19%，主要发生在肇庆市怀集县、德庆县、广宁县，江门台山市、恩平市，清远市清城区，阳江市阳东区、阳春市等地，轻度危害。

• 其他有害生物

沉香黄野螟发生面积413公顷，轻度危害为主，主要发生在茂名市电白区、信宜市、市属林场，云浮市属林场的土沉香和莞香上，以及中山市等地。局部地区发生虫口密度大，偏重发生；广州小斑螟和栗黄枯叶蛾共计发生面积227公顷，主要发生在湛江市麻章区、遂溪县，茂名市电白区，阳江市高新区等地；肉桂枝枯病发生面积100公顷，肉桂双瓣卷蛾发生面积333公顷，在云浮市罗定肉桂种植区发生，中度危害，对肉桂种植造成一定的经济损失；椰心叶甲和椰子织蛾共计发生面积160公顷，主要发生在江门台山市，湛江市麻章区、遂溪县、徐闻县、廉江市、雷州市，以及茂名市电白区等地。江门台山市沿海防护林木麻黄发生木麻黄青枯病发生面积220公顷，轻度危害。

2021年广东省主要林业有害生物危害程度及发生情况如表14所示。

表14　2021年广东省主要林业有害生物危害程度及发生情况表

有害生物名称	危害程度评估①	发生面积（公顷）	主要寄主树种	发生及危害情况
松材线虫病	+++++	295353	马尾松、黑松	全省大部分区域有发生，涉及松林小班约3.5万个，疫情扩散势头略有减缓，河源、清远、韶关、梅州、肇庆、揭阳等市纯松林地区病死树仍未清理完毕，防控形势依然严峻
薇甘菊	+++++	53580	植物	全省大部分区域有分布，弃耕农田、果园、高速沿线、征用待建设区、村庄四旁、沟渠湿地周边灾害明显，部分地区已从林缘地带进入林区危害，对林木生长造成较大影响
红火蚁	+++++	8440	植物、人畜	全省普遍分布，林业主要在苗圃、林缘、农林混作区、森林公园、湿地公园等地带发生，叮咬人畜，影响林业生产
松突圆蚧	++++	38746	马尾松	普遍发生，主要发生在云浮、阳江、茂名、梅州、肇庆、韶关、江门和汕尾等地，低虫口发生
湿地松粉蚧	++++	13127	湿地松	湿地松种植区普遍分布，灾害较轻
马尾松毛虫	++++	11253	松属	普遍发生，韶关、河源、肇庆、云浮4市局部区域有零星灾害

（续上表）

有害生物名称	危害程度评估①	发生面积（公顷）	主要寄主树种	发生及危害情况
松褐天牛	＋＋＋＋	65547	马尾松	普遍发生，局部地区虫口密度较高，河源、清远、肇庆等地发生面积较大
黄脊竹蝗	＋＋＋＋	4467	竹类	竹产区普遍发生，未出现局部成灾的现象
萧氏松茎象	＋＋＋＋	340	湿地松	韶关市局部发生
竹笋夜蛾	＋＋＋＋	2647	竹类	主要在肇庆市的怀集县和广宁县局部发生
木麻黄青枯病	＋＋＋＋	220	木麻黄	主要在湛江市和阳江市局部区域灾害较重
桉蝙蛾	＋＋＋＋	500	桉属	主要在茂名化州市局部发生
肉桂双瓣卷蛾	＋＋＋＋	333	肉桂	主要在云浮罗定市局部发生
肉桂枝枯病	＋＋＋＋	100	肉桂	主要在云浮罗定市局部发生
松茸毒蛾	＋＋＋＋	573	松树	主要在阳江市阳西县、阳东区局部发生
桉树枝瘿姬小蜂	＋＋＋＋	193	桉属	局部发生，阳江市、湛江市局部区域有零星发生
黄野螟	＋＋＋＋	413	沉香	主要在茂名市电白区局部发生

注：①“危害程度评估”一列中，＋＋＋表示“为害中等，需防治”；＋＋＋＋表示“为害严重，需紧急防治”；＋＋＋＋＋表示“为害极为严重，需紧急防治”。

城乡火灾

【火灾概况】

2021年，全省消防工作稳中求进，火灾形势保持持续稳定。全省共发生火灾6.4万起，因灾死亡122人（含放火案件死亡32人），受伤235人（含放火受伤7人），造成直接财产损失7.47亿元。发生较大火灾4起，造成17人死亡，同比分别下降50%、41.4%。全年未发生重大以上火灾事故。

【火灾特点】

1. 从地区风险看

深圳、东莞、中山、湛江、汕头、汕尾、河源、阳江、潮州9市火灾亡人数同比下降，肇庆、惠州2市火灾亡人数同比持平，广州、佛山、珠海、韶关、茂名、江门、梅州、清远、云浮、揭阳10市火灾亡人数同比上升。4起较大亡人火灾中，2起发生在揭阳市，共造成9人死亡；1起发生在梅州市，造成5人死亡；1起发生在广州市，造成3人死亡。排除放火火灾，韶关、河源二市全年未发生亡人火灾。

2. 从区域风险看

集镇和农村地区发生火灾起数和亡人数最多，共发生火灾38356起，占火灾总起数的59.8%，同比上升6%；造成80人死亡，占火灾总亡人数的65.6%。城市发生火灾16198起，占火灾总起数的25.3%，同比上升22.7%；造成29人死亡，占火灾总亡人数的23.8%，同比上升100%。县城地区发生火灾6783起，占火灾总起数的7.5%。4起较大火灾中，发生在集镇2起、市区2起。

3. 从场所风险看

发生建（构）筑物火灾26600起，占火灾总起数的41.5%。发生在居住类场所的火灾最多，共17934起，占火灾总起数的28.0%。发生亡人火灾56起，造成72人死亡，亡人火灾起数和死亡人数分别占火灾总起数和总亡人数的59.3%和69.7%。其中，出租屋类场所发生火灾266起，造成11人死亡。4起较大火灾均发生在多层村民自建住宅中。

4. 从行为风险看

已完成调查的火灾起数中，因电气原因起火最多，有16932起，占火灾总起数的26.4%；因用火不慎起火15176起，占火灾总起数的23.7%；因自燃起火12493起，占火灾总起数的19.5%；因遗留火种起火9310起，占火灾总起数的14.5%；因吸烟起火4252起，占火灾总起数的6.6%；因生产作业起火2028起，占火灾总起数的3.16%。全年发生4起较大火灾，3起为电气线路故障原因，1起为电动车锂电池故障原因。

5. 从时间风险看

1 月火灾起数最多，占火灾总起数的 12.9%；3 月、4 月、5 月亡人最多，各造成 15 人死亡，分别占火灾总起数的 12.3%；第三季度火灾起数占比最低，占火灾总起数的 19.8%；第一季度火灾起数和死亡人数占比最高，分别占火灾总起数的 34.2% 和 27%。超三成火灾发生在 14 时至 20 时，但该时段火灾亡人最少，仅占火灾总起数的 10%；0 时至 6 时火灾是亡人火灾高发时段，死亡人数占总亡人数的 55%，4 起较大火灾中，有 3 起发生在该时段。

【较大火灾】

5 月 14 日 5 时 33 分，广州市海珠区江南中街天喜里 12 号一居民住宅发生火灾。火灾造成 3 人死亡、3 人受伤，过火面积 72 平方米。起火原因系二层客厅西南角空调电源线插头与墙面固定插座接触不良打火引燃周边可燃物。

5 月 15 日 1 时 10 分，揭阳普宁市南径镇圩脚村新兴路段 37 号民宅发生火灾。火灾造成 6 人死亡，过火面积约为 118 平方米。起火原因系首层中部电气线路短路，喷溅熔珠引燃周围可燃物。

7 月 31 日 14 时 4 分，梅州市大埔县茶阳镇仙基桥路一民宅发生火灾，造成 5 人死亡。起火原因系首层吊顶上方电气线路短路引燃周围可燃物。

11 月 30 日 1 时 30 分，揭阳市榕城区东阳街道新苏村新城路南 20 号一自建房发生火灾，造成 3 人死亡。起火原因系电动三轮车电池仓内电气故障起火引燃周围可燃物。

省直部分单位
防灾减灾工作

广东省应急管理厅

【防汛防旱防风措施】

2021 年，在省委、省政府的正确领导下，全省应急管理部门始终坚持人民至上、生命至上，充分运用应急管理“五应”战法，积极开展三防工作，实现防台风连续三年零伤亡；因洪涝灾害死亡 1 人，同比下降 94.1%。5 次召开省委常委会会议和省政府常务会议专题研究三防工作，解决相关实际问题。10 月 26—27 日，省长马兴瑞先后赴揭阳、潮州、汕头 3 市专题调研粤东抗旱工作；12 月 1 日，再次赴河源市调研抗旱保供水工作，努力保障城乡生活、生产用水需求，确保城乡居民用水安全。

1. 坚持科学应备，夯实三防工作基础

扎实做好防汛备汛工作。一是抓思想准备。始终把习近平总书记关于防灾减灾救灾重要论述作为三防工作的根本遵循和行动指南，组织地方三防责任人、党政领导、业务骨干等共 97625 人次参加培训，不断强化思想武装。二是抓责任落实。省委书记李希多次就三防工作作出批示，听取汇报并作出部署。马兴瑞、林克庆、许瑞生、孙志洋等省领导率先垂范，担任省重点防洪工程行政责任人。全省共落实各类三防责任人 85 万人，实现数字化、网格化管理。形成“省领导联系市、市领导联系县、县领导联系镇、镇领导联系村、村干部联系户”的“五联系”制度。三是抓隐患整改。汛前组织全省三防风险隐患大检查，共排查出山洪灾害隐患点、削坡建房、易涝点等 24 万多处隐患，均逐一落实整改措施。四是抓预案完善。修订出台《广东省防汛防旱防风防冻应急预案》。组织 31 支队伍、2068 人、306 台（套）装备，联合国家防总开展北江流域防汛抢险综合演练。结合各地特点实施“千镇大演练”，提升应急处置能力。五是抓基层基础。全省 1675 个镇街完成应急管理（三防）标准化建设，15572 个行政村（社区）开展防灾减灾救灾“十个有”标准化建设，推进“村村有雨量站建设”，不断提升基层防灾减灾救灾能力。六是抓“制胜一招”。形成融合指挥、应急通信、全域感知、短临预警、数据智能“五大优势”，创新开展“一网统管”风险防控与应急指挥专题建设，不断提升三防工作的科学化、专业化、智能化、精细化水平。

2. 坚持时时应变，把握三防工作主动权

不断增强“见叶知秋”的见微知著能力，时刻紧盯雨情、水情、风情变化，不放过任何一个“弱信号背后的强信息”。一是完善短临预警工作机制。应急、气象、水文部门加强联动，进一步落实强降雨分镇短临预警、分县精细化预报和夜间防范提醒三项机制，创新开展暴雨重现期预警攻关，将过去降雨量的历史频率靶向发布到乡镇，为基层防御提供更加精准的指引。全年共发布短临预警 242 次，重现期预警 10579 站次。二是强化科学会商精准研判。建立每日常态化会商和重大天气滚动会商工作机制，并按照“研判重大雨情、水情到哪里，指挥调度就到哪里，检查督促落实就到哪里”的要求，加强对重点地区的调度提醒。三是严格落实值班值守制度。全省应急管理系统、有关成员单位、乡镇（街道）认真执行汛期 24 小时值班值守和领导带班制度，通过值班值守系统、“应急一键通”等信息化手段，充分发挥三防工作“哨点”作用。

3. 坚持统一应战，凝聚三防工作合力

全年共启动防汛防风应急响应 6 次，有效发挥三防指挥体系整体效能。一是三防指挥部牵头有力。省防总总指挥林克庆每逢重大天气防御过程，始终坐镇省应急指挥中心，及时决策应对，及时指挥调度。省三防办、省应急管理厅时时研判形势、分析趋势、把握态势，在会商研判基础上实施精准指挥、精准调度、精准指导，实现应急响应统一发布、灾害事故统一调度、应急处置统一指挥、救援力量统一行动、应对措施统筹落实。在防御台风“狮子山”“圆规”期间，精心组织琼州海峡停航复航，输运滞留旅客 8.5 万人、车辆 2.4 万辆，有力维护海南省正常生产生活秩序。严肃三防工作纪律，坚决处理“三无”渔船未按规定时间返港、海上风电作业平台人员未按要求全部撤离等问题。二是各成员单位密切配合。气象、水文、海洋等预测预报单位密切关注形势，加密研判、滚动发布最新预报结论。气象部门共发布各类气象灾害预警信号 1.13 万站次，应急、自然资源、气象等部门发送全网预警、响应、提醒短信 36 亿人次。水利部门发出并处置山洪预警 1832 个，通过全省大中型水库拦蓄洪水 5.7 亿立方米，确保全省江河堤围无一决口、大中小型水库无一垮坝。自然资源部门共出动巡排查人数 7.7 万人次，巡查隐患点、风险点 3.7 万处次，转移避险 8205 人。海事部门组织和指挥 2.41 万艘次船舶进入安全水域避风，派出执法船艇 699 艘次，出动车辆 678 车次，确保广东海域商船险情事故零发生，未发生人员伤亡。消防救援队伍出动指战员 1.99 万人次、救援车辆 3644 辆次、舟艇 1172 艘次，疏散、营救群众 1762 人。农业农村、住房与城乡建设、交通运输、文化旅游、工业与信息化、卫生健康、通信管理、广播电视、海洋综合执法等部门分兵把守、各司其职。三是各级党委、政府守土尽责。扎实做好危险区域人员转移、渔船回港、抢险救援等工作。全省共组织转移群众 20 多万人，组织渔船 10.38 万艘次回港避风、渔排养殖人员 5.13 万人次上岸避险、113 个海上风电平台（船）施工人员 1898 人次撤离。全省共投入抢险力量 14.1 万人次，投入抢险物资 3442.4 万元，处置险情 720 处，减淹人口 17.8 万人、减淹面积 3294.62 平方千米，防洪减灾成效显著。

4. 坚持精准应灾，筑牢三防工作“最后防线”

针对粤东局部地区出现的严重旱情，省防总领导和省三防办、省应急管理厅、省水利厅主要负责人多次带队深入旱情较为严重的地区进行调研，做到精准施策，坚决保障人民群众生产生活用水和港澳供水安全。一是精准掌握风险底数。逐流域、逐水库、逐乡镇开展调查，切实算清水账、工程账、社会账“三本账”，为精准抗旱提供科学依据。二是精准开展水量调度。水利部珠江委协调做好广西、福建省域水利工程跨省联调，确保西江、韩江上游来水得到有力保证。三是精准实施应急供水。三江水系联通工程提前完成通水，日供水量 15 万立方米。完成汕头引韩工程应急取水 16 万立方米/天；计划投资 6.27 亿元，重点推进汕头、汕尾、揭阳、梅州 4 市应急供水工程建设，建成后工程取水规模合计为 27.75 万立方米/日，解决约 387 万人饮水受影响的问题。汕头市累计调配 150 辆载水车为供水困难群众紧急送水。揭阳市每天组织调水 8.2 万吨支援揭东区和空港经济区，满足群众用水需求。汕尾市在重点旱区建设临时取水点 10 处，开挖沟渠 21.5 公里，设立临时取水泵站 600 多处。潮州市投入抗旱人员 21.5 万人次、设备约 3 万台次，开挖深水井 191 眼。全省消防救援队伍出动指战员 3356 人次、消防车 1148 辆次参与抗旱行动，累计送水 20 万吨，解决了 1224 个社区、94.44 万人的饮水问题，缓解农作物旱情

221 亩。四是精准开展人工增雨作业。气象部门先后两次调集粤西 6 市作业队伍支援粤东 6 市联合抗旱。五是精准开展资金扶持。全年全省共争取中央抗旱资金 500 万元，安排省级抗旱资金 3500 万元支持汕头、潮州、揭阳、河源、汕尾、梅州、惠州等地开展抗旱工作。

5．坚持及时应验，提升三防工作水平

坚持总结经验、借鉴经验、积累经验、推广经验，努力提升三防工作水平。一是及时启动全国、全省“一盘棋”应急响应。先后启动全国、全省“一盘棋”应急响应 11 次，针对江苏南通“4·30”、甘肃白银“5·22”、黑龙江哈尔滨“6·1”、江苏徐州“6·15”、河南郑州“7·20”、湖北随州“8·12”等极端灾害天气进行研究分析，深刻吸取教训。二是及时完善工作机制。通过不断总结经验教训，进一步健全“强预警强联动强响应”工作机制，制定驴友野外活动极端天气应对工作指引，完善地铁停运、雷雨大风防御、成员单位联合值守、三防督导检查、三防信息报送、防汛防旱防风防冻应急响应、医学隔离观察场所防汛防风等 15 项工作机制，提高三防工作规范化水平。三是及时补短板、强弱项。重点针对城市安全防范暴露出的问题，全面排查全省运营地铁 1571 个出入口、3329 个风亭、25 个在建线路和既有运营线路连接处以及 54 个地势低洼、有水浸风险的车站，落实城市地铁防汛安全“一患一档”工作措施，提升车辆段出入段线的防汛能力，强化地铁运营一线管理人员的临灾决策权。采用自动化监测、预警、管控系统，增强隧道、下沉式立交等关键易涝点的防汛水平。四是及时开展“一战役一总结”。针对每一轮强降雨和台风防御过程，及时组织召开案例分析总结会，共组织编写总结报告 13 份、工作简报 48 期，总结经验成绩，剖析薄弱环节，巩固战术打法，持续推进防汛防旱防风工作稳进提质。

【减灾救灾】

1．坚持底线思维主动作为，救助链条更加完整

强化风险意识，提前部署全年灾害救助各链条工作，实现灾前预防、灾中应急、灾后重建全过程闭环管理。一是健全灾害救助工作机制。3 月 2 日，在全国率先印发《广东省自然灾害情况核查工作指引》《广东省因灾倒损住房恢复重建工作指引》《广东省受灾人员冬春生活救助工作指引》，进一步推进自然灾害救助工作规范化、制度化。3 月 11 日，印发《广东省应急管理厅关于切实做好 2021 年自然灾害救助工作的通知》，提前部署全年的灾害救助工作。二是指导开展救灾款物自查。3 月 10 日，印发《广东省应急管理厅关于开展 2020 年度救灾款物专项自查的通知》，组织开展 2020 年度救灾款物专项自查工作，提高基层救灾款物管理使用的规范化水平。三是深入基层指导做好灾害救助。7 月中旬，派出 2 个工作组赴韶关、河源、惠州、茂名、肇庆、云浮 6 市开展上半年灾情核查。7 月 20 日，派员陪同国家防办工作组赴江门、阳江、茂名 3 市指导防御台风“查帕卡”工作，指导受灾地市及时妥善安置受灾群众，及时发放救灾款物。11 月中下旬，派出 3 个工作组赴韶关、阳江、茂名、肇庆、清远、云浮 6 市督导因灾倒损住房恢复重建和冬春救助工作。12 月 25—29 日，派出工作组赴韶关市、清远市督导低温冰冻防御工作。四是组织开展恢复重建和冬春救助。会同省财政厅下拨省级自然灾害生活救助资金 542 万元，帮助 85 户因灾“全倒户”（同比下降 57%）和 6 户因灾“严损户”（同比下降 96%）重建家园。至 2022 年 1 月 14 日，全省 85 户“全倒户”已全部竣工，6 户“严损户”已全部修复。五是下发工作通报。12 月 11 日，印发《广东省应急管理厅关于因灾倒损住房恢复重建和冬春救助工作的通报》，并对全省相关工作进行通报，加大指导督促力度，确保救助政策精准落实。

2. 坚持物资保障统一高效，应急保障更加有力

按照建立健全全省统一的应急物资保障体系要求，强化应急物资集中采购、统一调拨和信息化管理，应急物资保障体系更加健全。一是前置物资。3月30日，开展2021年省级救灾物资前置，向全省20个多灾易灾县（市、区）前置帐篷1000顶、折叠床4000张、清凉被8000床等物资，价值500万元，进一步提升基层救灾物资应急保障能力。二是实施年度救灾物资采购。根据2021年全省自然灾害年景会商研判情况，会同省粮食和物资储备局研究制定年度购置计划，采购价值1400多万元的省级救灾物资，并会同省粮食和物资储备局、中纺标（深圳）检测有限公司组成工作组赴四川省成都市中标企业成都市鑫宏威野营装备器材有限责任公司开展实地调研，对该公司负责生产的12平方米单帐篷进行实地首样管控。三是加强应急物资信息化管理。4月28日，广东省应急物资综合信息系统在全省上线使用，该系统通过将业务与大数据、云计算、物联网、GIS等技术相结合，建立全省统一物资综合管理体系，实现全省物资全域搜索、智能调拨及实时跟踪。四是支援韶关、东莞两市做好寒潮防御工作。12月27日，会同省粮食和物资储备局向韶关、东莞市调拨棉被5000床、毛毯1000张、棉大衣4000件、防寒服2000套、简易床2000张，扎实协助地市做好防寒保暖工作。

3. 坚持多方参与应急管理，救助力量更加多元

积极主动与省红十字会、省地方金融监管局联动交流，探索新时期应急管理体系下自然灾害救助新格局，积极引进多方力量参与救灾救助，构建多元化多样化的灾害救助体系。同时，主动与新兴际华集团开展应急救援帐篷体系化设计研究，并组成工作组赴广州、河源、江门、肇庆等地实地调研，探索设计具有广东特色的应急救援帐篷。

4. 坚持业务知识常态培训，队伍能力更加突出

坚持问题导向，针对基层灾害救助业务工作难点重点，切实提高业务培训的针对性和实效性，进一步提高基层救灾干部的业务能力。一是4月中旬举办为期3天的全省自然灾害救助和灾情信息管理工作培训班，全省21个地级以上市及部分多灾易灾县（市、区）近150人参加，进一步提高各级应急救灾干部业务能力和水平。二是5月下旬组织全省灾害信息员参加全国灾害信息员师资视频培训，接受国家减灾中心专家培训，累计2.27万人参训。三是根据不同层级灾情管理工作的特点，组织订印和发放2000本灾害信息员培训教材及配套工作手册，发放到全省144个县级以上应急管理局和1606个乡镇（街道），用于指导各级做好日常灾情统计报送、核查评估、会商核定等工作，不断提高各级灾害信息员的业务能力和水平。

5. 坚持全国全省一盘棋，应急支援更加高效

一是完善工作机制。经省委、省政府领导同意，5月24日以省减灾委办公室名义修订印发《广东省应急援助兄弟省区市响应机制》，进一步规范广东省对兄弟省区市的应急援助工作，确保应急援助工作快速高效有序开展。7月河南郑州遭遇水灾，及时启动响应机制，提请省委、省政府向河南省发出慰问信，并援助河南省抗洪救灾资金500万元。二是支持广州市开展抗击新冠疫情。6月2日晚，应广州市应急管理局关于支持应急物资的请求，及时协调省粮食和物资储备局及时启动救灾物资应急保障联动工作机制，连夜给广州市调运折叠床1800张、毛巾被1800床，有效支援广州市开展抗击疫情防控。

6. 狠抓基层应急管理能力提升，全面推进综合防灾减灾能力上新台阶

推进行政村（社区）防灾减灾救灾能力“十个有”建设。一是高位推进。印发《广东省减灾委员会办公室关于持续推进行政村（社区）防灾减灾救灾能力“十个有”建设的通知》（粤减灾办〔2021〕9号），把“十个有”建设作为贯彻落实习近平总书记关于防灾减灾救灾重要论述精神的具体行动，作为基层应急管理体系和能力现代化建设的一项重要内容来抓，全面稳步推进。二是高质量建设省级样板。先后6次深入省“十个有”样板村建设现场，协调解决实际困难和问题，严把样板建设标准关、质量关、验收关，为全省“十个有”建设提供重要借鉴。三是统筹资源、加强保障。把“十个有”建设工作与推进乡村振兴、基层社会治理、综合减灾示范社区创建、自然灾害防治等工作结合起来开展。四是强化指导督促。指导各地制定“十个有”建设时间表、路线图，倒排工期，压实责任，建立工作台账。深入地市和镇村指导“十个有”建设，每半年统计全省“十个有”建设情况，及时总结推广好经验好做法，及时协调解决工作中遇到的问题，提升“十个有”建设成效。至12月中旬，全省共有2.27万个行政村（社区）开展了“十个有”建设，占比85.3%；其中5078个行政村（社区）完成“十个有”建设。

推进全国综合减灾示范社区创建。全国综合减灾示范社区创建是9项重点工程内容之一，完成率已达100%。一是精心谋划部署。印发《广东省减灾委员会办公室　广东省应急管理厅关于深入开展全国综合减灾示范社区和示范县创建工作的通知》（粤减灾办〔2021〕8号），从提高政治站位、加强组织领导、提高创建质量、明确目标导向和重点、加强审核检查、强化维护管理等方面提出要求，深入发动全省综合减灾示范创建工作。二是提高创建质量。2021年，把“十个有”作为提高基层防灾减灾救灾能力的重要抓手一体推进，要求开展全国综合减灾示范社区创建的行政村（社区）同步建成“十个有”，以“十个有”创建充实和提高示范社区创建质量。至2021年底，多数综合减灾示范社区申报单位同时也是“十个有”建设样板村，示范引领能力进一步增强。三是整合各方资源。积极整合应急管理、地震、气象、消防救援等减灾委成员单位的防灾减灾资源，支持指导社区做好创建各项工作，与地震、气象、消防救援等部门共同抽查核查、联合审核推荐，不断深化创建活动内涵。四是强化工作保障。与省委农办沟通，把“十个有”建设工作列入《关于全面推进乡村振兴加快农业农村现代化的实施意见》和《2021年全省乡村治理工作要点》。指导地方将示范社区创建财政资金考核由创建成功转变为开展创建工作，全年全省共有11个市专门安排财政资金支持示范社区创建，其中广州、东莞市级财政投入每个社区的创建资金超过10万元。五是创建成效显著。2021年，经市、县两级审核推荐至省的示范社区有238个，向国家推荐的2021年度全国综合减灾示范社区有121个。至年底，全省1135个乡镇至少有一个社区（村）开展了综合减灾示范社区创建工作（占比98.3%），共成功创建示范社区1366个，占全省行政村（社区）总数的5.1%，占全国示范社区总数的9.4%，居全国首位。

开展全国综合减灾示范县创建。一是大力支持南澳县建设防灾减灾宣传教育基地。指导帮助汕头市及南澳县创建综合减灾示范县，把南澳县全国综合减灾示范县打造成广东综合减灾“名片”，推出“广东范本”。结合台风、暴雨、海啸、地震、地质灾害、森林火灾、住宅火灾等南澳县主要灾种，安排专项资金打造具有南澳特色的防灾减灾救灾宣教体验基地。二是支持南澳县村（社区）防灾减灾救灾能力建设。在南澳县后宅镇西山农村建设省级防灾减灾救灾能力“十个有”样板村，为南澳县全部46个村（社区）建设应急值班值守，打通应急指挥最后一公

里。三是支持指导深圳市盐田区、珠海市金湾区、江门市江海区、肇庆市端州区、清远市阳山县、广州市天河区、梅州市梅江区、惠州市博罗县、潮州市饶平县等9个县（区）开展示范县创建工作，并向国家减灾委申报第二批示范县创建试点单位。

组织召开全省基层应急管理能力建设现场会。在省应急管理厅主要负责人和分管负责人亲自指导和带领下，总结归纳梅州市基层应急管理能力“四个一”建设工作，形成“梅州经验”，并于11月在梅州市召开全省基层应急管理能力建设现场会，学习借鉴推广“抓组织体系建设有韧劲、抓救援队伍建设有狠劲、抓信息平台建设有创劲、抓应急仓库建设有实劲”的“梅州经验”，以点带面，推动全省“四个一”全覆盖、“十个有”全部有、应急指挥平台“最后一公里”全打通，全面推动广东基层应急管理能力建设。

开展防灾减灾知识“五进”活动。创新编制《广东省防灾减灾手册》电子版向公众发布，创新开展防灾减灾模仿秀，以及录制防灾减灾RAP音频等。省减灾办、应急管理厅举办防灾减灾线上活动，参与人次达4168万人。其中，防灾减灾模仿秀短视频累计1700.4万人参与、防灾减灾一堂课参与人次达922.1万人（中小学生642.6万人，网上学习279.5人次）、防灾减灾主题宣传片网络浏览437.5万人次（不含电视台、户外广告大屏以及公交地铁电子屏等）、防灾减灾知识竞赛参与人次64.9万人，进一步推动防灾减灾宣传“五进”活动，有效提升群众防灾减灾意识和应急避险自救、互救技能。

【森林防火减灾】

1. 领导重视，高位推动落实

2021年春防和秋冬防期间，因长期干旱无雨，森林火险等级持续保持高位，森林防灭火形势异常严峻。省委、省政府高度重视，李希、马兴瑞、林克庆等省领导先后作出批示，要求各地、各有关部门要进一步压实责任，时刻绷紧森林防灭火这根弦不放松，坚决遏制森林火灾多发势头。省委书记李希连续第三年亲自部署清明节期间森林防灭火工作，对做好清明期间森林防灭火工作提出明确要求。3月18日、9月24日，全国森林草原防灭火工作电视电话会议后，继续召开广东省森林防灭火工作电视电话会议，对全省春季和秋冬季森林防灭火工作进行再动员、再部署。常务副省长林克庆亲自带队到河源、韶关等重点林区检查森林防灭火工作。各地市党政主要领导亲自部署、督办，召开市委常委会议、政府常务会议或专题会议研究落实森林防灭火工作，并在高森林火险天气时段深入重点防御地区，深入镇村一线督导检查工作措施落地落实。

2. 牵头抓总，做到敢统善统

省应急管理厅主要领导、分管领导先后六次组织召开全省专题会议和视频调度会，对春季特别是清明节期间和秋冬季森林防灭火工作进行再动员、再部署、再落实。牵头做好2020年度安全生产和消防工作考核，修订细化森林防灭火考核指标，压实地方党委、政府和成员单位防灭火职责。健全风险研判机制，每季度组织省林业局、森林公安、气象局等部门召开森林火险形势分析会，研究防控举措。根据省森林防灭火指挥部工作规则，制定《全省特别防护期森林防灭火宣传工作方案》《全省今冬明春森林防灭火工作方案》，落实落细地方政府、行业主管部门防灭火工作职责。根据火灾发展态势，及时派出赴火场工作组，协调驻防广东的福建省森林消防总队和邻近专业森林消防队伍增援火场扑救工作。严格落实《国家森防指关于扑救森林草原火灾现场指挥机制的通知》要求，及时修订《广东省森林火灾应急预案》，于4月3日由省政府办公厅印发实施。出台《广东省森林火灾“四个一”应急处置机制工作指引》，构建“四个一”应急响应机制和设立前线指挥部的“五个一”标准，规范火场指挥。积极谋划做好今冬明春福建省森林消防总队300名指战员到广东省驻防工作，推动国家队与地方队伍共训共练共建共战联动机制。

3. 各司其职，形成工作合力

省教育厅将森林防灭火内容纳入校园安全教育体系，要求林区中小学校扎实开展“八个一”森林防火宣传教育活动。省公安厅制定《广东省公安机关处置森林火灾应急预案》，明确各级公安机关、各警种部门的责任分工，建立层级分明的应急处置机制，确保森林火灾发生后，快速反应，快侦、快破森林火灾案件。省财政厅安排省级财政资金约7000万元用于全省森林防灭火应急能力建设，落实中央投资《广清一体化森林防灭火应急能力建设项目》地方配套资金1800多万元。省文化旅游厅督促全省A级旅游景区做好森林防灭火工作，开展景区内登山道沿线、生活垃圾堆放点以及景区与外界接壤沿线10米范围内的可燃物清理工作，将森林防灭火宣传内容纳入《旅游安全手册》，提高景区旅游企业和市民游客防火意识。省林业局研究制定《森林特别防护期和重要时间节点分片挂钩指导方案》，积极推进“防火码”火源防控新技术，指导推动各地设立森林火灾预防机构、补充人员，切实加强森林防火工作力量。省气象局加强监测预报预警服务，全年共推送火情快讯544次、发布以镇街为单元的森林火险预警信号8065站次。省军区积极协调广州市警备区、番禺区国防训练教育基地，为顺利举办全省第二届森林防灭火业务技能大比武活动提供支持。其他成员单位各司其职，形成工作合力，共同做好森林防灭火工作。

4. 源头治理，消除火灾隐患

省森防指办公室、省林业局组织开展清坟边、清林边、清地边、清隔离带、清旅游景区内可燃物的“五清”专项行动，累计清理连片的纯针叶林周边可燃物隐患13.8万亩，清理维护已建成的生物防火林带、旅游景区道路隔离带共11621公里，清理防火区内电力、电信和其他生产经营单位周边可燃物隐患点共2.08万个，清理铁路、高速公路沿线边坡可燃物共5277公里，清理公墓、连片坟地周边可燃物隐患共1.76万处。省公安厅牵头开展“守护绿水青山，严厉打击野外违规用火和森林火灾肇事者”的“猎火”专项行动，处理违法犯罪嫌疑人员775人（其中刑事拘留147人、逮捕83人、起诉55人，行政处罚490人），现场劝阻教育人员达2万多人。

5. 宣传创新，做到家喻户晓

创新开展森林防灭火宣传月活动，联合成员单位和团省委举办以“一枝一叶总关情、护林防火伴我行”为主题的线上启动仪式，推动森林防火宣传教育纳入“开学第一课”，制作森林防火主题微视频、宣传册。广泛开展群众性宣传活动，充分利用应急广播、村村通“大喇叭”进行宣传。组织新闻媒体广泛宣传，在电视台黄金时段播报森林防火公益宣传广告或防火通告，协调三大通信运营商向全省手机用户发送预警短信达5.49亿条。推进森林防灭火宣传品牌建设，开展校园宣传“五个一”，基层宣传“六个一”，以及森林防灭火责任人公示与宣传牌建设。

6. 督查督办，落实落细责任

省森防指办公室、省应急管理厅联合成员单位先后累计派出23个工作组开展明查暗访，督促各地压紧压实防灭火责任。对森林火灾多发频发的梅州市五华县、潮州市，及时发出督办函，要求全面启动倒查问责，严查失职渎职行为。12月上旬，联合成员单位组成10个工作组到基层一线，督促指导防灭火工作措施落实落地，坚决打赢岁末年初防灭火攻坚战。肇庆市将森林防灭火工作列入市委常委会督办事项，对火灾多发的镇印发督办函，进行为期三个月的挂牌督办。汕尾市开展清明期间攻坚战，市委、市人大、市政府、市政协四套班子领导每人挂点2—3个镇（街）督导检查森林防灭火工作。河源市组成5个工作组，在12月开展为期一个月的驻点县区专项督导。

7. 建强基层，推广“阳山经验”

坚持“预防为主、防灭结合、高效扑救、安全第一”方针，总结近年全省各地基层防灭火工作的好经验好做法，形成“包山头、守路口、盯重点、签责任、打早小”的“阳山经验”，印发《广东省森林防灭火“阳山经验”工作指引》。3月25—26日，召开全省“阳山经验”现场会议，在全省推广“阳山经验”。落实镇级有机构、有预案、有机制、有队伍、有物资、有演练的“六有”体系和村级有“一个机构、一个值班室、一个物资库、一支队伍、一个责任网格、一套预防制度、一个宣传喇叭、一次培训演练、一个应急处置方案”的“九个一”工作机制，推动形成“预防在村（居）、扑救在镇（街）”的基层防灭火工作格局，切实打通基层防灭火工作“最后一公里”。

8. 夯实基础，提高防控能力

一是落实《广东省自然灾害防治能力建设行动方案》，实施开展森林火灾风险隐患排查，拓展森林航空消防综合应急救援能力，完善森林火险预警系统、卫星遥感监测系统和林火远程视频监控系统，以及加强森林防灭火应急能力建设等4个重点项目，累计投资约4.8亿元。二是积极申报中央投资项目，《广清一体化森林防灭火应急能力建设项目》得到国家批复，项目建设总投资4980万元，提高清远市、广州市专业队伍应急救援能力。三是举办全省森林火灾灭火指挥员培训班，对省、市、县、镇四级森林防灭火指挥机构和相关从业人员开展全覆盖培训，提高安全扑火指挥能力。四是举办全省第二届森林防灭火业务技能大比武活动，以“练就过硬本领，争当应急先锋”为主题，贴近实战设置泵车结合以水灭火、开设防火隔离带、定向越野识图用图、3000米负重跑等竞赛项目，具有竞赛时间周期长、参赛队伍形象好、队员竞技水平高、竞赛组织准备细等特点，增强了队伍的使命感和荣誉感。

广东省气象局

2021年，在中国气象局和省委、省政府的领导下，全省气象部门牢牢把握新时代气象事业发展的根本方向与战略任务，努力发挥气象防灾减灾第一道防线作用，统筹推进气象事业高质量发展，实现了“十四五”良好开局。全力做好19次强降水、6个严重影响台风和1963年以来最严重旱情等的重大气象服务工作，因气象灾害致死人数首次降至个位数。省情调查显示，气象服务公众满意度蝉联四十类政府服务公众满意度第二名。

【灾害性、关键性天气预报服务】

1. 重大气象专项服务

在春节、“五一”及国庆等假期天气预报服务过程中，预报准确、服务主动。提前对节日期间的逐日天气做出具体预报，通过重大气象信息快报、电子政务系统、决策服务短信等形式发送给各级党政部门和有关服务单位。圆满完成高考、中考等重大活动专项服务，服务单位包括省委、省政府及省应急厅、公安厅、教育厅、体育局等20多个部门。针对五一、高考、国庆期间的天气情况先后对外召开新闻发布会；针对春节期间的天气情况发布新闻通稿，及时向公众发布有关天气的最新信息。首席预报员多次接受报刊、电台、电视台等相关媒体记者采访或现场直播。针对新冠疫情每日提供《广东省重大突发公共卫生事件专项气象报告》，针对珠海隧道救援、珠海航展、茂名和揭阳森林火灾等提供专项气象保障服务。此外，省气象局累计向省委、省政府等部门发布《重大气象信息快报》48期、《重大气象信息专报》15期、《天气报告》366期、《最新气象信息》330期，局领导和首席专家参加省防总天气会商超过50次，提供专项服务近1000份，举办新闻发布会3次。

春运（1月28日—3月8日）历时40天，天气复杂，气象服务任务艰巨。省气象局制定《广东省气象局2021年春运气象服务实施方案》《广东省气象台2021年春运气象保障服务实施方案》《广东省气象台2021年春运气象应急值班细则》，从组织安排、技术力量、网络通信保障等方面做足充分准备，将各项服务任务细分，并具体落实到各科室和业务岗位，主动为公众出行提供优质服务，为实现“高效春运、平安春运、智慧春运、温馨春运”提供强有力的气象保障。2月9日，省气象局针对春节期间的春运天气做了详细解读，发布新闻通稿1期，并通过媒体向公众发布。实行全天24小时无间断值班，预报值班人员密切监视天气动态，加强全省天气会商和对各地市气象局的业务指导。除每天制作《天气报告》外，还逐日滚动制作《春运气象保障服务专报》，内容包括全省天气实况、未来3日天气预报、未来4～5日天气趋势展望、对春运可能产生的影响及相关应对措施和服务建议等，并根据实际需求增加京珠北高速交通气象预报、琼州海峡及湖南、江西、福建等省天气信息。共发布强风警报和强风消息123份，发布低温消息75份，发布暴雨消息8份；首席预报员接受新闻媒体采访17次；向政府等职能部门和中国气象局汇报《重大气象信息快报》2期、《重大气象信息专报》2期、《最新气象信息》13期、

《春运气象保障服务专报》35 期、《广东省重大突发公共卫生事件专项气象报告》35 期。

2. 汛期灾害天气服务

2021 年，汛期（4 月 15 日—10 月 20 日）共出现 17 次强降水过程；有 5 个热带气旋登陆或严重影响广东省，其中 2 个台风（“查帕卡”和“卢碧”）登陆广东。其间，省气象局派出预报员和业务技术骨干先后到省应急厅、省水利厅参与灾害天气应急值班，加强预报服务联动，为政府决策部门提供更及时、细致和准确的预报服务。

5 月 30 日夜间至 6 月 4 日，广东省出现第一轮“龙舟水”降水过程。其间，省气象局领导和总工程师多次赴省应急管理厅汇报强降水实况及未来预报，省委、省政府主要领导听取了专题汇报，并部署强降雨防范应对工作；省气象台提前组织首席预报员针对暴雨过程的量级、落区、影响时间进行 3 次加密会商，举全台预报技术之力对模式客观预报进行大幅度调整，成功预报了本轮持续性强降水过程；共制作《重大气象信息快报》5 期、《重大气象信息专报》1 期、《最新气象信息》23 期、《每日天气报告》10 期。

“查帕卡”是 2021 年首个登陆广东的台风，给广东省带来一定的风雨影响，沿海地区出现暴雨、部分地区大暴雨、局地特大暴雨。其间，省气象台多次组织首席预报员会商，加强研判，针对“查帕卡”近海加强情况及降水预报落区进行深入分析，为政府部门部署防御工作提供精细的暴雨和大风影响范围预报；共制作《重大气象信息快报》6 期、《最新气象信息》13 期、《最新台风信息》5 期、《最新雨情信息》5 期、《每日天气报告》5 期。

3. 灾害性天气预警信号发布

年内全省各级台站共发布灾害性天气预警信号 81257 次，其中台风预警 3671 次（白色预警 1816 次、蓝色预警 1421 次、黄色预警 400 次、橙色预警 28 次、红色预警 6 次），暴雨预警 26985 次（黄色预警 21147 次、橙色预警 5145 次、红色预警 693 次），雷雨大风预警 20459 次（黄色预警 19919 次、橙色预警 538 次、红色预警 2 次），高温预警 9659 次（黄色预警 7468 次、橙色预警 2190 次、红色预警 1 次），大雾预警 1206 次（黄色预警 988 次、橙色预警 212 次、红色预警 6 次），寒冷预警 6766 次（黄色预警 3983 次、橙色预警 2374 次、红色预警 409 次），冰雹橙色预警 563 次，道路结冰黄色预警 87 次，森林火险预警 11861 次（黄色预警 6078 次、橙色预警 2938 次、红色预警 2845 次）。其中，广州市各级气象台站发布的预警信号包括台风预警 618 次、暴雨预警 820 次、雷雨大风预警 8171 次、高温预警 3028 次、大雾预警 56 次、寒冷预警 1585 次、冰雹预警 15 次、森林火险预警 3142 次，共计 17435 次。

【气象业务与现代化建设】

1. 坚持和加强党的全面领导，为事业改革发展提供坚强政治保证

扎实开展党史学习教育。全面对标对表中央决策部署，推动党史学习教育有力有序有效开展。及时跟进学习习近平总书记在党史学习教育动员大会、庆祝建党 100 周年大会、党的十九届六中全会上的重要讲话以及关于党史系列重要论述，与习近平总书记关于气象工作重要指示精神贯通领会。成立 5 个由省气象局领导牵头的巡回指导组，开展全覆盖式指导督查。深入开展“人民至上、生命至上”主题实践活动，进一步凝聚发挥气象防灾减灾第一道防线作用的意志力量。全部完成“我为群众办实事”清单任务 836 项、1912 条，用心用情做好老干部、工青妇群团工作。党史学习教育工作获得中国气象局第六指导组肯定，干部职工总体评价满意和基本满

意度为100%。

新征程气象事业得到广泛重视。中国气象局和省委、省政府领导全年对气象工作批示155人次。省政府常务会议专题研究极端气象灾害防御工作，各市共召开25次常务（专题）会议进行研究部署。省人大常委会将“补齐粤东西北自然灾害基础监测能力短板”作为三项重点建议之一进行督办。各地加快规划项目的立项落地，各级地方财政投入同比增长15%。讲好广东气象故事，联合新华社、南方日报等主流媒体发稿325篇、在中国气象报（网）发稿526篇。

2. 坚持人民至上、生命至上，筑牢气象防灾减灾第一道防线

全力以赴防汛防台抗旱。面对“温高雨少，阶段性气象干旱造成严重影响”的天气气候形势，进一步强化决策服务，报送省级决策气象服务材料913份，省委书记李希、省长马兴瑞批示部署抗旱救灾工作，《气候变暖加剧健康风险　亟待提升公共卫生适应能力》被中央办公厅采用。省政府召开人工影响天气（简称“人影”）领导小组会议，审定了人影高质量发展实施方案。开展火箭增雨作业次数为历年最多，达436次，飞机增雨作业32架次，增加降水约8.5亿立方米。全年通过三大运营商发送预警提醒短信53.4亿人次，创历史新高。实现预警信息一键式精准送达“粤政易”应急责任人，向12万个单位提供实时预警信息查看服务。圆满完成庆祝建党百年系列活动气象保障任务，多举措做好平安春运、平安高考气象保障服务，开展“一过程一策略”伴随式新媒体气象科普宣传。各地市加强气象防灾建设，深圳市“31631”递进式预警预报服务得到国家发改委发文推广，广州市以“1方案+17指引”深度融入城市气象灾害防御链，东莞市积极创建气象防灾减灾第一道防线示范镇。

扎实推进气象灾害防御“一案三制”建设。省政府颁布施行《广东省防御雷电灾害管理规定》《广东省气象灾害应急预案》，将《广东省气候资源保护和开发利用条例》列入省人大常委会地方性法规年度预备项目。加强流域气象灾害治理，牵头成立珠江流域气象中心，建立起工作机制。颁布施行《汕头市防御雷电灾害条例》《深圳市气象灾害预警信号发布规定》《潮州市气象灾害防御规定》。联合多部门开展重点单位气象灾害防御检查，做好防雷及升放气球安全监管。

慎终如始抓好疫情防控。积极做好疫情防控气象服务，多渠道发布防疫信息，报送疫情防控保障专报500多期，组织党员突击队22支、志愿者1280人次支援防疫一线，凝聚气象力量、筑牢众志成城的疫情防控人民防线。全系统无确诊或疑似病例。

3. 坚持聚焦重大战略实施，提升全方位服务保障能力

大力支持“双区”建设。制定《推进粤港澳大湾区（广东部分）气象发展三年行动计划实施方案》《推进穗深“双城”气象事业联动发展的实施意见》。粤港澳大湾区气象监测预警预报中心常态化运作，高水平科研团队和创新平台有突破性进展。世界气象中心（北京）粤港澳大湾区分中心和粤港澳大湾区气象科技融合创新平台开工建设。

全力保障生态文明建设。积极参与大气污染整治应急处置。成立中国气象局温室气体监测及碳中和监测评估中心广东分中心，开建粤港澳大湾区温室气体监测网。完成42项大型工程项目和区域性气候可行性论证。推进宜居宜业宜游气候生态评估技术和标准建设，挖掘生态气候资源开展“岭南生态气候标志”评价，生态气候品牌创建量质齐升，本土品牌占比超50%。

积极助力乡村振兴。编制实施《乡村振兴　美丽广东气象行动计划》。巨灾气象指数保险业务日趋成熟，农业气象指数保险业务逐渐建立，中山市完成首宗理赔仅用了18个小时。开展基于负氧离子浓度、天气舒适度等气象要素的乡村旅游目的地智能推介。落实省委、省政府部署，深入开展领导干部基层定点联系涉农县（河源市和平县）工作，牵头组建乡村振兴驻镇帮扶工作队（潮州市饶洋镇）。

4. 坚持创新驱动，持续推进气象现代化建设

监测更精密。广州、上川岛、茂名 S 波段天气雷达项目建设推进有序。新建了 11 部 X 波段相控阵雷达（目前全省增至 31 部）。新建 173 个气象自动站（包括 48 个交通气象站），臭氧高空探测业务试验成功。深圳国际智慧城市气象示范区试点及广州观测业务智能运行试点建设开启。完成业务系统“云化”改造年度任务，气象大数据云平台投入业务运行。“印亚太风云气象卫星遥感服务”产品完成研发。茂名大竹洲海岛获批我国第一个无居民海岛使用证，已具备开工建设条件。

预报更精准。继续推进区域数值模式核心技术研发，发展具有自主知识产权的快速同化技术和区域模式初始场，百米级模式应用到冬奥会。智能网格预报预测客观技术及灾害性天气人工智能预报技术持续发展，强对流客观预报技术获得第二届全国智能预报技术方法大赛第一名。正式向社会公众发布气候预测信息，月气候预测综合质量全国第一。加强 X 波段相控阵雷达应用研究，灾害天气临近预报能力提升，暴雨预警业务精细到乡（镇、街道），暴雨、雷雨大风预警信号命中率 90% 以上，提前量分别达 60 分钟、40 分钟以上。城市空气质量预报评分全国第三。

服务更精细。推进精细化气象预报预警服务进“粤省事”“粤政易”等平台。全国率先业务化运行 5G 消息气象服务。健全专业服务“一办法两制度三清单”联动发展机制。落实省安委系统防范化解道路交通安全风险工作，韶关试点取得显著成效。联合 10 个外部门梳理并细化智慧气象服务示范应用场景，促进部门融合共建共享。佛山开展公共数据资产凭证试点，南海气象局获颁全国首张气象数据资产凭证。

科技创新更有活力。建立研究型业务专家库，建立专家配对指导机制，力推基层研究型业务。实施第三轮核心技术攻关，重组 10 支科技创新团队，开展科技攻关“揭榜挂帅”。加强局校、局所合作，成立了江门市季风强降水预报技术创新研究中心、中山市气象研究与应用创新中心。全省各级气象部门争取科研经费 3735 万元；新增国家自然科学基金项目 8 项，省部级项目 16 项；获国家专利 18 项、软件著作权 42 项；发表论文 289 篇，其中 43 篇被 SCI/EI 收录。

【农业气象服务】

1. 积极主动做好气象决策服务

一是做好灾害风险评估。针对 1 月上旬和 12 月下旬的寒潮、汛期 2 次强降水及台风“查帕卡”“卢碧”等，及时开展重大气象灾害风险评估。全年完成气象灾害风险评估、预评估报告共 25 期，提供给省政府、省防总及省国土厅、省农业农村厅等部门作决策参考。二是开展农用天气预报和直通式气象服务。全年共编写《农业气象周报》53 期、《农业气象月报》12 期、《农业气象灾害监测预警评估》3 期、《省气象干旱监测预报》40 期，并及时在省气象局业务网、省农业农村厅官网、省决策气象信息网以及手机微信等多渠道发布，有效提升气象为农服务能力和水平。

2. 粮食生产安全全方位服务

一是做好春耕春播、秋收秋种等关键农事活动气象保障服务。制作发布《春耕春播气象服务专报》7 期、《秋收秋种气象服务专报》6 期，做到服务及时主动，产品具有针对性及时效性。二是开展粮食作物产量预报，提前对粮食产量作出研判。5 月 25 日、6 月 25 日分别对早稻产量趋势及产量定量作出预报；7 月 25 日、8 月 25 日分别对全年粮食产量趋势及产量定量作出预报；8 月 25 日、10 月 10 日分别对晚稻产量趋势及产量定量作出预报，全年共发布粮食产量预报 6 期。

3. 推进全省气象灾害综合风险普查

制定《广东省气象灾害综合风险普查实施方案》，结合广东实际细化台风、暴雨、干旱、雷电、高温、低温、大风、冰雹等灾种普查技术规范。完成广州从化、深圳龙岗、汕头南澳 3 个试点县 8 类气象灾种的致灾危险性调查、危险性评估和风险区划工作，整理气象致灾因子数据 58745 条、图件 206 幅、报告 24 份。开展珠三角、粤北、粤东、粤西四个区域气象灾害综合风险普查培训，实现省、市、县三级普查业务人员全覆盖；抽调市、县（市、区）级技术人员成立省气象灾害综合风险普查工作专班；全面启动全省 126 个县（市、区）8 类气象灾害致灾调查工作，累计调查记录数量 256.4 万条。按照“边普查、边应用、边见效”原则，积极应用气象灾害综合风险普查成果，结合业务系统集约化要求，建立气象灾害风险管理综合业务平台（MEDIAS），提升气象灾害风险管理能力。

4. 开展农村生态文明建设气象服务

一是开展农产品“品牌”创建。规范有序开展品牌创建工作，针对省级品牌建立评价标准和预评估机制，加强与国字号品牌相关评定单位沟通，在标准、流程等方面做好国、省品牌衔接。推进岭南农产品气候标志评定规范团标出台，释放生态气候红利，挖掘地方“金名片”。“雷高毛薯”“连州菜心”“曲江马坝油黏米”“东源板栗”4 个农产品获“岭南生态气候优品”称号，有效提升当地农产品知名度。

二是开展“赏花摘果一张图”等业务服务，推动气象服务在乡村振兴、生态文明建设等方面发挥更大作用，努力为乡村生态旅游发展赋能。结合珠江三角洲中小尺度气象灾害监测预警中心建设项目和广东“平安珠三角”气象保障工程项目，在广东北部、中部、南部选择有代表性的市、县（市、区），以及具有一定观赏性、代表性的花卉和岭南特色佳果，试点性地开展特色农业气象观测，建立其花期、采摘期气象条件预报模型。4 月 29 日，省气候中心与省气象公共服务中心协同推出“广东五一假期赏花摘果地图”并向社会发布。公众通过@微博政务、@广东天气微博、广东天气微信、广东天气南方号、网易号等渠道可获取相关景点和果园信息，满足了户外赏花、摘果游憩需求。至 4 月 30 日 9 时，“广东五一假期赏花摘果地图”累计阅读量超 50 万人次。

5. 继续推进巨灾指数保险、政策性天气指数农业保险“落地实施”

一是继续推进台风、暴雨巨灾指数保险。全年共出具暴雨指数保险报告 30 份、台风指数保险报告 4 份，韶关、河源、惠州、茂名等市共获得巨灾保险赔付超 2 亿元，有效提高财政资金救灾效益。二是根据“一市一方案”原则，重新编制阳江、惠州、云浮、潮州、汕尾、肇庆、广州 7 个地级以上市的巨灾指数保险方案。三是中山市政策性天气指数农业保险为农服务落地见效。受台风“狮子山”环流影响，中山市从 10 月 8 日起普降暴雨，多个镇农业受灾。10 月 11

日，中山市首笔花木、水产政策性天气指数农业保险完成赔付，两种保险首笔赔付额度超 67 万元。其中，首笔花木政策性天气指数农业保险，从获取气象数据确认触发理赔到结案仅用了 18 小时，赔付额度超 24 万元。

6. 农业气象科研取得丰硕成果

省气象部门共有 8 项科研成果获 2020 年度广东省农业技术推广奖。其中，“气象观测数据采集与处理关键技术在农业中的应用”（广东省气象探测数据中心）获一等奖，“广东省人工增雨作业潜力区预报与作业预案制定技术”（广东省突发事件预警信息发布中心）、“手机短信靶向预警技术的推广应用”（广州市突发事件预警信息发布中心）获二等奖，“基于粤东北旱涝演变特征的农业气候资源的研究与应用”（河源市气象局）、“珠江口西侧强降水研究在农业气象服务中的应用”（江门市气象局）、“河源地区主要农作物气象防灾减损技术的研究与应用推广”（和平县气象局）、“柠檬生态气候适宜度评价指标体系设计研究与成果应用”（连平县气象局）、“河源市牛油果种植气候适宜性分析及减灾建议”（河源市气象局）获三等奖。

广东省水利厅

2021年，广东省东江、韩江流域及粤东区域旱情持续叠加影响突出，粤北等局地洪涝灾害明显，防御任务繁重。省水利厅认真贯彻落实水利部和省委、省政府工作部署，坚持防汛抗旱并举，强化预报、预警、预演、预案措施，切实落实责任，狠抓防御重点，强化风险防控，全省江河堤围无一决口、大中小型水库无一垮坝，抗旱保供水形势总体平稳，有力保障了人民群众生命财产安全和供水安全，实现水旱灾害零死亡，最大限度减少灾害损失。同时，狠抓水土流失治理，有效改善了治理区人民群众的生产生活环境，有效控制了生产建设项目人为水土流失。

【水旱灾害防御】

1. 提早谋划、科学部署，扎实做好防汛备汛工作

一是强化责任落实。坚决贯彻落实以行政首长制为核心的各项防汛工作责任制，省委常委林克庆、副省长孙志洋等省领导带头担任省管水利工程防汛行政责任人，不定期到责任区域检查防汛备汛各项工作。全省4万多宗水利工程均已落实防汛责任人。二是强化防御部署。先后组织召开全省水旱灾害防御视频会议、“龙舟水”防御视频会议和多次厅党组会、厅务会、会商会，全面分析研判防御形势，部署重点防御工作。省水利厅启动水利防汛Ⅳ级应急响应3次。三是强化汛前检查与问题整改。1月开始组织全省开展汛前检查并派出9位厅领导带队开展抽查，全省水利工程检查覆盖率达96.2%（其中大中型水库100%、小型水库99.63%）。认真梳理汇总汛前检查发现问题清单并以“一市一单”形式督促各地落实问题整改，组织省级队伍开展“回头看”暗访，切实落实隐患问题排查治理闭环管理。全面完成水毁水利工程修复项目400处，申请中央和省级资金3280万元支持各地开展度汛隐患整治。四是强化水库基础信息复核。汛前组织完成322宗大、中型水库汛限水位核定和3072宗小型水库基础信息复核；下达355宗大中型水库和1491宗小型水库报汛报旱任务。

2. 坚持“预”字当先，关口前移，不断强化“四预”措施

一是不断提升水文测报能力。颁布《广东省水文测报一体化实施方案（试行）》及相关细则，开展测报一体化改革，提升基层水文服务能力。获批成立49个县（市、区）级水文中心（正科级），首批24个水文中心已开展测报一体化水文服务。不断提升水文基础数据和报汛质量。推进352宗有报汛任务的大中型水库精准及时报汛，完善小一型以上水库基础属性的收集整理。二是不断提升水情预警能力。水文部门加强业务能力建设，努力延长洪水预见期，探索中小河流洪水预报。在5月19—21日北江流域强降雨期间，提前30小时预报北江干流石角站洪峰流量1.15万立方米/秒，为北江洪水防御提供精准的决策支撑。在10月7—10日台风“狮子山”影响期间，提前3～9小时准确预报9条河流10个水文站点超警戒洪水，为有关部门部署防御提供重要决策支持。三是不断完善方案预案。组织编制《广东省北江干流防御洪水方案》

《广东省西北江三角洲防御洪水方案》《广东省东江防御洪水方案》《广东省韩江防御洪水方案》《广东省蓄滞洪区建设与管理规划》，组织完成82个国家基本水文站超标准洪水预案编制，指导各地开展方案预案修编完善和收集工作，21个地级以上市均出台《水旱灾害防御应急预案》或《水旱灾害防御工作规则》，全省39482宗（座）水利工程均落实防洪应急预案。四是不断强化方案预案演练。积极配合国家防总、省防总开展2021年北江流域防汛抢险综合演练，组织指导北江流域管理局开展消防防汛应急演练，增强应急预案的实战性和可操作性。全省水文部门开展82个国家基本水文站超标准洪水应急监测演练，强化预警预报业务能力。在主要防洪城镇、居民集中点共设置59个水情预警指示牌，为群众直观理解水情预警信号，主动防灾避险提供清晰指引。

3. 科学防控、有序应对，抓实暴雨洪水防御

一是加强值班值守和监测预警。严格汛期值班值守制度，严肃值班纪律，强化会商研判和监测预警。组织全省水文部门发布水情专报4721份，向社会公众发布洪水预警信号49次（其中红色预警2次、橙色预警2次），向各级防汛责任人（5.2万多人）和社会公众发送预警短信150万多条。二是强化风险管控。系统梳理水旱灾害防御风险隐患，建立风险隐患动态管理清单，挂图作战。启用水利工程工情和山洪灾害预警专班，严密盯守水情、雨情、工情、险情。加强督导检查，全省各级共派出督导检查工作组6033组次、2.55万人次。三是抓好山洪灾害防御。组织做好山洪灾害监测预警设施设备运行维护管理，及时发布预警信息，及时处置山洪灾害预警信息，及时提醒做好群众转移避险工作。至10月15日，全省共发出并处置山洪预警1832个，向责任人成功发送预警信息36万多条，联合三大运营商向公众发送预警信息1.32亿条。四是做好防汛抢险支撑保障。提前预置水利防汛抢险队伍和物资，及时处置灾情险情。全省各级共派出专家208组次、813人次，处置险情230处。五是强化科学调度。科学调度乐昌峡水利枢纽，拦蓄洪量0.39亿立方米，消减乐昌峡洪峰流量500立方米/秒，实现韶关市主要堤段最低点不进水目标；调度飞来峡水利枢纽，及时预泄，腾空库容3.2亿立方米，调蓄拦蓄洪量0.21亿立方米，有效保障上下游防洪安全。

4. 多措并举、综合施策，抓实抗旱保供水

2020年10月以来，广东省遭遇多年罕见持续旱情，省水利厅密切监视旱情发展变化，对重点流域、重点区域实行逐条江河、逐座水库、逐座城市以及逐个取水口调查研究，分析评估蓄水与需水之间的供求矛盾，组织落实各项防旱抗旱保供水措施，有力保障供水安全。

一是超前研判部署。早在去年6月底，提前研判分析全省水文情势。厅党组会议、厅务会议多次研究安排抗旱保供水工作，多次调度会商，及时现场指导，合力防旱抗旱。申请中央和省级抗旱资金共4300万元支援有关地区抵御旱情。二是严控水库弃水。按照“电调服从水调”原则，各发电企业减少直至停止发电用水，严控水库下泄水量，最大限度增加蓄水。5—8月在降雨较去年减少4%的情况下，水库蓄水增量比去年多9.8亿立方米，占汛末有效蓄水的15%。三是实施水资源非常规调度。汛期比照枯水期实施非常规调度，东江流域三大水库共减少下泄水量11亿立方米。四是紧急实施应急抗旱供水工程。韩江榕江练江水系连通工程基本建成，韩江鹿湖隧洞提前通水，日供水量15万立方米，相当于揭阳市城区、空港区、揭东区日用水量的30%。紧急批准汕头引韩工程应急取水（16万立方米/天），相当于潮阳区、潮南区日用水量的40%。五是细化实化流域、区域蓄水调度保供水应对之策。针对目前河库蓄水来水现状以及冬春供水需求，综合分析流域、区域水量供需缺口，在保障对港对澳供水的基础上，就东江、韩江流域以及深圳、广州东部、东莞和汕尾、汕头、揭阳、梅州等地缺口水量约 16 亿立方米的供需问题，逐一提出解决措施，部分措施正在实施。

【水土保持措施】

根据规划开展水土流失治理。2021 年，广东省水土保持率为 90. 27%，共治理水土流失面积 808. 34 平方千米，其中种植水保林 286. 43 平方千米，种植经果林 44. 65 平方千米，种草 9. 23 平方千米，封禁治理 454. 4 平方千米，其他措施治理 13. 63 平方千米。中度及以上侵蚀强度占比下降至 15. 93%，实现水土流失面积和强度逐年双下降趋势，有效改善了治理区人民群众的生产和生活环境条件。

广东省地震局

2021年，全省地震系统坚持以习近平总书记“七一”重要讲话精神为指引，深入学习贯彻党的十九届五中、六中全会精神，扎实开展党史学习教育，紧扣高质量发展主题，聚焦主责主业，认真贯彻落实中国地震局党组总体部署和2021年全国地震局局长会议精神，全力推动各项工作取得积极成效。

【防震减灾措施】

1. “冲刺”现代化试点建设，开局“十四五”

召开全省防震减灾暨全面从严治党工作会议，印发广东省防震减灾现代化试点建设年度工作计划，加快推进重点项目实施，全力推进各个项目实施。年度完成投资1.11亿元，18项重点任务已完成6项、进入收尾期12项。完成防震减灾现代化自评估报告。联合省发改委印发防震减灾“十四五”规划，联合省政府新闻办召开规划实施新闻发布会。指导广州、珠海、韶关、江门、阳江、湛江等市编制防震减灾“十四五”规划，确保“十四五”开好局、起好步。

2. 聚焦地震监测预报预警服务提升

做好震情监视跟踪保障。印发实施年度震情监视跟踪和应急准备工作方案，指导各市和重点危险区完成震情跟踪工作，完成阳江、仁化水位等9次异常核实。应急会商技术系统实现观测资料动态跟踪和前震自动识别跟踪。高效有序处置广东东源3.8级地震等7次省内突发震情，派员支援云南漾濞6.4级地震应急处置。完成建党100周年等特殊时段的地震安保预案服务工作。

强化抗震救灾业务支撑。落实中国地震局进一步加强地震监测预报工作的实施意见和扎实做好当前抗震救灾业务支撑，以及进一步加强全国地震灾害风险防范工作2个实施方案，共形成37条细化措施。与省应急指挥系统对接，融入“粤智慧”平台。完成全省监测仪器设备运行状况专项检查和全省178个市、县（市、区）自建监测台站基础资料采集和评价工作。

夯实地震监测预警基础。国家地震烈度速报与预警工程广东子项目完成900个一般站建设，数据接入率为100%，数据运行率为96.27%。基本完成272个基准、基本站设备安装集成，数据接入率为79%。基本完成国家地震预警备份中心和省级信息发布平台、市级转发平台建设和专业软件部署调试；完成243个紧急预警服务终端验收；粤港澳大湾区与粤西地区地震监测能力提升工程正在实施40个站点土建。“一带一路”地震监测台网建设项目初步落实全部台站用地。

强化重特大地震应对准备。完成广西合浦—广东信宜地震重点危险区茂名、湛江区域地震灾害损失预评估，提出下一步工作安排并报告省政府。修订《地震应急预案》，编制《震后12小时地震应急服务响应行动清单》《地震应急宣传服务响应行动清单》。开发智能软件，提高地震应急值班信息报送效率。参加省消防救援总队“使命·2021”地震救援跨区域拉动演练。

3. 推进震灾风险防治“2+X”工程实施

实施地震灾害风险普查工程。完成 3 个县（区）地震灾害风险普查试点，并全面开展全省普查工作，已基本完成调查类任务。开展基于遥感影像和经验估计的区域房屋抗震能力初判，完成全省约 17 万平方千米（94%）的判别工作。

实施地震易发区房屋设施加固工程。印发全省任务分工方案，完成自评估报告，各市已陆续填报数据。指导督促各行业主管部门、重点地区市、县（市、区）做好工程实施。

实施 6 项地震灾害风险防治重点工程。“广州市主城区地质体三维模型建设项目”等 2 项已完成验收，“汕头市地震风险排查与防控应用示范建设”等 2 项基本完成，“基于地震风险评估的强震灾害情景构建及应用示范”等 2 项正在实施。

履行建设工程抗震设防要求监管职责。印发《进一步加强地震安全性评价管理工作的通知》《广东省地震安全性评价报告评审专家管理暂行办法》，升级“地震安全性评价技术审查信息平台”，全面推进区域性地震安全性评价工作，累计完成区评项目 22 项。深圳市赛格大厦晃动事件发生后，及时指派深圳市地震局到现场核查大厦地震安评开展情况。

4. 挖掘防震减灾公共服务潜能

构建公共服务框架。印发《公共服务事项清单》和《公共服务事项清单管理办法》，完成第一批公共服务事项和产品实施情况自评估。

融入“数字政府”建设。做好省政务服务平台地震政务服务事项和权责清单管理，新增“建设工程地震安全性评价结果的审定及抗震设防要求确定”事项。

深耕细作科普服务。联合省教育厅印发《广东省防震减灾科普示范学校认定管理办法》，修订《广东省防震减灾科普教育基地认定管理办法》，完成年度科普基地和示范学校申报认定工作。牵头举办第二届广东省防震减灾科普知识展，全省共开展 80 多场科普讲座，荣获“2020 年度防灾减灾千场科普讲座公益活动优秀组织单位”称号。发布广东省地震科普馆 IP 形象“稳稳”和“震震”。《地震局在干什么》《广东与地震》2 个微视频分别获广东省、广州市优秀科普作品称号，《稳稳震震话你知——什么是地震预警》折页获评中国地震局优秀科普作品。

拓宽服务领域。为南部战区提供地震速报信息服务。为澳门提供国际机场地磁测量服务，测量成果得到澳方肯定与赞扬。数据共享服务获得全国地震系统评比第一名。深圳构建防震减灾融媒体线上线下宣传矩阵，共 30 多个渠道，覆盖超 1 千万人次。

5. 完善防震减灾现代化治理体系

完善防震减灾救灾体制机制。落实国办关于地震重点监视防御区工作部署，省政府办公厅印发《广东省进一步加强防震减灾工作的通知》。印发《贯彻落实〈国务院抗震救灾指挥部进一步健全完善地方防震减灾救灾体制机制意见〉的实施方案》，与省应急管理厅联合召开贯彻落实《意见》座谈会，向各市转发《意见》并提出要求。珠海市、东莞市积极调整设立市级防震减灾工作联席会议。

做好机构改革后半篇文章。印发落实中国地震局加强地震监测中心站改革若干问题意见的分工方案。出台落实中心站改革实施办法和“三定”方案。鼓励中心站“走出去”，联合当地应急局、地震局拓展业务服务领域。落实改革过渡期代管深圳培训中心的职责。完善机构改革后的科普宣传工作机制。

着力提升依法行政水平。《广东省地震预警管理办法》于 2021 年 9 月 1 日起施行，联合省政府新闻办召开《办法》实施宣传贯彻新闻发布会；《地震预警信息发布》地方标准获批立项。24 名人员通过行政执法人员综合法律知识考试。向省司法厅申请新增的 14 项行政检查及行政处罚事项目录已获批准。

6. 激发地震科技活力

积极落实《国办改革完善科研经费管理的若干意见》，明确科研项目管理和财务规定部分条款。“广东省防震减灾科技协同创新中心”项目通过中期评估，新增 3 项协同创新重点项目；国家自然基金项目“珠江口区域海陆过渡带三维精细地壳结构及潜在震源区研究”结题，课题成果发表 SCI 论文 6 篇、EI 论文 3 篇；“城市抗震设防基础数据三维可视化服务系统建设”获国家发明专利 4 项；“数字强震动台网管理软件”等 16 项软件系统获软件著作权；3 项科研成果获中国地震局 2021 年度防震减灾科学成果奖三等奖。与南方科技大学陈晓非院士共同推动广州地球物理国家野外科学观测研究站建设。佛山首个应用减隔震技术的民用住宅项目正式启动。

广东省自然资源厅

【地质防灾减灾措施】

2021年，全省自然资源系统深入贯彻落实习近平总书记关于防灾减灾工作重要批示（指示）精神，认真落实省委、省政府和自然资源部的工作部署，坚持人民至上、生命至上，坚持“两手抓、两手硬”，一手抓好汛期防御，一手抓好隐患点综合治理，地质灾害防治工作取得显著成效。

加强组织领导，周密部署地质和海洋灾害防治工作。先后召开5次厅党组会、10次厅长办公会和多次专题会，及时传达上级指示精神和工作要求，研究部署相关工作。一是年初部署落实早信息更新、早防灾培训、早巡查排查、早监测预警、早分析研判、早科普宣传“六早”工作要求，扎实做好汛期防御准备。二是3月组织召开全省地质灾害防治三年行动方案2021年动员部署会议暨汛期地质灾害防御工作会议。三是成立11个由厅领导任组长的地质与海洋灾害防治工作调研指导组，于5月底前完成21个地级以上市的分片督导工作。四是针对6月以来“龙舟水”、台风和重点节日期间的防御形势，多次召开地质灾害防御工作会和视频会商会，部署防御工作。五是9月组织召开全省地质灾害综合治理工作推进视频会和工作调度会，进一步加大综合治理项目推进力度。

强化部门联动，切实增强防御工作合力。加强与应急管理、气象等相关部门的沟通联系，完善灾情信息共享、预案对接、协调联动等机制，合力做好地质灾害防御工作。一是联合教育、人力资源社会保障、住房城乡建设、交通运输、水利、文化和旅游、卫生健康、应急管理、气象、广铁集团等10个省直部门和相关单位印发《关于共同做好汛期地质灾害防御工作的通知》，推进多部门联动防御。二是立足防大汛、抗大洪、抢大险、救大灾，联合省地质局印发《关于构建防范重大地质灾害联动机制的通知》，构建快速响应、保障有力的联动工作机制，确保出现险情能够及时处置。三是联合省气象局印发《广东省地市级地质灾害气象风险预警技术指南（2021年版）》，全面规范全省地质灾害气象风险预警工作。

落实防御措施，全力防范重大地质灾害。组织全省自然资源系统落实落细汛期地质和海洋灾害防御措施，成功抵御19轮强降雨和6个台风影响。一是加强监测预警。严格落实汛期24小时值班制度，加强视频会商和分析研判，及时发布预警信息和启动预警响应。全省共发布地质灾害气象风险预警554次，其中三级预警156次、短信24.7万条。二是加强隐患排查。在全省组织开展地质灾害隐患全覆盖、零遗漏、拉网式排查，对新发现的地质灾害隐患点及时登记建档、落实地质灾害防御措施。至12月31日，全省在册地质灾害隐患点3718处，其中威胁到100人以上的隐患点有466处。三是加强群测群防。及早组织各地开展地质灾害群测群防员信息更新和抽查核对，指导各地抓好汛期基层群测群防工作。全省共出动巡排查人数7.7万人次，巡查隐患点、风险点3.7万处次，转移避险8205人。四是加强宣传培训。组织开展“进村入户”科普宣传活动、防灾知识培训和防灾演练，切实提高人民群众防灾避险意识和能力。全省共开展地质灾害防灾知识培训212场次、共10817人参训，开展防灾演练73场次、有8513人参演。制作地质灾害防治宣传片和4集专题片，在广东卫视播出宣传片14次，在广东新闻频道播出专题片60次。

加快组织推动，深入实施地质灾害防治三年行动。全力做好汛期防御工作，同时加快组织实施省地质灾害防治三年行动，消除地质灾害隐患，减少受威胁群众。一是加快避险搬迁和工程治理。完成大型及以上隐患点避险搬迁8处、工程治理148处，完成中小型隐患点综合治理2890处；减少受威胁群众7.4万人、减少潜在经济损失33.4亿元。2020—2021年共完成大型及以上隐患点综合治理397处，超额完成三年行动前两年70%目标计划。二是完成专业监测建设任务。2021年完成专业监测1347处，连同2020年建设的167处，全省专业监测点共计1514处，安装设备9748套，初步构建地质灾害专业监测“一张网”。三是基本完成地质灾害大数据管理平台建设。初步建成“1个多源异构数据库+7个业务子系统+1个综合展示平台”，在线管理1441个普适型监测点、9717套监测设备、423路监控视频、156套三维倾斜摄影、分典型区域INSAR和LADAR监测数据以及山水林田湖海数据，基本实现相关数据实时在线采集、存储与分类管理和综合运用。四是开展风险调查（普查）工作。全年全省共部署16个地级以上市的46个县（市、区）地质灾害风险调查项目，统筹下达省级以上资金3015万元。广州从化、深圳龙岗和汕头南澳三地开展地质灾害风险普查试点，已完成成果汇交。

【海洋防灾减灾】

加强海洋观测网建设和运行管理。充分发挥海洋观测基础性、先行性、保障性作用，促进海洋观测体系规范有序进行。一是编制《广东省“十四五”海洋观测网规划》，把握海洋事业发展现状与建设要求，规划建设具有广东特色的海洋观测网，助力海洋经济高质量发展。二是编制印发《进一步提升我省海洋预警监测能力工作方案》，完善海洋观测设施管理工作机制。三是组织开展海洋观测站点巡检，编制《广东省级岸基海洋观测站点调整优化方案》，组织完成茂名博贺渔港观测站点的运行维护和马鞭洲海洋站的迁建工作。四是设计广东省基本海洋站LOGO，进一步提升海洋观测设施标准化建设水平。

推进海洋生态预警监测体系建设。以保障核电冷源取水安全、海上风电、渔业生产、滨海旅游等重点目标为抓手，加快推进海洋生态预警监测体系建设。一是编制《广东省赤潮灾害应急预案》，成立广东省赤潮专家库，为全省赤潮监测预警工作提供决策支持。二是加快推进自然资源部部署的“蓝碳”试点工作，完成湛江红树林生态系统碳储量调查与评估，为摸清广东省海岸带碳汇现状奠定基础，为我国开展红树林生态系统常态化监视监测提供借鉴。三是做好海洋生态预警服务，针对大鹏湾、大亚湾、深圳湾以及珠江口等海域的赤潮事件，制作发布赤潮监测预警专报27期；针对阳江、台山等海域的海生物聚集事件，制作发布海洋生态监测预警专报15期。

提升海洋综合减灾能力。根据全国第一次自然灾害综合风险普查工作的统一部署，以海洋灾害风险普查工作为抓手，着力提升海洋综合减灾能力。一是编制广东省海洋灾害风险普查实施方案，部署推进沿海14个地级以上市的44个县（市、区）海洋灾害风险普查项目，在全国率先完成海洋灾害风险普查第一阶段工作任务。二是组织沿海地市完成2021年度海平面变化影响调查评估，形成调查技术报告和工作报告，并汇交相关成果。三是加强海洋防灾减灾科普宣传，发布《2020年广东省海洋灾害公报》，组织开展“5·12”防灾减灾日和“6·8”世界海洋日海洋防灾减灾宣传活动。推动沿海地市依托海洋观测设施建设海洋观测科普教育基地，提升公众海洋预警监测工作认知和海洋防灾避险意识。

广东省农业农村厅

2021年，全省农业部门按照省委、省政府总体工作部署，全力抓好农业防灾减灾工作，成功防御1月上中旬的低温和惠州、汕尾、揭阳、汕头等市的干旱过程，汛期暴雨洪涝以及“查帕卡”“狮子山”等热带气旋，在作物救灾复产、生物灾害防治、畜禽防疫免疫、渔业灾害防治等方面均取得较好成效。

【作物救灾复产措施】

1. 加强组织领导

组织全省各地有关部门收看收听全国农业防灾减灾工作推进视频会，接着召开全省农业防灾减灾工作视频会议。成立农业防灾减灾夺丰收领导小组和工作专班，印发《奋战100天抗灾夺秋粮丰收行动方案》《关于做好防灾减灾夺取秋粮丰收工作的通知》《关于抓紧抓实粮食生产的紧急通知》等文件，压实各地粮食生产政治责任。

2. 加强督导检查

召开全省早造粮食生产暨抗旱调度视频会议，调度分析粮食生产和抗旱形势，部署农业抗旱工作，并派出调研督导组到旱情较重的地市督促落实粮食种植面积，坚持“以晚补早”，确保全年水稻种植面积不减少。

3. 加强宣传发动

编印《给农民的一封信》告知书，介绍农业抗旱知识和技术措施，指导种植大户和农民不等不靠，积极抗旱，开展生产自救。组织农业专家到重点旱区指导抗旱，发动组织农民和较大经营主体共投入抽水泵站6.15万台套、新打水井6887个，投入抗旱生产，全省各界参与农业抗旱人员达172万人次。

4. 加大财政支持

下拨抗旱资金7000万元（其中省级救灾资金3000万元，会同省财政厅申请中央农业生产和水利救灾资金4000万元），带动各地市财政投入3.37亿元，带动生产主体投入抗旱资金4亿元。启动省级应急救灾玉米种子60吨，支援农民改种和扩种玉米、甘薯等粮食作物26万亩。

【生物灾害防治措施】

2021年，全省各级植保部门坚决贯彻落实习近平总书记及党中央、国务院和省委、省政府的决策部署，把握新发展阶段，贯彻新发展理念，聚焦推动农业有害生物预警防控工作高质量开展，抓好监测预警、重大病虫防控与统防统治、病虫绿色防控与农药减量化、技术集成示范应用四项重点工作，为保障粮食生产安全及重要农产品供给、农产品质量安全作出重要贡献。

1. 强化病虫监测预警网络，及时准确发布预报预警

加强监测预警网络建设与站点布局，协调开展系统监测与专项监测，强化数据采集分析与专家会商，推动监测预警数字化、网络化和智能化。

一是稳定监测预警网络站点，拓展监测覆盖广度。组织实施动植物保护能力提升项目，继续推进“植物重大病虫害监测预警及防控技术研究与示范”“植物重大灾害预警与综合防控共性关键技术”“草地贪夜蛾迁飞规律与监测预警技术研究与示范”等重点研究项目，巩固重大病虫监测站省、市、县共建成果，增加粮食作物病虫监测站点，推动站点装备自动虫情测报灯、高空测报灯、性诱捕器等先进测报工具，设置省市共建病虫监测站85个、监测点267个，其中水稻病虫监测点89个，草地贪夜蛾实现监测全覆盖，监测对象覆盖22种作物、80多种重大病虫。

二是全面加强病虫监测调查，着力打造病虫大数据。制定出台重大病虫监测工作方案，对病虫监测调查工作进行全面部署落实。举办全省病虫监测技术培训班，持续指导各地严格按照《农作物病虫测报技术规程》开展病虫系统调查，组织开展冬后病虫基数、草地贪夜蛾越冬情况、早晚稻中后期病虫等专项调查，落实候报、周报和月报制度。各级监测站全年上报信息37万多条。

三是加强病虫数据分析与趋势会商，有效提升预警质量。完善农业有害生物数字平台，拓展自动预警等功能。完善病虫趋势专家会商机制，发挥专家作用，及时开展病虫趋势专家会商，召开全省早晚造病虫发生趋势会商会，组织开展水稻中后期、荔枝等病虫发生趋势视频会商4次，参与全国水稻病虫、草地贪夜蛾发生趋势会商会3次，促进全省病虫预报准确性提升，病虫预报准确率达91.6%。

四是创新预报发布渠道，不断扩大预报覆盖范围。组织和指导各级植保（测报）部门适时发布早晚造病虫中长期综合预报和水稻、蔬菜、果树、玉米等病虫中短期专题预报预警，发挥“广东病虫情报”微信公众号示范作用，带动各地利用电视、手机、网站、公众号等新媒介发布病虫信息，稳步提高和扩大病虫信息的到位率和覆盖面。全年共发布病虫情报800多期，其中省级发布病虫情报20期、上报周报86期。

2. 强化重大病虫防控，着力打赢虫口夺粮攻坚战

贯彻落实农业农村部和省农业农村厅虫口夺粮保丰收行动方案，坚持粮食作物与经济作物病虫防控并重，多形式推进病虫专业化统防统治，有效控制重大病虫危害。

一是推动落实属地责任，高效开展防控行动。加强《生物安全法》《农作物病虫害防治条例》宣传贯彻，积极推进植保法制化进程，推动各地落实重大病虫防控属地责任。牢固树立“生物安全无小事，虫口夺粮是大事”的工作理念，充分利用趋势会商会、技术培训班、实地调研等途径，对全省重大病虫防控工作及时进行全面动员部署。加强病虫防控指导督导，在病虫防控关键时期组织10多个专家组到各地开展调查研究、技术指导、工作督导，督促抓好综合防控措施落地落实。全年全省农作物病虫草鼠螺防治面积3.4亿亩次，其中水稻病虫防治面积9200万亩次、草地贪夜蛾累计防治面积180多万亩，挽回农作物损失825万吨。

二是加强防控技术指导，大力推进科学防控。及时制定印发《2021年广东省水稻重大病虫防控技术方案》《2021年广东省草地贪夜蛾防控技术方案》《关于切实加强晚造粮食作物重大病虫监测与防控技术指导的通知》，举办全省农作物病虫绿色防控技术培训班，为全省开展病虫防控提供技术指导、明确工作要求。强化技术示范带动，开展草地贪夜蛾、白叶枯病、稻曲病、

荔枝病虫、柑橘褐斑病、番薯根结线虫等预警防控技术装备试验，在台山市、南雄市建立水稻全程绿色防控示范区，优化集成多种水稻病虫绿色防控技术模式；在惠城区、阳东区建立草地贪夜蛾综合防控示范区，带动全省建立草地贪夜蛾绿色防控示范区68个，示范辐射面积达30.64万亩，初步形成四种草地贪夜蛾防控技术模式并在多个县（市、区）大面积推广。

三是推进专业化统防统治，提升防控服务效率。贯彻《农作物病虫害专业化防治服务管理办法》，深入梅州、惠州、江门等地开展专题调研，组织新型农业生产经营主体参加专业化统防统治现场观摩，利用春耕生产现场会等途径向农民宣传专业化统防统治服务，营造有利于统防统治发展的社会环境。强化横向联合，积极对接现代农业产业园、“一村一品、一镇一业”、农业生产救灾和农业全程社会化服务托管等建设项目，指导项目区大力推进农作物病虫害专业化统防统治，在17个粮食主产县（市、区）建设水稻病虫害专业化统防统治核心示范区，示范面积112万亩次，有效带动专业化统防统治普及。切实发挥地方主体作用，指导江门市、斗门区全域推进水稻病虫害专业化统防统治示范，南雄、兴宁、怀集等地创建水稻病虫全程统防统治示范镇和台山、阳春、高州等地引入全程社会化托管服务推动病虫害统防统治发展。加强专业化防治组织规范化管理，整理制定配套管理制度，扶持壮大专业化防治力量，积极创新服务模式，江门天禾、惠州蜻蜓、东莞智飞等一批防治组织得到较快发展。全年水稻病虫害专业化统防统治面积4439万亩次，统防统治覆盖率达43.96%，比去年提高1.5个百分点。

3. 强化病虫绿色防控与农药安全科学使用，着力推进农药减量化

深入贯彻绿色发展理念，推进病虫绿色防控，加强农药（械）安全科学使用宣传培训和技术装备示范应用，多措并举推进农药减量化。

一是深化病虫绿色防控，保障农产品质量安全。推动病虫绿色防控与国家产业政策和项目紧密结合，绿色防控工作有机融入全省高标农田、美丽乡村、现代农业产业园、“一村一品、一镇一业”等现代农业农村建设项目中。建立省级病虫害绿色防控示范区12个，开展病虫绿色防控技术集成创新与示范，打造一批具有一定市场认可度和影响力的绿色防控农产品，初步形成多元化推广应用格局。发挥5个全国绿色防控示范县的辐射带动作用，继续组织开展“全国绿色防控示范县”创建。组织专家编印分发水稻、草地贪夜蛾等9种主要病虫害绿色防控技术宣传小册子45万份，科学指导全省开展病虫绿色防控。全年病虫绿色防控面积2991万亩，病虫绿色防控覆盖率达42.44%，比去年提高6.64个百分点。

二是开展安全科学用药培训指导，提升农业生产者用药水平。制定广东省百场农民农药安全科学使用培训计划，举办全省农药安全科学使用培训启动活动和全省高效低毒新农药使用技术培训班，联合农药企业在全省各地开展安全用药宣传培训。依托百县万名新型职业农民科学安全用药公益培训，指导开展植保机械使用技术、植保无人机飞手植保知识与技术、科学安全用药等培训服务，提升飞手科学防治能力。修订《广东省主要农作物病虫害防治推荐农药名录（2021年修订）》，为农户选用药剂提供科学指导。全年农药使用量为5.04万吨，比去年减少2.1%，比近三年平均值减少5.9%，单位耕地面积农药使用量1.30千克/亩；开展宣传培训810多期次，共有4.87万人次参训。

三是加强安全科学用药试验示范，夯实农药减量化有效支撑。开展稻飞虱、稻纵卷叶螟和玉米草地贪夜蛾等重点病虫抗药性监测，编制《2020年广东省主要农作物病虫害抗药性风险评估报告》，组织开展新农药试验以及植保机械保有使用情况调查。组织实施2021年省级乡村振兴农药安全科学使用及风险评估项目，共开展20多个高效低风险农药品种防治病虫害试验示范；开展柚子病虫害全程解决方案试验示范并取得良好效果；大面积推广应用水稻、柑桔和荔枝（龙眼）等作物病虫害全程解决方案以及种衣剂、农用助剂、纳米农药制剂；建立豇豆、韭菜、芹菜省级标准化生产示范基地，示范推广全程标准化生产及病虫绿色防控技术。全年农药使用量比去年略有减少，推广应用高效低风险农药960万亩次，比去年增加12%以上；水稻、柑桔病虫害全程解决方案应用面积分别达410万亩和48万亩，分别比去年增加14%和11%。

【畜禽防疫免疫措施】

1. 大力强化法制保障，提升依法治疫能力

一是加强新版《动物防疫法》宣传贯彻落实。新修订的《动物防疫法》于2021年5月1日起正式施行，省畜禽防疫管理部门多举措开展普法宣传，举办多期《动物防疫法》宣传贯彻培训班，并向基层一线发放宣传资料，到广州、佛山、揭阳、阳江等地开展宣讲活动，着力宣传讲解动物防疫新形势新要求，提升全省动物防疫队伍的法律水平。各地积极开展宣传培训活动，把防疫法律要求宣传到养殖场户和屠宰企业等一线从业人员，增强从业人员的守法意识和责任意识。

二是修订出台《广东省动物防疫条例》。为贯彻实施新修订的《动物防疫法》等法律法规，启动《广东省动物防疫条例》的修订。新修订的《广东省动物防疫条例》于2022年3月1日起施行。织牢织密动物防疫法治网，健全疫情防控法律体系，对提升广东省动物防疫活动管理能力、促进畜牧业高质量发展、助推乡村振兴、保护人民群众身体健康和维护公共卫生安全，提供了坚实的法制保障。

2. 常态化防控，非洲猪瘟疫情总体平稳

一是持续开展规模猪场和重点场所非洲猪瘟病毒全覆盖监测。对年出栏2000头以上的规模猪场，全部要求入场检测；对年出栏500～2000头的规模猪场，按2%比例随机抽检；对屠宰场、无害化处理厂、生猪运输车辆等定期抽检，及时掌握流行动态，全年共检测样品5万多份。

二是建立网格化监测排查机制，对生猪养殖场户进行全面排查，及时发现并消除风险隐患。强化生物安全管理技术宣传，提升养殖场（户）生物安全管理意识和管理水平。

三是“早快严小”处置突发疫情和监测阳性。快速处置一起外省违规调运输入性非洲猪瘟，按国家规定对非洲猪瘟监测阳性场点进行有效处置，有效阻断非洲猪瘟病毒的扩散。

四是各地以定期集中消毒和日常常规消毒相结合的方式，聚焦关键环节、重点场所，持续开展“大清洗、大消毒”活动，有效净化养殖环境。全年下拨非珠三角地区消毒药641吨，全省各级累计共投入各类消毒药品1223.2吨，对重点场所开展清洗消杀工作，消毒面积超过5.3亿平方米。

五是大力推进非洲猪瘟无疫小区建设。提早召开专题培训班，积极宣传发动，开展技术指导，推动无非洲猪瘟小区建设工作。全年共创建国家级非洲猪瘟无疫小区8个，另有4个小区待验收。全省非洲猪瘟疫情总体平稳，生猪产能基本恢复至常年水平，保障了生猪产品的有效供给。

3. 突出重点，狠抓防控措施落实

一是狠抓强制免疫，构筑有效免疫屏障。年初，印发《2021年广东省动物疫病强制免疫计划》，部署规模化养殖场做好程序免疫，指导散养户落实春秋季集中免疫和定期补免，确保口蹄

疫、高致病性禽流感等重大动物疫病“应免尽免，不留空当”。全面组织做好免疫接种工作，全省调拨供应禽流感疫苗约 8.64 亿羽份，口蹄疫疫苗约 4005.04 万毫升，小反刍兽疫活疫苗 190.27 万头份。禽流感、猪蓝耳病、口蹄疫、猪瘟、新城疫等主要动物疫病免疫密度均达 95% 以上，构筑了较为安全有效的疫病防控屏障。深入推进动物疫病强制免疫补助政策实施机制改革（又称“先打后补”），进一步扩大规模养殖场户重大动物疫病强制免疫财政直补范围，做到畜禽种类全覆盖，指导各试点市通过“先打后补”信息管理系统和微信小程序，推进强制免疫“先打后补”工作。修订《主要动物疫病免疫程序指引》，指导基层防疫人员和养殖场开展动物免疫接种，提升免疫科学性。

二是加强疫病监测，提升疫情预警能力。全省建立分工明确、重点突出的省、市、县三级动物疫病网络化监测机制，制定并组织实施全省动物疫病监测与流行病学调查计划。全年全省共监测畜禽血清抗体样品 32 万多份（次），监测主要动物疫病 18 种；监测畜禽病原学样品 21 万多份（次）、病种 10 多种。监测结果显示，全省主要动物疫病的免疫抗体维持在较高水平，动物抵御疫病的能力较强。对病原检测阳性的，及时按照国家防控技术要求严格处理，有效防止病原扩散和流行。各地结合动物疫病监测结果、疫病报告情况、流行病学调查资料和检疫监管信息，定期开展疫情分析预警，提出防控意见建议，为行政决策提供科学依据。

三是有效处置突发疫情，及时控制疫病传播。年内，快速处置一起外省违规调运输入性猪口蹄疫疫情，有效防止疫情扩散蔓延。快速应对人感染禽流感、鹦鹉热、布鲁氏菌病等事件，有效控制人畜共患病传播风险。

四是深入推进疫病净化，保障种业健康发展。认真贯彻动物疫病防治从有效控制向逐步净化消灭的战略部署，从源头上对重点动物疫病实施净化，分病种、分区域、分阶段实施动物疫病净化计划，提高养殖环节生物安全管理水平，促进畜禽种业振兴和畜牧业高质量发展。各地明确净化范围，集成净化技术，完善净化模式，组织种畜禽场创建省级示范场 1 家、创建场 4 家，创建国家级示范场 1 家、创建场 5 家。对原有 33 家净化场组织开展年检，有效巩固净化成果。

4. 狠抓基础，防疫应急管理到位

一是切实加强防疫物资管理和应急储备。省、市、县三级均已落实应急储备制度，储备应急防疫物资。制定应急物资管理制度，严格开展动物防疫物资储备和调拨管理。各级农业农村部门定期或不定期对辖区内防疫物资贮存、供应、使用以及报废防疫物资处置等情况进行检查。省级常态储备消毒药 200 多吨，防护服 1 万多套以及动物扑杀器械、消毒设备、无害化处理袋等应急物资，管理制度和记录完善。全省各类疫苗、消毒药、防护服、口罩、手套、护目镜、消毒机、扑杀器等防疫物资储备充足。

二是强化疑似重大动物疫情核查。加强疫情信息管理，强化舆情管控，主动回应公众关注，及时应对不实报道和恶意炒作。设立重大动物疫情举报电话，实行 24 小时电话值守，对相关举报翔实记录并及时组织核查处置。各级农业农村部门也设立相应的举报电话。对省内 12316“三农热线”、疫情举报电话以及群众信访等各种途径掌握的问题和线索，按程序核实处置。

5. 强化监管，维护正常动物防疫秩序

一是加强调运环节监管，防止动物疫病跨区域传播。针对 2021 年初全国多地先后通报违法违规调运生猪引发非洲猪瘟疫情的现状，及时就防范生猪违法违规出售、收购、贩运引发疫情发出风险预警，要求各地严格产地检疫、规范生猪调运、执行落地观察、排查风险隐患及严惩违法违规调运行为，保障生猪生产健康发展。强化生猪运输车辆和贩运主体备案管理，对到期的生猪运输备案车辆进行备案续期，对有2次违法违规调运行为的车辆取消备案资格。至年底，共有生猪运输备案车辆5690辆，贩运主体2295个，取消7台生猪运输车辆的备案资格。稳步推进“调猪”变“运肉”进程，印发《关于调整生猪及生猪产品调运措施的通知》，自2021年8月15日起，暂停非中南区的已通过“点对点”备案企业的肉猪调入广东省（已在广东备案并通过国家非洲猪瘟无疫小区验收的除外）。同时，停止省外生猪产品调入广东需备案等管理措施。明确经检疫合格的合法生猪产品可通过入粤指定通道直接调入广东省。根据路网布局和畜禽车流量情况，将同一县区设站数量相对较多且车流量较小的检查站进行撤并，将原有的27个动物和动物产品入粤指定道口调整为23个省外动物入粤指定通道。与《动物防疫法》衔接，不再施行动物产品指定通道管理制度。各指定道口（通道）检查站严格查验入省动物及动物产品，全年共检查动物和动物产品运输车辆14.47万车次，其中生猪运输车辆8.36万车次，生猪产品运输车辆1.09万车次；检查生猪956万头，生猪产品11.87万吨。

二是扎实做好检疫工作，提升动物疫病溯源能力。推动广东省动物溯源数据管理系统升级完善，打造动物检疫合格证明公众查询平台，确保检疫信息“来源可追溯、去向可追踪、信息可查询、数据可统计”。全年全省共检疫电子出证4300多万份，检疫生猪3200多万头、家禽11多亿只、动物产品300多万吨。大力推进牲畜耳标佩戴和信息传输，推广使用牲畜耳标管理APP，为动物及动物产品的追踪溯源提供数据支撑。

6. 加强建设，防疫能力得到提升

一是强化动物防疫机构队伍建设。在新修订的《广东省动物防疫条例》中明确县级以上人民政府应当采取有效措施，完善基层动物卫生监督机构和动物疫病预防控制机构，配备官方兽医等与工作任务相适应的兽医专业技术人员。兽医专业技术人员配备标准由省政府农业农村主管部门会同机构编制、财政和人力资源社会保障等主管部门研究确定。印发《广东省签约兽医管理办法（暂行）》，实施《动物防疫特聘专员》计划，18个生猪养殖大县实施动物防疫专员特聘计划（首批共拟聘用360人），另有12个非生猪养殖大县参照省方案自筹经费实施特聘计划，充实动物防疫力量。调整成立省动物防疫、动物卫生风险评估、动物病原微生物实验室生物安全评审管理、动物疫病净化评估四个专家委员会，强化全省兽医工作技术支撑保障。

二是大力推进兽医实验室能力建设。通过培训、比对试验、考核等方式切实提升兽医实验室能力，全部县级兽医实验室具备动物疫病常规鉴别诊断能力，为防控动物疫病提供强有力技术支撑。组织对21个地级以上市、52个县（市、区）级兽医实验室进行检测能力比对，市级、县级实验室样品检测符合率分别达97%、98%。省动物疫病预防控制中心项目建设进展顺利，已进行竣工验收。项目建成后，将为全省动物疫病防控提供更加有力的技术支撑。

【渔业防灾减灾】

1. 重视渔业防灾减灾

广东渔业主管部门认真贯彻落实省委、省政府工作部署，牢固树立安全发展理念，坚持人民至上、生命至上，全力克服新冠肺炎疫情、极端灾害性天气等不利因素，采取有力措施，狠抓责任落实，实现渔业安全生产事故起数和人数“双下降”，尤其是重特大事故“零发生”。一是高规格部署工作。高度重视水上运输和渔业船舶安全，制定实施方案，开展“不安全、不出海”专项行动，提出“六个100%”的硬要求。二是高频次排查隐患。开展为期3个月的渔业安全生产专项治理，深入开展隐患排查治理，防范化解重大风险，开展督导检查和明查暗访。三是高强度监管执法。结合“亮剑”“伏季休渔”等渔政执法行动，开展安全监管执法，严防渔船“带病出海、带病作业”，全面加强渔船审批、修造和检验监管，从源头上遏制渔船“带病出生”和涉渔“三无”船舶产生，推动商渔船碰撞事故联合调查，推动水上安全共管共治。四是高标准筑牢安全基础。围绕渔业安全，开展渔业船员安全技能和自救互救专题培训，开展渔船减船转产和更新改造，提升渔船安全水平。五是高效率应急处置。实现险情事故第一时间接警、第一时间处置、第一时间上报，加快打造“实战管用、基层爱用、群众受用”的救援生命线，促进渔业保险规范有序发展，推行渔业船员实名制保险，维护渔区社会和谐稳定。

2. 加强渔业安全生产工作

1月4日，召开渔业安全生产工作会议，听取各督导组挂点市“不安全、不出海”行动进展情况汇报，要求严厉查处不安全出海违法行为，推动渔业安全生产专项整治工作落实落细。1月21日，省新冠肺炎防控指挥办农村疫情防控工作专班（省农业农村厅）派出工作组赴深圳东部海域开展春节前渔船渔民新冠肺炎疫情防控检查调研，先后赴南澳渔港和盐田渔港，实地检查渔民上下鱼货操作和防疫检查点运作情况，听取相关部门关于渔船渔民疫情防控工作情况的汇报，现场检查指导内地渔民、港澳流动渔民疫情防控和远洋渔业疫情防控、疫苗接种和鼓励渔民就地过年措施，随后就疫情防控和渔港管理、远洋自捕水产品回运及从省内入境管理工作召开座谈会议，要求加强对海上渔民收购境外渔船鱼货行为的执法检查，强化进出港渔船、车辆及人员管控，筑牢疫情防控海上防线，确保渔港渔船生产安全有序。3月26日，省农业农村厅网站发布《生命至上——2021年渔业安全生产专题片》。3月29日，省农业农村厅厅长顾幸伟出席全省海洋综合执法工作会议并讲话。会议要求，进一步强化渔船“不安全、不出海”安全综合监管，制定渔港港务管理规定，开展渔港执法监管示范行动，切实发挥渔船应急救援处置5项机制作用。12月31日，召开渔业安全生产工作会议，学习贯彻习近平总书记关于安全生产重要批示（指示）精神，落实党中央、国务院和省委、省政府安全生产工作部署，专题研究渔业安全事故原因，加强防范化解元旦、春节期间渔业安全风险工作措施。

针对年内发生的5起远洋渔业安全事件，在总结经验教训的基础上，加强远洋渔船船位监测运行及数据分析，加强特殊区域渔船（西非海域项目）管理和敏感海区作业（西南大西洋阿根廷附近水域）的远洋渔船的管理，督促企业做好安全生产工作并做好远洋渔业外防输入管理。

3. 渔港渔船安全生产监管

年初，省委农办、省农业农村厅印发《关于开展“建渔港、保平安”专项行动切实维护渔民群众安全利益的通知》。根据农业农村部关于“依港管渔船、管船员、管安全”等系列部署，配合“不安全，不出海”专项行动，通过压实地区财政保障责任、纳入地区乡村振兴考核体系等抓手，以“你生命　我关爱　建渔港　保平安”为行动主题，开展“渔港建设100%推进、管港机制100%提升、驻港机构100%建立、港务管理100%到位、污染防治100%落实、避风泊位100%保障”六个百分百专项行动，实现渔港“建设、管理、养护”有机结合。一是落实主体责任，重点落实渔船船东船长生产经营主体责任。加强渔船进出港管理，完善渔业船舶安全黑名单制度，严厉惩处渔船关闭AIS、GPS等违法行为。二是压实属地责任，全省123个渔港全面落实镇委书记或镇长任港长的渔业安全“港长制”，实现依港管人、依港管船、依港管渔获物、依港管安全。三是落实部门监管责任，开展安全隐患自查自纠，及时发现问题并予以纠正，加强重点船舶、重点水域、重点时段和重点部位的监管。建立健全管港保平安机制，推进平安渔港及渔港经济区建设，严格实行不安全、不出海，渔船安全监管成效显著。

严格落实渔船安全责任。在省委分管领导的推动下，将“渔船安全监管”纳入“平安广东”考评体系，有力压实地方政府属地监管责任。省农业农村厅派出督导组赴全省开展“渔船安全监管”考评，切实发挥考评“指挥棒”作用。建立违规渔船“黑名单”管理制度，对违规渔船、渔民、涉渔企业进行公开曝光、重点监管和失信惩戒，建立渔船安全监管全链条治理体系。

严格守护渔船安全底线。根据省领导“把底数厘得更清楚”指示精神，组织力量采集2.8万艘海洋渔船、7万名船员基础信息，全面摸清渔船底数和安全状况。认真落实渔船“不安全、不出海”“六个100%”要求，检验海洋渔船2.55万艘，整治“脱检”渔船近8000艘，排查整改渔船安全隐患8693起，有效防范渔船安全风险。

严格开展渔船专项整治。扎实开展渔船安全专项整治行动，整治免休钓具渔船2652艘，培训教育渔业船员2632名，确保休渔期海上秩序良好。开展船员配备、船体标识排查，整治船载终端“脱线”行为，确保渔船“看得见、管到位”。切实做好海上疫情防控监管，确保渔港和海上新冠疫情“零输入”。

严管敏感水域作业渔船。严格敏感海域作业渔船监管，坚持每日巡检，重点监控台湾浅滩、东沙岛、北部湾共管海域、南沙牛轭礁等敏感海域，发出预警1317条次，及时召回敏感海域作业渔船118艘次，有效避免发生涉外渔业事件。

4. 港澳流动渔船安全生产

主动作为，加强流动渔船各项管理服务，提高流动渔民的自我保护意识和遵纪守法自觉性。联合广东省港澳流动渔民协会、澳门渔民互助会、澳门远洋渔业发展暨船东协会，在澳门专门举办流动渔民安全生产培训班，增强安全生产责任意识，让渔民观念从“要我做”向“我要做”转变。加强港澳流动渔船信息化建设，优化完善流动渔船（民）管理系统，完善流动渔船随船人员登记、接种疫苗等功能模块建设，做到系统功能强大、灵活易用、数据精准，努力实现渔船（民）动态管理，为出台流动渔民管理政策提供科学依据。

流动渔民疫情防控是广东省“外防输入”十大风险之一，全力做好疫情防控工作，落实“定人联船”和“每日一报”制度，提前完成省新冠肺炎防控指挥办关于流动渔民、内地渔工、流动渔船停靠渔港工作人员及渔港所在镇街目标人群疫苗接种“四个100%”目标，筑牢疫情防控网。全年流动渔民累计上岸离港2.12万人次，核酸检测数4.65万人次，确保流动渔民“零”疫情目标。协调小组联络办公室、国务院港澳办交流司、农业农村部渔业渔政管理局多次指导流动渔民疫情防控工作。省农业农村厅和省港澳流动渔民协会统筹安排500多万元，支持全省各地流动渔民协会及港澳渔民社团开展疫情防控相关工作，无偿向流动渔民提供口罩、消毒液等防疫物资，受到流动渔民的高度好评。

5. 积极应对台风洪涝灾害

扎实落实防台各项部署，科学高效组织应急救援，持续强化渔民安全意识。省海洋综合执法总队认真落实防台“三个100%”要求，成功防御“查帕卡”“卢碧”“康森”“狮子山”等9个台风，发送预警信息1180万条次，召回渔船8.51万艘次，组织渔民上岸避风3.11万人次；

加强应急值班值守，及时组织海上应急救援，派出执法船艇157艘次，协调渔船参与搜救719艘次，实施海上搜救129次，成功救助海上遇险人员400人、船舶151艘，有力保障渔船海上作业安全；开展渔船安全监管行动43次，广泛宣传《护航》警示片和安全生产“七句警示语”，使安全生产理念深入民心。强化船员监管，培训考核船员2.34万人，有效提升持证上岗率。全省发生渔船安全事故23宗，死亡、失踪18人，分别同比下降34%和18%，事故宗数和死亡人数呈“双下降”。

6. 强化渔船安全生产督导

3月17—18日，渔船“不安全、不出海”专项行动调研组到茂名调研，先后前往勤海码头、电白综合执法大队水东中队、博贺渔港、博贺渔港党群服务中心、新港渔委会、海雁渔委会，与渔民党员代表谈话交流，查看渔港渔船，查阅有关台账资料，并通过召开座谈会，以“党建和渔船安全工作”为主题开展交流，要求镇（街道）继续深挖亮点，夯实基础，形成长效机制，推动渔船安全形势保持稳定向好态势。

4月14日，省农业农村厅党组副书记许典辉带领省安委办、省农厅联合执法检查组，到茂名市电白区开展渔业船舶安全生产联合执法检查，对停靠在水东渔港码头的3艘渔船进行安全检查，在座谈会上充分肯定茂名市渔业船舶安全生产工作，做到依港管人管港管船；并对茂名市渔业船舶安全生产工作提出要求：继续压实属地监管责任，凝聚相关部门执法合力，加大打击违法行为的力度，探索创新的管理模式。

4月15日，由许典辉带领的检查组到江门市新会区开展渔船安全联合执法检查，深入崖门渔港检查渔港消防设施和港内船舶停泊秩序，并登船检查渔船消防、救生、通信导航等安全设备情况，肯定江门市渔船安全监管工作，并要求完善渔船安全网格化管理体系，尽快建立渔港港长制，并将渔船安全生产实际贯穿到渔港的建设规划中，切实落实好渔船安全监管和渔业高质量发展的各项措施。

7月7日，省农业农村厅二级巡视员程文章率工作组一行6人，到茂名开展渔业安全生产督导调研，通过走访渔委会、召开座谈会，了解渔业安全生产状况，听取市和滨海新区农业农村局、博贺镇政府关于渔业安全生产管理工作的汇报并作出指导，特别是深化落实“定人联船”，加强渔船动态监管。

7. 水产养殖疫情监测处理

强化水生动物疫病情监测，提高防控水平，印发《2021年广东省水生动物疫病监测方案》，全省共完成监测检测样品4.25万份。监测的品种包括南美白对虾、斑节对虾、草鱼、罗非鱼、石斑鱼、锦鲤、加州鲈等22种。在完成国家水生动物疫病监测计划方面，湛江、茂名、阳江、江门等7市采集对虾样品120份，监测点涵盖省级以上良种场21家。

做好水产养殖病害预测预报，优化选择监测点，更换部分养殖面积小、技术力量弱、诊断手段落后的监测点，重新确立监测点177个。全年全省共监测养殖品种36种，监测养殖面积1.5万公顷，发现病害有88种。共发布预测预报信息70多条，上门服务养殖户76次，处理电话咨询业务100多次。

强化突发疫病情应急处理，防控疫病害暴发流行。针对3月下旬广东黄颡鱼养殖出现大量死亡的情况，省农业农村厅组织力量对黄颡鱼主养地区佛山、江门、肇庆、珠海等市进行流行病害调查。省、市、县水生动物疫病防控机构技术人员迅速行动，及时指导养殖户采取应急措施，做好对病害的防控，开展应急监测预警、死鱼无害化处理、规范用药技术指导等应急处理工作。通过及时、科学地指导养殖户开展自救，疫病情得到有效控制，最大程度减少养殖户损失。7 月初，江门台山市海水网箱养殖鱼类发生大量死亡，技术员及时调查死鱼原因并指导做好应急处理工作，防止该病出现暴发流行，经检测是感染刺激隐核虫病造成的。

8. 渔业互助保险

2021 年，据省渔业互保协会统计，全省有 10. 26 万名渔民参加渔民互保（包括雇主责任互助保险和渔民人身意外伤害互助保险，下同），提供保障金额 528. 95 亿元，渔民互保人均保额达 51. 53 万元；6638 艘渔船参加渔船财产互保，提供保障金额 31. 60 亿元。渔民互保和渔船财产互保合计承担渔业风险保障金额 560. 55 亿元，创历年新高。理赔服务方面，办理渔民互保理赔案件 888 宗，已决赔款 5310. 51 万元；办理渔船财产互保理赔案件 113 宗，已决赔款 966. 36 万元；办理水产养殖保险理赔案件 6 宗，已决赔款 45. 64 万元。

2019 年 8 月—2021 年 12 月，广东省政策性渔业保险累计承保符合补贴条件的渔民有 20. 57 万人次、渔船 1. 19 万艘次，使用财政保费补贴资金 9921. 18 万元；提供风险保障 994. 13 亿元；累计赔付渔民保险 1000 宗（含死亡/失踪 93 宗、93 人）、渔船保险 35 宗，累计赔付金额 6972. 91 万元。政策性渔业保险切实减轻了渔民的经济负担，有效实现财政补贴资金的放大效应，显著提高渔业保险保障水平，助力恢复渔业生产稳步发展。

自然资源部南海局

2021 年，自然资源部南海局认真贯彻落实《2021 年全国海洋预警监测工作方案》要求，积极开展海洋观测、监测和预警报，做好海洋灾害防御减灾工作并取得较好成效。

【海洋观测】

抓制度建设，制定《自然资源部南海局海洋站点观测工作守则》，局属各中心站在汛期建立主控室值班制度和海洋站巡检制度。

抓质量控制，试运行“南海区海洋观/监测数据质量控制与统计分析系统”，有效提升数据入库、管理及处理分析水平；完善海洋观测数据接收及质量情况统计软件。开展海洋观测仪器设备的计量检定校准，共完成气压传感器、风向风速表、温盐传感器和温盐深测量仪等近 400 台（套）海洋观测仪器设备的计量检定校准工作。

抓海洋观测标准化、规范化工作，编制《潜标观测技术规程》并发布实施；完成海洋观测业务教学片制作，该片主要以《海洋观测规范第二部分：海滨观测（GB/T 14914. 2—2019）》《海洋资料浮标作业规范（HY/T 037—2017）》《HY/T 089—2005 波浪浮标》《自然资源部南海海洋站（点）观测工作规范（2019 年 10 月编制）》等文件为依据，共分为五部分、18 个片段，总时长 1 小时 50 分，分为汇总片（1 条）、潮汐观测（6 条）、温盐观测（1 条）、海浪观测（4 条）和气象观测（6 条），详细讲解水文气象各要素观测的基本要求、方法、设备操作指引、数据记录等，为海洋观测标准化学习、操作提供规范指引。

抓数据安全与共享，加强观测数据数据共享交换平台建设。完成 2020 年海滨观测、断面监测、浮标、志愿船等海洋观测电子数据双备份，确保预报减灾电子数据存储安全。开展数据共享交换平台的软硬件升级及安全加固工作，与香港天文台、广东海防办、深圳应急局、海兰信等多个单位实现观测数据交换共享。为南海区涉海单位、科研院所及海工企业等提供海洋数据统计分析及共享应用服务累计 30 多项。

抓浮标、石油平台和志愿船及搭载船观测工作。至年底，共有 16 个浮标站、4 个油气平台和 18 艘志愿船、54 艘搭载船实行业务化运行。完成 24 艘远洋商船搭载船的加改装并开展常态化调查、7 艘搭载船自动观测系统的现场维护。17 艘志愿船实时接收观测数据 30 万多组；接收实时远洋商船搭载观测数据 34 万多组。完成春季、夏季和秋季共 3 个航次的海洋观测预报和防灾减灾项目浮标维修，浮标应急维修回收 4 航次，完成 1 个浮标回收与布放。新增 2 套油气平台观测系统。此外，完成本年度南海北部断面调查航次任务，总航程超 4000 海里。

2—3 月，开展汛前观测设施、会商系统、预报警报系统、数据传输网等的运行维护，以及灾害调查工作和灾情上报准备工作，对观测仪器设备的检定情况等进行自查与现场巡查。汛期，召开防汛救灾和安全生产专题会议，印制《自然资源部南海局海洋灾害应急预案汇编》，建立汛期观测预警报业务值班制度。

不断提升海洋观监测能力，完善观测数据传输体系，自建的观测传输体网已接入 163 个观测节点。开展海洋观测数据传输专网的常规性运行维护，采用远程巡检等方式进行 24 小时实时监控。在涠洲站运行视频 AI 波浪观测系统和智能化潮位监测系统。视频 AI 波浪观测系统可实时显示当前海面状况，并可通过从近岸监控视频中按帧截取视频量计算获取海浪要素。智能化潮位监测系统依靠搭载 CCD 摄像机拍摄目标、采集水尺图像、识别图像潮位，可通过网络将视频图像与读数传输至海洋站。

不断开展对外合作，与汕尾市自然资源局共建汕尾市海洋预报台；深化与珠海市自然资源局的合作，在联席会议制度的基础上增加了人员交流机制，完成珠海市自然资源局海洋预报值班室挂牌工作；与阳江市自然资源局签订《推进海洋预警监测工作合作框架协议书》，共同打造海洋观测预报体系；与茂名市自然资源局合作，完成《茂名滨海新区海洋灾害预警工作技术服务方案》的编制。

【海洋预报】

做好常规及专项海洋预警报。通过电视、广播、报纸、微博、微信、抖音、网上海洋科普馆等渠道，定期对外发布南海区及沿海各地各类海洋环境预报产品，受到地方政府和有关涉海单位的好评。每天制作并发布南海大面海域、华南沿岸 6 个海水浴场、10 个旅游区的水温、海浪及潮汐预报，提供南海区未来 3 天海洋环境预报。开展广州、深圳、东莞、中山等 9 个沿海地级以上市海洋环境预报、海水浴场预报和灾害预警报；开展渔业捕捞区渔场预报，做好大亚湾核电站海域、广州港出海航道、台山—香港惰性废料处置区 3 个重点保障目标的精细化预报。开发三沙市航线、航区预报产品，发布三沙市航线海洋环境专题预报单 200 多期。积极提供珠海拱北湾、阳江大角湾和湛江海域的精细化预报产品，及时做好珠海市珠机城轨金海大桥施工段箱梁垮塌事故的相关海域海况潮汐预报。开展琼州海峡航线精细化预报、重点港区预报、海南岛重点海水浴场预报、未来三天南海重点岛礁预报，为海南核电有限公司提供海洋环境预报服务。开展南海区海洋气候预测及海洋灾害应急演练。完成对西北太平洋和南海的热带气旋影响趋势的展望，灾害性海浪天数和集中影响时间、风暴潮过程出现次数和时间等的预测，春节期间形势分析预测、南海夏季风爆发和强度的预测等。5 月底，采用实战演练和桌面推演相结合的方式开展海洋灾害应急演练，检验海洋灾害应急预案的有效性、应急人员的协同性，提高对风暴潮、海浪等海洋灾害的应对能力。

提升海洋预警报水平。积极推进海洋预警报关键技术的研发。针对热带气旋过程优化海温网格预报产品的智能订正技术，对珠江口三维温盐流模型进行初始和边界条件优化测试；推进以大梅沙为试点的越浪量和波浪爬高预报技术研究，开展典型防波堤截面测试；开展基于卫星遥感资料重构南海内部温盐结构技术研究，建立垂向投影模型，重构网格化三维温盐场；系统梳理现有预警报产品，开展海区—省—市预警报产品体系设计；开展风暴潮灾害风险评估和推进区划成果在预警报业务方面的应用；探索高频地波雷达系统在海洋观测方面的使用性能，编制汕尾—香港高频地波雷达同步探测系统比测实验工作方案，依托科研项目推进雷达观测数据的业务化应用；以遮浪站为典型案例开展海温预报研究，探索利用神经网络搭建海温预报模型，于 8 月初完成海温预报模型搭建并投入日常预报使用。南海海面风、海浪、中国海三维温盐流数值预报系统，粤港澳大湾区精细化风暴潮预警系统四个系统进入业务化部署和测试。

开展建党 100 周年等重要时间节点 24 小时值班值守，安全高效地提供海洋环境预警报保障服务；完成 2021 年第一至第三季度风、浪、海表温度预报自检验，向国家海洋信息中心上传数值预报结果，开展第三方独立检验。

海上搜救预报服务。全年全国海上搜救保障平台南海区节点运行稳定，完成2020年度搜救案例汇编和预报检验。年内开展搜救服务预报59次，发布南海海上遇险搜救应急专报83期，海上搜救服务次数为历年最高。与广东海事局签署战略合作协议。10月上旬，为广州市公安局打私支队提供“9·25专案”涉案快艇漂移预测，为其快速、顺利找到涉案肇事快艇提供了有力支撑。10月，为空军广西北海某基地的海上演练任务提供定点和大面积等精细化预报服务。

积极为地方政府、三防工作提供决策服务。积极履行省三防成员单位职责。汛前，开展海洋灾害预警模拟演练，厘清海洋预警报信息发布流程，针对易出错的薄弱环节提出整改和强化措施，提前部署好海洋灾害应急期间的值班保障，并加强数据传输专网的应急巡检和保障力度，确保应急期间网络及数据传输稳定。在灾害应急期间，多次参加自然资源部、省应急管理厅（防总）以及沿海地市的应急会商，及时提供台风发生发展状况、海洋灾害影响预测结果和海洋灾害应急预警报产品。在台风过程影响华南沿海期间，每小时发布海洋灾害信息快报，及时通报观测实况和更新预警信息。年内发布热带气旋预报237期，发布海浪警报66期、风暴潮警报36期，发送各类海洋预警报短信2468次、共369.17万条，参与省防总应急值守20多人次。

【海洋灾害防御】

开展海洋灾害风险普查。参与全国海洋灾害风险普查实施细则、质量控制方案、质控核查技术规则等技术文件编制；完成南三省（区）的海洋灾害风险普查成果审核与汇交。为地方政府海洋灾害风险普查提供技术支撑，开展广东、广西各级海洋灾害风险普查方案编制、修订和审核，协助广东、广西开展全区技术培训，完成南澳县、东兴市海洋灾害风险普查试点工作。

积极为地方部门提供海洋防灾减灾技术支撑。继续推进海洋灾害风险评估与区划工作，开展近岸海浪风险评估区划等技术体系研究，摸索市县尺度风暴潮、海浪、海啸重点防御区划定方法；完成番禺、增城2区的风暴潮风险评估区划与隐患点排查；开展东莞市沿海风暴潮灾害风险评估区划和隐患调查评估；推进广东省自然灾害防治能力建设9项重点工程项目实施；参与珠海砂质海岸生态系统现场监测及减灾功能评估。

做好海洋防灾减灾宣传。一是积极联合地方自然资源主管部门共建海洋观测科普基地。11月1日，惠州站与惠州市自然资源局共建海洋科普教育基地正式挂牌；完成与汕头市、揭阳市、汕尾市自然资源局分别在南澳海洋站、惠来海洋站、遮浪海洋站共建“海洋科普教育基地”的建设方案编制。海洋观测科普基地依托海洋站的验潮室、海滨气象观测场等，普及海洋知识，弘扬海洋文化，提升地方部门和社会公众的海洋防灾减灾意识。二是积极组织局属单位广泛利用新媒体，积极拓宽海洋防灾减灾信息发布与宣传渠道。南海预报中心自7月起在抖音推出“预报小姐姐讲海况”系列短视频，除日常海况播报外，在海洋灾害来临时的第一时间播报海洋预警报信息，并进行海况实录现场讲解。在台风“狮子山”和“圆规”影响期间，共推出短视频5条，累计浏览量破6万次。三是积极开展“5·12”防灾减灾日宣传。在微博推出科普云课堂，播放量超15万次；在“新南海”公众号《南海看“法”》栏目开展《海洋观测预报管理条例》宣传；联合中国邮政印制“南海局海洋防灾减灾工作新时代展现新风采”主题明信片，在宣传周期间通过户外活动派发；制作宣传视频及海报在沿海景区进行展播，开展防灾减灾科普知识宣传。

广东省生态环境厅

【环境保护措施】

2021 年是深入打好污染防治攻坚战的第一年。在省委、省政府坚强领导下，全省生态环境系统深入学习习近平生态文明思想，坚定不移贯彻新发展理念，认真落实“1+1+9”工作部署。在 2020 年度污染防治攻坚战成效考核获得优秀等级的基础上，蓝天、碧水、净土三大保卫战取得新突破，高水平高质量完成国家下达的年度目标任务。全省生态环境质量高位保持稳中有进，生态环境治理能力进一步增强，实现全省“十四五”生态环境保护工作良好开局。

1. 大气六项主要污染物指标连续七年全面达标

精准实施多污染物协同治理和污染天气应对。提高挥发性有机物（VOCs）精细化管控水平，推进挥发性有机物综合治理、重点炉窑锅炉企业整治，强化移动源污染治理，加强预警预测，精准应对污染天气，开展大气污染防治奋战 80 天攻坚行动，其间全省超标天数减少至历史最低水平。

大气环境质量继续保持全国领先，六项主要污染物指标连续七年全面达标。2021 年，全省空气质量指数（AQI）达标率为 94.3%，PM2.5 年均浓度为 22 微克/立方米，排名全国第三。21 个地级以上市 PM2.5 浓度均完成考核目标，全省 PM10、SO_2、CO 三项指标位列全国前十。珠海、中山、深圳、惠州、肇庆 5 市在全国 168 个城市空气质量排行中位列前 20。

2. 水环境质量稳步提升

咬定“十四五”全省水污染防治硬指标不放松，持续深化“一市一策一专班”督导服务，启动 60 天国考断面水质达标攻坚冲刺行动，实现重点攻坚断面水质全部达优良。149 个地表水国考断面水质优良率 89.9%，近岸海域水质优良面积比例达 90.2%，均创国家实施考核以来最好水平，县（市、区）级及以上集中式饮用水水源地水质 100% 达标。

开展“碧海 2021”海洋生态环境保护专项执法行动。累计清理整治入海排污口 235 个。汕头市青澳湾、深圳市大鹏湾被评为全国美丽海湾优秀案例。

推动农村生活污水治理，超额完成省政府确定的“新增 1000 个以上自然村完成农村生活污水治理”民生实事任务，全省纳入民生实事办理储备库的自然村中有 1369 个已完成整治。召开全省农村生活污水治理现场推进会，组建技术帮扶团队现场督导核查。

3. 持续夯实土壤和固体废物污染防治基础

全面完成重点行业企业用地土壤污染状况调查。持续推进农用地土壤镉等重金属污染源头防治，413 个重点监管单位完成土壤污染隐患排查。严格建设用地准入管理，完善建设用地土壤环境联动监管。巩固提升受污染耕地安全利用，对安全利用类耕地和严格管控类耕地 100% 落实相关管控利用措施。

珠三角有 9 个地级以上市均参与“无废试验区”建设。大力推进危险废物“三个能力”（危险废物环境监管能力、利用处置能力和环境风险防范能力）建设，新增利用处置能力 145.8 万吨/年。安全处置医疗废物，确保疫情医废“日收日清”。加强铝灰渣监管和利用处置能力建设，召开铝灰渣环境监管现场会并加强检查督导。全省启用 34 个应急利用处置设施，保障过渡期应急处置需求，圆满完成省政府明确的“库存清零”任务。

4. 编制完成“十四五”生态环境系列规划

制定完成全省“十四五”生态环境保护规划及水、海洋、土壤、核安全、监测等专项规划，形成广东“十四五”生态环境保护“1+6”规划体系。按照科学可达原则积极争取国家合理确定全省“十四五”和 2021 年的目标任务。制定省深入打好污染防治攻坚战实施意见以及碧水保卫战、空气全面改善等行动计划，明确“十四五”着力打好六大攻坚行动和五大标志性战役。推动制定出台省加快构建现代环境治理体系实施意见。

5. 精细做好中央生态环境保护督察各项工作

加快推进第一轮中央环境保护督察整改落实，105 项整改任务完成率达 96.2%，督察组交办的 10480 件举报案件已全部办结，有效运用约谈、挂牌督办等手段推进整改滞后问题。配合做好第二轮中央生态环境保护督察协调保障工作，切实做好“边督边改”，督察组交办的 6764 件投诉举报案件，已基本办结 6517 件。在第二轮第四批中央生态环境保护督察中，中央督察组评价广东生态文明建设和污染防治攻坚工作力度大、成效显著，走在全国前列。

6. 主动服务经济发展大局

积极服务“六稳”“六保”，进一步优化环评管理，80% 以上项目实行登记表备案或豁免环评，环评报告书、报告表项目 99.8% 以上就地审批。全省以告知承诺制形式审批项目环评超 400 个。落实重大项目“三服务三保障”机制。持续优化执法方式，全省纳入监督执法正面清单企业 7000 多家，开展非现场检查 4 万多次。共举办 12 场“送法规、送技术、送服务进企业”活动。

深入实施“三线一单”生态环境分区管控，各地市“三线一单”全部落地，省级“三线一单”数据管理及应用平台上线运行。实现 54 万个固定污染源排污许可发证登记“全覆盖”管理。

7. 深入推进依法行政

推动制修订生态环境教育、民用核设施事故预防和应急管理等地方性法规，联合省农业农村厅印发实施 4 项技术指南（规范）。深化流域横向生态保护补偿机制，编制完成北江流域省内生态保护补偿方案。规范办理生态环境损害案件简易磋商程序机制，全省累计开展相关案例实践 194 宗，鉴定评估金额 10.15 亿元。

建立以自动监控为核心的远程监管体系，将发证排污单位全部纳入污染源“双随机、一公开”监管系统。实现 21 个地级以上市生态环境违法行为举报奖励制度全覆盖。对纳入省级信用评价范围的 1051 家企业开展环境信用评价，评价结果通过“信用广东”向社会公布。开展枫江流域、石碧断面、大气专项等执法检查行动，联合省公安厅开展打击涉铝灰渣等危险废物违法犯罪专项行动，查处一批重点环境违法案件。全省共办理环境违法案件 14108 宗，环境执法工作力度居全国前列。

深入开展环境安全检查。全省出动执法人员 17.6 万人次，共检查企业 6.29 万家，发现存环境安全隐患及问题点 2938 个，责令整改企业 1935 家。全年组织开展全省 26 个化工园区、21 个专业园区和30家重点化工企业雨污管网建设、应急池建设、环境风险预警能力建设、环境应急管理制度建设、应急预案编制、环境应急资源储备和危险废物管理等环境应急体系建设现状调研及问题排查工作。累计排查发现化工园区118个问题，专业园区102个问题，重点化工企业76个问题。

8. 坚决防范化解生态环境风险

深入开展环保项目环境社会风险防范化解工作，顺利推动惠州埃克森美孚工程等一批重点项目落地建设，有效化解19宗“硬骨头”信访积案，积案化解专项工作在省直单位中位列第一。生态环境领域信访量近三年持续下降，连续两年实现涉环保邻避项目规模性群体事件“零发生”。

妥善处置24起一般突发环境事件，全省未发生较大及以上突发环境事件。深入开展辐射隐患排查，实现废旧放射源100%全过程收贮管理。保障重要时间节点核与辐射安全，妥善回应台山核电情况及处置6起核电运行事件。圆满完成广东第十一次核事故应急演习。

9. 持续强化能力建设

做好生态环境垂直管理改革“后半篇”文章，召开全省深化生态环境垂直管理改革工作视频会议，19个驻市监测站（广州、深圳站委托市管）、885名人员完成“上收划转”。与各地市委组织部建立沟通顺畅有效、有利于地市生态环境局领导班子建设的双重管理体制。优化布设“十四五”省控大气和地表水环境质量监测点位（断面）。开展区县环境空气质量监测评价和排名，做好地表水攻坚断面加密监测，建设运行全省大气二次成分立体监测网络，推进污染追因溯源。持续开展社会环境检测机构监督检查，严厉打击监测数据弄虚作假行为。全省空气和地表水自动站全面联网，初步构建全省生态环境监测系统“一盘棋”格局。加快推进生态环境业务“一网统管”和政务服务事项“一网通办”，大气和水污染防治模块建成并上线投入使用。召开例行新闻发布会，上线广东广播电视台“我为群众办实事”民声热线访谈，成功举办“人与自然和谐共生”六五环境日主场线上活动，建成10个省级环境教育基地示范单位。

广东省林业局

【林业有害生物防治】

2021年，全省林业有害生物防治工作以习近平新时代中国特色社会主义思想为指导，践行习近平生态文明思想，按照党中央、国务院和省委、省政府工作部署，提高政治站位，立足新发展阶段，贯彻新发展理念。以松材线虫病疫情防控五年攻坚行动为抓手，以防灾控灾为目标，坚持“预防为主，治理为要，监管从严”的防控理念，压实防控责任，科学精准施策，积极开展监测普查、严格检疫执法、狠抓灾害除治，防范化解林业生物灾害风险，维护森林资源和生态生物安全。全省实施林业有害生物防治作业面积46.62万公顷次，成灾面积0.64万公顷，成灾率为0.68‰；全省实施无公害防治作业面积31.41万公顷次，无公害防治作业率达89.21%；实施调查监测面积3500万公顷，测报准确率达90%以上；实施完成产地检疫面积达8400公顷，种苗产地检疫率为100%。全省实施松林监测面积250.25万公顷，松材线虫病防治面积29.56万公顷，秋季普查发生面积比上年减少300公顷，实现3个疫区县、26个疫点镇无疫情；实施薇甘菊防治面积3.88万公顷，成灾面积100公顷，全面完成国家林草局下达的防治目标任务。

1. 高位推动重大林业生物灾害防控

认真学习、落实习近平总书记关于加强生物安全的重要批示（指示）精神，贯彻落实《森林法》《生物安全法》《关于全面推行林长制的意见》和《国务院办公厅关于进一步加强林业有害生物防治工作的意见》，将重大林业有害生物灾害防控纳入林长制考核评价体系。省政府领导多次对防控工作作出批示，省林业局党组多次专题研究防控工作，以林长制为总抓手，抓实抓细防控工作，推动形成防控合力。全省各级党委政府对重大林业有害生物防控的重视程度不断提高，专题调研140多次，林业主管部门党组（党委）专题调研310多次。省财政将林业有害生物防控纳入“十四五”各级政府财政涉农资金优先支持的考核工作任务清单范围，各地加大防治资金的筹措，全省共投入防治资金达4.7亿元，其中，整合涉农资金近3亿、地方各级财政配套资金1.7亿元，总投入比上年增加2.2亿元，有力推动各项防控工作有效落实。

2. 启动松材线虫病疫情防控五年攻坚行动

省政府办公厅向各地级以上市人民政府和省直有关部门转发《广东省松材线虫病疫情防控五年攻坚行动实施方案（2021—2025年）》，压实防治责任，明确目标任务。统筹生态修复和灾害治理，坚持依法防控、政府主导、精准施策、系统治理的基本原则，确定压实硬责任、落实硬任务、强化硬督导措施，实行严谨的防治标准、严格的疫木监管、严厉的行政处罚、严肃的问责机制制度；推动各地扎实落实“包山头、清疫木、严监管、强修复”攻坚行动和“抓实疫情监测调查、抓实疫木除治消杀、抓实检疫监管执法、抓实防治绩效承包、抓实疫情信息管理、抓实完成目标任务、抓实科技支撑保障”等任务，紧盯目标，控制增量、消减存量，确保2025年全省发生面积和疫点镇数量双下降。

3. 构建林业生物灾害治理体系

构筑生态生物安全制度体系，积极推动《广东省林业有害生物防治检疫条例》立法，修订印发《广东省林业有害生物灾害应急预案》《广东省林业有害生物防治“十四五”规划》。健全疫情监测、疫木监管、施工监督、质量核查、责任考核的防治管理机制和质量监管机制。成立广东省松材线虫病防控专家组，建立防治工作联系人制度，实施年度防治任务绩效考核，实行挂点联系和核查通报机制。出台防治、普查、核验等相关技术和管理规范，确定防治实施方案、作业设计和核查要素，指导市县优化松材线虫病等重大林业有害生物防治作业方案，推动各地科学、规范、有效、统一使用防治技术。

4. 加强灾害监测预报

构建护林员为触角、国家级中心测报点为骨干的网格化监测体系，积极探索物联网、无人机等智能监测技术，着力抓好日常监测和秋季疫情普查，推广应用林草生态网络感知系统及全省森林资源管理“一张图”。加强薇甘菊、林地红火蚁、松毛虫、竹蝗等有害生物监测预报，做到防线前移、防早防小。

5. 提高防治质量成效

全面开展松材线虫病、薇甘菊、林地红火蚁春季和秋季防控行动，大力压减传播源，减轻灾害损失。坚持分类指导、分区施策，开展绩效承包和质量管理，借助微信群或APP管理、委托第三方核验等开展防治成效督导，加强社会化防治组织防治员职业技能培训，提高群防群治消除疫情能力。开展春季防治质量成效核验和秋季防治成效督查调研，通报反馈核验结果，提升灾害防治质量和成效。强化绩效承包，提高防治成效，推动防治工作落到实处。

6. 提高政务服务效率

部署开展“林安2021”林业植物检疫执法行动，进一步完善涉木、涉苗企业登记备案，开展造林绿化苗木和松木及其制品检疫及复检。进一步建立健全省市林业植物检疫员和兼职检疫员制度，委托第三方提供检疫技术辅助现场检疫和复检。推动广州、佛山、韶关、河源、惠州、江门、湛江、肇庆、清远、揭阳、云浮等市开展兼职检疫员培训。各地依法依规开展《植物检疫证书》和《产地检疫合格证》许可核发。完善省级政务服务检疫行政许可事项，开展“双随机一公开”监管检查和证书核发事项随机抽查，提高政务服务效率。加强引进林木种子苗木检疫审批，严格落实每批次引种植物进出圃监管，委托省林科院开展试种苗圃巡查3次。

7. 推动形成防治合力

加强外来入侵物种普查监测、综合防控、科普宣传等方面的部门沟通协调，形成合力，协同推进。加强省际和省内市、县（市、区）协作，推动市县联动、部门协同、粤桂琼和粤赣防治协作，齐抓同步落实。积极推进珠三角、沿海、北部生态区域协防，及时通报发生和防治信息。加强与科研部门协作，推动科技成果转化和应用。各地结合灾害防控现场会、座谈会、国家生物安全日、防灾减灾日、国家森林城市创建等活动，派发宣传海报、明信片、小册子等。广州市组织重大林业有害生物防治应急演练；河源市举办松材线虫病飞机防治启动仪式，拍摄制作松材线虫病防治工作专题片并在南方卫视黄金时段播放，让生物安全、自觉检疫、防灾减灾知识和理念在广大干部群众心中扎根。

广东省卫生健康委员会

【新冠肺炎疫情防控】

2021 年，境外新冠肺炎疫情持续大流行，国内部分地区多点多源暴发本土疫情，广东发生广州、深圳“5·21”疫情等 13 起本土疫情。全省上下深入贯彻习近平总书记重要讲话和重要批示（指示）精神，坚决落实党中央、国务院决策部署，坚持“外防输入、内防反弹”总策略和“动态清零”总方针，每日研判、日夜值守、闻令而动，提级指挥、提格管控，有力有效控制 13 起本土疫情并实现“零外溢”，积累了应对新型变异株疫情的“广东经验”，得到国务院联防联控机制的高度肯定。

一是坚持强有力的组织领导，全省防控指挥体系保持高效运转、快速应对。始终保持高压态势，紧绷疫情防控的弦，始终做到组织体系不变、领导力量不变、工作制度不变。省委、省政府主要领导坐镇指挥，统筹领导全省疫情防控工作。省新冠肺炎防控指挥办坚持每日研判、统筹协调推进各项工作，建立问题、任务、责任“三个清单”，“日报告、零报告”等工作机制。省卫生健康委始终将疫情防控作为首要任务，充分发挥“参谋部”“作战部”“协调部”“救援部”作用，主要领导带头每日研究、每日部署，委领导和各业务处室保持不间断高效运转，带领全省 100 万名卫生健康工作者日夜坚守、奋战一线，全力以赴保障人民群众生命安全和身体健康。

二是坚持全流程的闭环管理，持续筑牢境外疫情输入防线。一方面，继续守好航空口岸、水运口岸、陆路口岸、人物同防“四个方向”的防控，继续筑牢口岸检疫、隔离医学观察、社区排查、发热门诊、医院救治“五道防线”。率先建设“一码通”系统，将涉疫风险人员纳入系统，统筹实现入境、排查、转运、隔离、送医、社区管理等各环节涉疫人员的健康管理信息化、数据化、一体化，实现从“国门”到“家门”的全流程闭环管理。根据疫情防控形势，对境外来粤人员严格实施“14+7”隔离管理。建立健全高、低风险岗位工作人员名单管理制度，落实高风险岗位工作人员“四件套”疫情防控措施。另一方面，持续强化粤港澳联防联控，加强信息共享，努力推动粤港澳防控目标一体化、防控策略一体化、防控信息一体化。进一步加强粤港跨境货车司机“三点一线”全链条闭环管控，强化豁免人员管理，强化海上流动渔民管理，严防香港疫情输入。

三是坚持科学精准的排查管控，严防疫情反弹。全省防控体系始终保持激活状态，坚持全省一盘棋，省新冠肺炎防控指挥办统筹调度全省最优质资源、最强力量阻击疫情。各地按照“四早”要求，突出快、严、实、扩、足五字诀，充分发挥发热门诊、零售药店、诊所“哨点”监测作用，科学果断采取“大数据分析+三级流调+多重排查+核酸检测+测序定性+公布信息”流程化处置措施，率先在全省启用涉疫排查“12320”专号，一盘棋开展涉疫人员追踪排查，全面切断疫情传播渠道。其中，5—6 月有力处置 3 起不同来源的新冠肺炎境外输入关联本土疫情，实现本土疫情省外零溢出，得到国务院联防联控机制的充分肯定。12 月，广州、东莞、佛山几起境外和省外关联本地疫情，均在1个潜伏期内得到有效处置。

四是坚持生命至上的救治理念，千方百计做好患者医疗救治。（1）组建专家团队。成立常态化新冠肺炎医疗救治专家组，钟南山院士任顾问，包含省三线专家73人、市二线专家105人，专业涵盖多个学科，坚持常态化在线会诊制度。（2）坚持四集中原则。指定6家定点救治医院，分片区集中收治全省新冠病毒感染者，明确感染者转运流程，做好感染者同质化医疗救治，严防扩散风险。（3）实施转运救治“三个三”机制。确定“三类定点医院”（确诊病例及无症状感染者救治定点医院、隔离人员治疗其他疾病定点医院、中高风险区患者就医定点医院）、组建涉疫地区“急救转运三支队伍”（新冠肺炎阳性病例、中高风险地区急危重症患者、隔离人员罹患其他疾病三支特殊转运队伍）、建立“三项工作机制”（专人专车专岗闭环转运机制、涉疫地区指定医疗卫生机构提供基本医疗服务和危重症救治机制、社区“三人小组”病例排查和送诊机制），确保各类患者有序分类闭环管理，有效满足疫情防控管控区域群众就医需求。

五是坚持常抓不懈的工作要求，周密有序落实常态化防控。进一步强化“哨点”监测预警。推动发热门诊升级改造，健全哨点监测自动响应工作机制，建立药店—“三人小组”—属地防控指挥办的核查处置机制和强化监督检查。持之以恒筑牢院感防控防线。建立新冠肺炎院感防控三级责任清单，落实院感防控分片包干机制，持续落实预检分诊和首诊负责制“两项制度”。严格重点场所防控。按照高于社会面防控要求，做好公安司法监管场所、精神卫生机构、母婴保健机构、福利机构等特殊场所防控，严格工作人员健康管理。做好重大节日、重大活动保障。加强指挥机制、方案预案、人员队伍、关键资源四个准备，始终保持组织、人员、管理运行处于激活状态。全力推进新冠病毒疫苗接种。持续落实疫苗接种调度工作制度，依法依规有序推进全省疫苗接种工作，做好疫苗供应保障。全年累计接种2.75亿剂次、1.24亿人，全人群疫苗全程接种覆盖率达94%，未发生群体性不良反应，接种服务能力、单日及累计接种量均居全国第一。高标准保障大型活动。周密有序落实第130届广交会、中国航展、粤澳深度合作区揭牌仪式、“读懂中国”和“从都国际论坛”等90多项重大活动疫情防控保障措施，有力服务全国经济社会发展大局。

六是坚持加强硬件能力建设，持续提升应急处置水平。持续提升流调溯源能力。建立“三级流调梯队”，建立流调溯源指挥中心，固化疾控、公安“前台混编、后台合署、共同研判”的工作模式，创新制定“围、追、堵、截”防控策略，不断补强全省流调力量，全省流调队员超1万人。持续提升核酸检测能力。检测能力覆盖至县（市、区），采样能力覆盖至街道、乡镇。全省有818家医疗卫生机构具备核酸检测能力，单日最大检测能力（单采单管）突破412.07万人份。持续提升隔离管理能力。建立健全省、市、县（市、区）三级隔离管理专班体系，落实工作人员分级定岗管理，落实全员培训和感控督导员制度。在全国率先建设7家国际健康驿站，新增隔离房间2万间。各地级以上市按照每万人不少于20间的要求做好隔离房间储备，确保一旦疫情需要能立即启用。持续提升应急处置能力。多次开展省、市、县（市、区）三级联动应急演练，检验卫生应急队伍能力，补齐防控短板。出台卫生健康系统应急物资储备方案，健全应急物资储备体系。加强政策指导，修订本土疫情应对处置方案，完善快速响应、流调溯源、隔离转运等有关要求。持续提升信息化保障能力。在全国率先建立全省统一的“粤核酸”信息系统，发挥“一码通”“疫情数据集成”作用，建设全省统一防疫号码（12320）和配套小程序，高效实施涉疫风险人员排查管控。持续提升科研攻关能力。加强疫苗研发，凝聚全国科研力量开展核心技术攻关，构建呼吸系统疾病防控领域“侦、检、消、防、治”全链条研究体系，强化新冠药物研发。

七是坚持公开透明的宣传发布，引导广大群众主动参与、共同防疫。充分发挥新媒体作用，加强防护知识的宣传普及，强化“每个人都是自己健康第一责任人”的意识，引导公众养成戴口罩、勤洗手、多通风、“一米线”等卫生习惯。按照“强化显政、把握主导、占据主动”的要求，及早建立省级新闻发布会机制和每日信息例行发布机制，动态通报疫情情况，持续主动权威发声，强信心、暖人心、聚民心。

【法定报告传染病疫情防控】

2021 年，全省共报告法定传染病 927550 例，死亡 1267 人，报告发病率为 736.08/10 万，死亡率为 1.01/10 万，病死率为 0.14%。与上年相比，发病率上升 28.94%，死亡率下降 6.58%。

全省共报告甲、乙类传染病 343393 例，死亡 1266 人，发病率为 272.51/10 万，死亡率为 1.00/10 万，病死率为 0.37%。与上年相比，发病率上升 0.01%，死亡率下降 6.50%。全年除鼠疫、霍乱、传染性非典型肺炎、脊髓灰质炎、人感染高致病性禽流感、炭疽、白喉、H7N9、血吸虫病 9 种法定传染病无发病和死亡报告外，其他 20 种法定传染病均有病例报告。报告发病数居前五位的病种依次为乙肝、肺结核、梅毒、淋病和丙肝，占发病总数的 94.63%。报告死亡数居前五位的病种依次为艾滋病、乙肝、肺结核、丙肝和狂犬病，占死亡总数的 99.76%。

全省共报告丙类传染病 584157 例，死亡 1 人，发病率为 463.57/10 万，死亡率为 0.0008/10 万，病死率为 0.0002%。与上年相比，发病率上升 55.36%，死亡率下降 52.94%。报告发病数居前三位的病种依次为：手足口病、其他感染性腹泻病、流行性感冒，占发病总数的 97.24%。报告有死亡病例的病种是手足口病。

【突发急性传染病防控】

全省全年除新冠肺炎疫情外，共有 9 个地级以上市共报告一般及以上级别突发公共卫生事件 17 起（均已结案），累计报告事件相关病例 973 例，死亡 9 例。需要关注的人禽流感、中东呼吸综合征、寨卡病毒病、埃博拉病毒病等非法定传染病中，全省累计报告人感染 H9N2 禽流感 7 例（梅州 3 例，云浮 2 例，惠州、河源各 1 例）、报告人感染 H5N6 禽流感 4 例（东莞、惠州各 2 例）、输入性基孔肯雅热病 4 例（均在广州）、发热伴血小板减少综合征 1 例（深圳）、鹦鹉热 19 例（广州 6 例，揭阳、惠州各 3 例，深圳、东莞、韶关各 2 例，佛山 1 例）。所有突发急性传染病疫情均得到科学有效处置，无社会面传播。

【卫生应急演练】

1. 举办 2021 年粤桂卫生应急联合演练

11 月 26—28 日，2021 年粤桂卫生应急演练在广东省东莞市举行，来自广东省 21 个地级以上市及广西南宁、柳州、桂林等市的 210 多名卫生应急队员参加演练。这是继 2014 年、2016 年、2018 年之后，粤桂两地第四次联合开展卫生应急演练，同时也是粤桂两地首次联合开展考核式卫生应急演练。

省卫生健康委主任朱宏出席启动仪式并讲话。他强调，广东、广西作为全国边境口岸城市比较多的省份，面临的疫情输入风险持续加大，举办两省联合卫生应急演练意义重大。朱宏要求，各地要不断加强卫生应急队伍规范化建设，不断深化卫生应急高质量发展，推动卫生应急队伍协调联动。

高规格、全要素、全方位是此次演练的特点，通过演练，充分拓展两省区人才、技术、设备的交流合作领域，检验两省区卫生应急队伍的协作和实战水平，提升突发事件现场紧急医学救援能力和现场公共卫生事件应急处置能力，进一步深化粤桂卫生应急合作。

2. 举办2021年全国防灾减灾暨卫生应急进企业活动

5月12日是第十三个全国防灾减灾日，主题是“防范化解灾害风险，筑牢安全发展基础”。当日上午，省卫生健康委在广州白云山制药总厂举行“2021防灾减灾暨卫生应急进企业”宣传周系列活动启动仪式，省卫生健康委副主任张玉润出席并讲话。活动以“卫生应急进企业，提升灾害风险防范化解能力”为主题，通过“卫生应急进企业”宣传周活动，为企业普及防灾减灾知识，提升卫生应急能力，防范化解灾害风险；同时围绕防灾减灾，开展线上卫生应急宣传优秀短视频征集和评选活动，展播优秀宣传作品，弘扬卫生应急文化。活动提升了广大企业职工和群众的灾害卫生应急能力，为创建安全健康工作环境、建设健康广东营造良好社会氛围。

活动中，来自省疾病预防控制中心、省应急医院、省职业病防治院、省精神卫生中心、省卫生监督所的专家现身说法，以“线下解答+网络直播”的形式，对市民职工最为关切的热点问题进行详细解答，给予科学指引。

3. 参加省第十一次核事故应急演习

12月9日，省核应急委举行广东省第十一次核事故应急演习暨大亚湾岭澳核电站场内外联合应急演习。省卫生健康委作为核应急成员单位参加此次演习，并派出国家移动核辐射事件卫生应急处置中心队伍、人体核化去污洗消车等专业应急救援车辆携带各类核辐射去污洗消装备参与现场应急演练。

此次演练中，国家移动核辐射事件卫生应急处置中心首次参与全省核应急演习，并与核工业四一九医院的国家核应急医学救援分队共同建立医疗救护站，展开洗消车作业，开展伤员去污洗消和医疗救治工作。

广东省海上搜救中心

【海上人命救助简况】

2021 年，省海上搜救中心共接报有关海难事故 405 宗，涉及遇险人员 2959 人；协调组织派出参与救助船舶 1363 艘次、飞机 39 架次（其中港台地区飞机 6 架次）；救起遇险生还者 2881 人，搜救成功率为 97.4%。

【搜救措施】

1. 加强“一案三制”建设

1 月 11 日，广东海事局组织召开 2021 年广东海事工作会议。副省长、省海上搜救中心主任陈良贤出席会议并讲话。

2 月 5 日，副省长陈良贤在交通运输部副部长刘小明发来的《感谢信》中批示：衷心感谢小鹏部长、小明副部长的关心支持！请广东海上搜救中心认真抓好部领导指示的落实，切实履职尽责，推动搜救工作更高质量、更有作为。

4 月 6 日上午，交通运输部副部长王志清到广东海事局调研视察。

5 月 27 日上午，2021 年广东省海上搜救中心成员会议暨海上船舶海港防热带气旋工作会议在广东海事局召开。副省长、省海上搜救中心主任陈良贤出席会议并讲话。

10 月 23 日，我国首艘万吨级海事巡逻船“海巡 09”轮在广州南沙列编，加入中国海事执法序列，标志着我国目前吨位最大、装备先进、综合能力强，具有世界领先水平的公务执法船正式投入使用。

2. 做好热带气旋预防预警

2021 年，省海上搜救中心成功组织防抗“查帕卡”“小熊”“狮子山”“圆规”等热带气旋。防台期间，组织各级海（水）上搜救中心共出动 6705 人次参与值班和一线执法及抢险，派出执法船艇 858 艘次，出动车辆 859 车次；组织和指挥船舶 33493 艘次进入安全水域避风；利用 VTS 系统（船舶交通管理系统）、AIS 系统（船舶自动识别系统）、海事网站、海岸电台等途径发出预警信息 25 万多条，实现全省水域船舶防台零事故、零伤害、零污染的“三零”佳绩，得到上级机关和领导的肯定。

3. 强化沟通合作机制

1 月 12 日，省政府新闻办公室首次召开海事工作新闻发布会，介绍“十三五”期间广东水上交通安全工作和 2021 年广东水路春运准备情况。

3 月 23 日，利胜地中海航运（上海）有限公司广州分公司、广东中外运船务代理有限公司领导走访广东省海上搜救中心，感谢省海上搜救中心克服困难，积极履职，成功救助“MSC

EVA”船上1名塞尔维亚籍船员。

5月，中国人民解放军南部战区联合参谋部作战局与广东省海上搜救中心建立军地海上搜救通报协同机制。

7月27日上午，南部战区海军广州基地副参谋长徐卓率队到广东海事局调研，省海上搜救中心副主任、广东海事局副局长陈楚坤和相关处室负责人参加调研座谈。

8月13日上午，省农业农村厅、广东海事局在广州番禺莲花山渔港举行广东省“商渔共治2021”专项行动启动仪式。副省长陈良贤、省政府副秘书长任小铁，广东海事局局长庄则平以及省农业农村厅、省应急管理厅、省海洋综合执法总队等相关负责人出席仪式。

9月13日，广东海事局指挥中心党支部与省应急管理厅应急指挥处党支部共同开展联学共建第一次集中学习活动。省海上搜救中心副主任陈楚坤和省应急管理厅副厅长高涌涛参加活动并讲话。

11月3日，长三角国际应急减灾和救援博览会水域安全展调研会在广东海事局举行，广东海事局副局长陈楚坤主持会议。广州港集团有限公司、广船国际有限公司、中船黄埔文冲船舶有限公司等10家单位参会。

11月19日，广东省水上交通安全工作联席会议第一次会议在广州召开。联席会议召集人、副省长陈良贤出席会议并讲话，省政府副秘书长任小铁主持会议，省联席会议成员及联络员共30多人参加会议。

【成功搜救典型案例】

1. 成功救助沉没船舶“骅通16”轮上13名遇险人员

1月10日6时16分，“骅通16”轮（散货船，船长98.18米、宽15.8米，总吨3750吨，装载海砂约5800吨，船员13人）从湛江开往广州，航行至湛江港龙腾水道28号灯浮附近水域时机舱破损进水，全船失电，船舶失控，有沉没危险，请求救助。6时25分，湛江海上搜救分中心接报后，立即启动应急响应。一是要求所有船员穿好救生衣做好自救；二是协调附近船舶“和沣”“华顺9”“长福顺”“粤东莞工0622”“粤东莞吹0916”等船协助救助；三是协调湛江海事局、南海救助局湛江救助基地派出“海巡09057”“海巡0925”“南海救311”“南海救201”前往救助。7时30分，“粤东莞吹0916”轮用交通艇将“骅通16”轮13名遇险人员接上该船，未有人员伤亡。

11日，湛江海事局执法人员发现“骅通16”轮在湛江港龙腾航道外28号灯标东南方向300米水域附近处坐沉，船舶仅驾驶台和桅杆露出水面。周边海域有少量油花溢出（溢油带宽10米、长200多米，呈黑色状）。随后湛江海事局组织相关单位人员对“骅通16”轮沉船进行水下探摸、油舱油孔封堵。同日，湛江海上搜救分中心协调湛江纳川港航服务有限公司派出“纳川05”轮赶往事故现场，并使用吸油沾、消油剂等对海面溢油进行清除。协调派出“海巡0925”船在现场监护，并调查船舶沉没原因；协调湛江港集团派出“湛港引3”到现场协助监护。湛江海事局与湛江航标处联系设置船舶沉船示位标；与船东联系，督促制定沉船打捞方案。

26日，完成对“骅通16”轮解体打捞工作，并督促东莞市中驳港务有限公司对湛江港采砂区及周边海域进行扫测，消除了通航安全隐患，有力保障了辖区通航安全。因各项处置措施有力，避免了次生、衍生事故的发生，从险情发生到“骅通16”轮被拆解打捞，未发生任何因该船造成的次生险情。

经调查，事故原因为“骅通16”轮航行过程中触碰到水下不明障碍物导致机舱破损进水。

2. 成功处置“顺利96”与“利昌8888”碰撞事故

5月15日5时13分，“顺利96”船（清远籍，散货船，船长75米、宽15.2米，船员8人，总吨1626吨，装载2600吨砂，从顺德高赞大桥下游沙场至鸿业码头，顺流航行）与“利昌8888”船（吉安籍，散货船，船长79米、宽14.2米，总吨1891吨，装载3300吨煤，从东莞海昌至佛山高明南电码头，逆流航行）在佛山顺德区容桂水道马岗段白燕粮厂对开水域附近发生碰撞。碰撞导致“顺利96”船头左舷穿孔贯通输送带舱，大量的水进入该舱后再涌入货舱，向左发生侧翻，7人驾小艇逃生，另有1人落水后自救；“利昌8888”船头破损严重，丢失两只船锚；现场无人员伤亡，无水域污染。佛山市水上交通（溢油）应急指挥中心接报后，立即协调派出“海巡09222”“海巡09215”赶往事发现场，实施交通管制并组织救助。同时协调辖区清污船前往现场，并协调航保单位设置助航标志。8时30分，“粤顺德油1303”到达现场，布设围油栏，对溢出的少许油污进行回收。下午，协调的工程船“粤新会工0008”到达现场，对倾覆的“顺利96”船进行固定；同时现场紧急研究“顺利96”船的打捞方案，并协调航道部门在现场完成两座航标设置工作。

16日，“海巡09222”“海巡09215”继续在现场进行警戒管制，清污船继续清理事故水域油污，同时等待大型打捞起吊船舶进场救援（由于大吊力打捞船从外地调入，时间较久）。

17日，佛山海事执法人员对“顺利96”和“利昌8888”船进行初步勘验。

18日上午，第二艘工程船“粤东莞工0638”到达事故现场；次日，第三艘工程船“粤东莞起重1号”到达事故现场。

20日上午，佛山海事部门开始对打捞现场附近水域实施封航（共设置7道交通管制线）。封航后三艘工程船开始进入事故现场并准备起吊事故船舶。中午，三艘工程船先完成对船艏部位钢丝缆的穿戴挂钩，完成后做好各项起吊准备工作，待水流平缓准备开始起吊翻正船舶。下午，水流平缓，起吊工作开始，三艘工程船同时在“顺利96”左舷侧开始起吊作业。傍晚，“顺利96”被打捞完毕并拖带至钜贤船厂系固停泊。

经调查，“利昌8888”船未按本船右舷一侧航道航行，是事故发生的主要原因；两船均未保持正规瞭望和安全航速，是事故发生的次要原因。

3. 成功救助“琼洋渔18007”机舱着火渔船上11名遇险人员

9月19日13时25分，海南洋浦籍渔船“琼洋渔18007”在汕头海门湾东南面对开海域约30海里处作业时机舱着火，船上11名渔民遇险，情况十分危急，请求救助。汕头市海上搜寻救助分中心（以下简称“分中心”）接报后，立即启动应急响应，成立联合指挥部研究方案，同时协调海事、救助、海警、渔政等单位的各种搜救力量以及社会船舶及专业飞机对遇险渔民开展救助行动。协调派出汕头海事局执法人员登乘“海巡0920”船前往现场开展救助；协调派出南海救助局汕头救助基地的“南海救111”及汕头海警局“中国海警21102”两艘船艇前往现场开展救助；通知汕头市渔政部门协调附近作业渔船协助开展搜救；请求省海上搜救中心协调救助直升机“B－7341”前往现场开展救助行动；就近协调附近过往商船“宁桦”、巴拿马籍“GODSPEED6666”轮等多艘过往商船协助搜救，并指令“中外运渤海”轮作为现场救助指挥船；同时联系渔船船长要求遇险人员全部穿好救生衣，做好弃船及放出救生筏逃生准备；及时播发安全提醒，防止发生次生事故。由于渔船机舱着火导致无法航行，可能会对附近海域过往船舶造成航行安全的威胁，搜救分中心值班员加强值班，紧盯屏幕，在协调救助的同时对遇险概位附近的过往商船进行逐一提醒，防止火灾波及附近过往船舶而发生次生事故。稍后，经汕头市海上搜寻救助分中心全力组织协调过往商船救援，11 名遇险渔民全部被附近过往外轮“GOD-SPEED6666”安全救起，并随该轮驶往下一港广州港转移上岸，渔船的后续处置工作由渔政部门进行。整个过程仅历时 2 个小时，11 名遇险人员成功获救，处置过程快速高效。

广东省消防救援总队

2021年，在省委、省政府的坚强领导下，全省消防救援队伍坚持以习近平新时代中国特色社会主义思想为指导，深入学习党的十九届六中全会精神，忠诚践行习近平总书记重要训词精神和关于应急管理工作的重要论述，主动融入“双区+双合作区”建设大局，坚持“稳中精进、创新创优”总基调，瞄准“防风险、保稳定、走前列”总目标，一手抓疫情防控，一手抓主责主业，感恩奋进、勇毅笃行，圆满完成中国共产党成立100周年和第130届广交会、中国航展消防安保及珠海“7·15”透水事故抢险救援等重大任务，赢得各级党委、政府和人民群众广泛赞誉。全年较大亡人火灾事故下降50%，连续3年未发生重大以上火灾事故，为全省经济社会发展和人民安居乐业创造了良好的消防安全环境。

1. 抢抓机遇、融入大局，在推进改革发展中构建新格局

主动对标习近平总书记赋予广东的总定位总目标，全面融入“双区+双合作区”建设大局，从服务党和国家工作全局出发推动改革发展，省委、省政府出台《广东省“十四五”消防规划》《关于推动新时代消防救援工作高质量发展的意见》《粤港澳大湾区（广东）消防救援规划》等政策文件，将21个地级以上市消防重点工作全部纳入本市“十四五”规划纲要，着眼训练基地、消防队站、车辆装备、公共消防基础设施等核心要素，谋划推出一批重大政策和改革措施。借力“乡村振兴”等重大战略，实施消防“强基工程”，织密消防救援站布点。全年共新建、改造消防站79个，完成3个支队级训练基地建设，国家陆搜基地（广东）1期项目投入使用、2期项目已全面开工。积极推进战勤保障体系建设，实施队站装备配备达标工程，新购置消防车536辆、器材29.94万件套，装备结构得到优化升级。组建255支化工、森林、地震、抗洪抢险等专业救援队，新增政府专职消防队63支、专职消防员3258人，消防救援力量进一步加强。在习近平总书记授旗并致训词三周年之际，省委主要领导亲切会见英模代表，批示肯定改革转制三年以来全省消防救援工作和队伍建设取得的显著成效。

2. 综合治理、系统防控，在守护民生民安中体现新担当

始终胸怀“两个大局”、树牢“两个至上”，着力“防大火、控小火、遏亡人”，持续深化责任、依法、重点、基础、全民、科技“六大防控体系”建设，大力推行“党政领治、部门联治、单位自治、科技强治、专家诊治、社会共治”的工作模式和“消地协同”“警消联动”等的联合监管机制，省委、省政府与21个地级以上市、57个部门签订了安全生产和消防工作目标责任书，与行业部门联合发布消防安全标准化管理规定，在全国率先建成火调执法办案中心，大力实施火灾延伸调查、一案“三查”，消防安全责任链条更加紧实。探索打造593个镇街“消防救援所”“应急消防所”，全面推广“委托执法”“防消一体化”等新机制，消防治理末端虚化空转难题得到缓解。全面推行消防安检告知承诺制，落实“容缺受理”“一次性告知”“预约式检查”等服务举措，纳入省政府“一照通行”第一批改革试点，消防营商环境持续优化。

持续深化消防宣传“五进”，开展“消防安全进万家”“暖企行动”“百年南粤万村行”等活动，实施消防宣传志愿服务“益苗计划”和消防安全技能提升工程，联合广东广电网络开通“广东消防电视频道”，在 1400 万套电视机顶盒中植入消防安全提示，消防安全的人民防线进一步筑牢。以消防安全专项整治三年行动管总，持续深化“夜查”“破网封墙扫街”“敲门行动”，扎实开展大型综合体、高层公共建筑等 15 项攻坚治理，省政府连续第 13 年挂牌整治火灾隐患重点地区和单位，带动各级政府挂牌整治火灾高风险区域 145 个、重大火灾隐患单位 298 个。全年消防检查社会单位 14. 1 万家，整改隐患 4. 3 万处。

3. 提质强能、练兵备战，在加速转型升级中展现新作为

始终坚持战斗力标准，瞄准“全灾种、大应急”任务需要，深化全员岗位大练兵，狠抓作战训练安全，强化“三基一专”“四同一”训练，完善 374 个队站 8 类“房前屋后”训练场地设施，扎实开展电化学储能电站等新兴领域、高危单位的调研，开展综合实战演练 300 多次，队伍实战攻坚打赢本领全面增强。参加全国首届消防行业职业技能大赛，在 6 个参赛项目中获 1 个第一名、2 个第二名、4 个优胜奖，综合成绩名列前茅。创新“进企驻训、情景实训、区域联训”等形式，分级分层开展 12 类专业技术培训，全年培训业务骨干 4000 多名，培养“专业指挥员”“工匠消防员”“金牌教练员”70 名。

加快推进现代化指挥体系建设，升级改造总队指挥中心及全省通信保障体系，实施化工园区消防安全治理能力提升工程，完善灾害救援核心圈、调度圈、增援圈“动态三圈”作战响应机制，全面推行“编成式”指挥，推广数字化预案和“高、低、大、化”作战编成模式，健全战区指挥长协作制，实现“一键式”和“双网”指挥调度，队伍作战效能大幅提升。全年共接警出动 16. 7 万多次，营救疏散群众 3. 9 万多人，抢救保护财产 60. 3 亿元。

4. 科技引领、创新驱动，在建设智慧消防中激活新动能

始终坚持以科技引领消防治理能力提升，率先融入“数字政府”建设，大力实施“科技强消”战略，将信息化发展三年规划纳入省数字政府“十四五”规划建设内容，消防工作全面融入“粤省事”“粤商通”“粤政易”平台，消防救援模块列入“粤治慧”五大示范建设内容，广东省消防救援总队作为数字政府“一网统管”第一批八个试点单位之一，在中国电子政务论坛暨首届数字政府建设峰会展示“智慧消防”建设成果。

扎实推进新型消防信息化架构试点，积极参与省“雪亮工程”建设，高标准建设“两智一图”等 10 多个信息化项目，实现“灭火救援一张图、火灾防控一张网、队伍管理一平台、纪检监督一铁笼”。整合科研院校和高新企业资源，联合建立 9 个科技创新支撑和示范应用平台，成立 7 个人才课题工作室，与中山大学等共建“热灾害防控技术及装备实验室中心”等 5 个科创实验室、研究院。

扎实开展 18 项科技成果试点应用，遴选推广 5 类、105 套自主研发成果，建成 3 个省级消防科技成果应用示范基地，“水带便捷应用”项目获全国消防救援队伍技术革新奖，“建筑消防检测和评估”项目获省科技进步二等奖，创新创造服务消防救援工作效能不断提升。

中国人民解放军广东省军区

2021年，省军区坚决贯彻中共中央、中央军委一系列指示精神，按照战区统一部署，组织全区官兵和民兵预备役积极参与支援地方防灾减灾等行动。先后参与龙舟水等多次强降水、台风等防御行动，全省累计出动现役人员449人次、民兵93825人次，动用车辆机械239台次，加固堤坝2050米，挖运土石148方，抢通道路25公里，扑灭山火1960.3亩，打隔离带11.5公里，有力支援了地方抢险救灾行动，确保人民群众生命财产安全。

1. 紧前部署重点筹划

省军区党委高度重视地方抢险救灾工作，深入学习贯彻习近平总书记关于防汛工作的重要讲话精神，始终坚持人民至上、生命至上，紧密结合辖区可能发生的灾情形势，及时部署抢险救灾工作。7月上旬，习近平主席在关于河南郑州等城市发生严重内涝灾害的批示精神中，提出了解放军和武警部队要积极协助地方开展抢险救灾工作的要求。省军区认真贯彻军委国防动员部和南部战区指示精神，对修订完善抢险救灾方案、强化应急准备、抓针对性训练和物资器材准备等具体工作进行动员部署，有效有力促进各项筹备工作的开展。

2. 紧密协同军地合作

省军区各级加强与地方应急管理、气象等部门的联系，完善应急响应机制，及时掌握辖区天气、交通等实时信息。一是组织领导有力。省军区先后3次参加应急部门组织的防汛救灾形势分析联席会议，军地共同研判可能发生灾情的重点地区，研究制定抢险救灾行动预案，做到预有准备。4月中旬，省军区领导与省工作组赴北江大堤检查调研，军地双方现场研究部署北江安全度汛工作。二是完善方案预案。根据南部战区、东部战区非战争军事行动方案，重点围绕抗洪抢险、森林火灾扑救、抗震救灾等行动任务存在的重难点和暴露的问题，进行全面深入梳理总结。5月底前，各军分区（警备区）、人武部依据民兵组织整顿情况和省军区总体方案，细化完善指挥机构编成、力量编组、任务区域划分、行动方法等要素，完成预案计划修订。三是积极参加演训。4月，指导佛山军分区出动300名民兵参加国家防总、广东省防总“2021·北江流域防汛抢险综合演练”，锤炼抗洪抢险能力；6月，组织军地相关部门和作战值班室参加南部战区“部队参加非战争军事行动”等的部署指挥演练；8月，组织应急民兵参加上级演习，主要担负重要目标防卫和战时应急抢救抢修任务，有效提高了民兵队伍防汛救灾应急处置救援的能力。

3. 紧扣制度规范实施

一是严守制度规定。严格按照民兵动用规定，把好民兵动用审批关，不越权、不推诿，做到依法依规依程序用兵，确保行动合法合规。二是严密组织指挥。科学编组人员，配齐装备器材，领导带头、密切协同，周密组织抢险救灾行动，确保民兵队伍始终有序可控。三是严保信息畅通。进一步完善以省军区作战值班室为中心、21个军分区（警备区）作战值班室为节点、“动中通”指挥车为一线的实时指挥通信体系。依靠三防指挥控制系统、汛情发布系统，实时掌握汛情、灾情，提高反应速度，确保一有情况及时有效联络应对。

4. 紧而有序组织行动

各级加强与地方“三防”、防火、应急、气象、水文等部门的联系，及时掌握灾情动态，有针对性地采取安全防范措施。5 月中旬，粤北地区遭遇强降雨，韶关军分区党委果断决策，立即启动应急预案，依令紧急出动115 名民兵应急队员，携带抗洪抢险装备器材前往险情一线执行搜救人员、转移群众、抢通道路等任务。5 月下旬，惠州、东莞军分区组织抢险救灾专业队伍民兵，进行水上冲锋舟操作与救援训练。揭阳军分区精心策划民兵森林灭火骨干集训，在抢险救灾演练行动中，各级领导干部加强一线指导，严密组织安全风险评估，严格机动、救援等全过程安全管控，有力增强了应急处置本领，培养了一批抢险救灾任务尖兵。

各地级以上市灾情
与防灾减灾工作

各地级以上市灾情

【广州市】

2021 年，广州市总体天气气候特征是“雨量少，龙舟水偏轻；台风影响轻；冬春气象干旱”。全市无发生洪涝台风人员伤亡或其他较大影响。

至 10 月 17 日，全市平均雨量 1343.6 毫米，较近十年同期（1779.2 毫米）偏少 24.8%。“龙舟水”期间（5 月 21 日—6 月 20 日），全市平均雨量为 286.1 毫米，较近十年同期（337.1 毫米）偏少 15.1%，终止连续七年偏多的趋势。7 月“查帕卡”、8 月“卢碧”、10 月“狮子山”和“圆规”4 个台风影响广州市，但均未造成严重影响。从 2020 年 11 月中旬起，气象干旱开始发展，至 2021 年 2 月上旬和 4 月上旬，广州市大部地区气象干旱达到特旱等级。至年底，全市大中型水库蓄水量为 4.24 亿立方米，比入汛时增加 1.20 亿立方米，比去年同期偏少 7.8%，比多年同期偏少 9.8%，可用水量 3.21 亿立方米，占兴利库容的 74.2%，全市生产生活用水保障正常。

年内未出现因自然灾害导致的明显灾情。全年未造成人员伤亡。

【深圳市】

2021 年，深圳市前汛期温高雨少干旱重，“龙舟水”偏弱，后汛期季风活跃强降水频发，秋台风影响重。4 月 15 日入汛后，共出现 29 次强降水过程，主要集中在 7—10 月，其中 8 月中上旬暴雨影响较大。市气象台发布暴雨黄色预警 117 次，橙色预警 48 次，红色预警 6 次。7 月 31 日—8 月 23 日，全市平均雨量 270.6 毫米。其中，8 月 5 日夜间，受强降雨影响，罗湖区润唐山庄发生 1 起小型泥石流，紧急转移 40 户、共计 132 人，约 20 辆车受损，未发生人员伤亡事故；8 日下午，龙华区民治街道布龙路赣深铁路桥段因施工导致排水不畅发生内涝积水险情，积水最深约 80 厘米，总长度约 1 千米，积水面积约 5 万平方米，积水时长 180 分钟，共造成 12 辆小车浸水，5 名市民被困等灾情。

全年有 4 个台风影响深圳市，分别是“查帕卡”“卢碧”“狮子山”和“圆规”。市气象台共发布台风白色预警 6 次，蓝色预警 4 次，黄色预警 1 次。其中，台风“狮子山”给深圳市带来严重风雨影响，具有“风雨持续时间长、雨势平缓、累计雨量大”的特点，为 2008 年以来台风降雨综合指数排名第二位（仅次于“艾云尼”），出现大范围、持续性暴雨到大暴雨。10 月 7—10 日，全市平均雨量为 292.1 毫米，最大雨量 459.7 毫米。台风影响期间，市三防办共接报积水内涝 29 处，树木倒伏 15 棵，地面塌陷 2 处，围墙倒塌 1 处，转移安置被积水围困群众 2 人。台风“圆规”也给深圳市带来明显风雨影响，8 级以上阵风持续 50 小时，10 级以上阵风持续 15 小时，是 2018 年台风“山竹”以来大风影响最强的台风，也是近十年 10 月大风影响最大的台风。台风防御期间，全市 2111 个在建工地全部停工，中小学、幼儿园采取停课措施，并转移安置群众28万多人。

另外，上半年受降雨偏少影响，深圳出现历史罕见的秋冬春连旱，累计干旱155天，深汕累计干旱194天（自2020年11月13日起），深汕特别合作区小漠镇、鲘门镇、鹅埠镇供水受影响人口约2.85万人。全年未造成人员伤亡。

【珠海市】

2021年，珠海市气温偏暖、暴雨集中，具有“入汛晚、台风偏后、前汛期雨量偏少、后汛期雨量偏多、局地极端强降雨频发”等特点。至10月14日，全市平均雨量2352.4毫米，比历史同期偏多19.5%。特别是“6·1”强降雨期间，1小时最大雨量148.6毫米、3小时最大雨量303.8毫米，均破历史纪录；10月8—10日连续三天强降雨，为10月上旬首次，全市平均雨量339.7毫米，破10月上旬雨量历史纪录，万山镇最大累积雨量达687.1毫米，为全省之最。

受台风“狮子山”影响，录得平均风5～6级、阵风6～8级，沿岸及海面平均风7～8级、阵风9～11级，其中万山镇录得最大阵风11级。10月中旬受台风“圆规”影响，录得风力5～7级、阵风7～11级，海面风力8～10级、阵风11～12级。其中，庙湾岛录得全市最大阵风12级。

至10月15日，全市共有80处水浸（内涝）点，共有54处地质灾害隐患点。全年主要受“6·1”强降雨和台风“狮子山”“圆规”影响，全市农作物受灾面积1349亩，树木倒伏2155棵，因灾受损车辆约3000台，直接经济损失845万元。全年未造成人员伤亡。

【汕头市】

2021年，汕头市（至10月18日）平均雨量803毫米，较常年同期（1431毫米）偏少44%。入汛以来（4月15日—10月18日）全市平均雨量736.5毫米，较常年同期（1207.9毫米）偏少39%，为历史同期第一少。年内有4个台风影响汕头市，其中8月上旬台风“卢碧”正面登陆。

全市江河堤围、中小型水库运行总体较为平稳，均在汛限和警戒水位以下运行。韩江潮安站断面平均流量253立方米/秒，比去年同期少47%，比常年同期少62%；榕江东桥园站断面平均流量31.4立方米/秒，比去年同期少32%，比常年同期少59%。至10月18日，全市山塘水库总蓄水量6972.13万立方米，占正常蓄水量的26.2%，比去年同期减少29.8%，比常年同期减少37.0%。其中，8宗中型水库总蓄水量4289.6万立方米，占正常蓄水量的28.6%，比去年同期减少31.0%。

年内，持续高温少雨，汕头市出现长时间严重气象干旱。重旱及以上等级的气象干旱天数多达73天，是汕头气象站建站以来最旱的一年。受秋冬春（2020年10月以来）旱情影响，全市有6.36万亩农田受灾，直接经济损失4500万元。全年未造成人员伤亡。

【佛山市】

2021年，佛山市降水偏少，水位偏低，开汛偏晚，初台偏晚，灾情轻微，总体平稳。降雨偏少，局部突破。全市降雨量显著偏少且时间分布不均匀，平均年降雨量1314.3毫米，较常年同期偏少21%；降雨集中在5月、6月和8月，占全年降雨量的58%。年内极端短时强降水频发，全市共发布暴雨红色预警信号3次，出现1小时雨量超过100毫米的短时强降水4次。江河水位同比偏低。全年西北江水位普遍偏低，受西北江上游来水影响，珠三角控制站点三水站、马口站五、六月份分别出现一次小幅涨水过程，全市站点未出现超警戒水位。年内有3个台风“查帕卡”“狮子山”“圆规”给佛山市带来明显风雨影响，其中“查帕卡”和“狮子山”影响期间出现暴雨到大暴雨，“圆规”影响期间普遍出现8级大风。

局部旱情，中期缓解。4月初，因受高温少雨影响，高明区出现局部旱情，受旱面积7461亩，部分镇街早造水稻由于缺水无法办田种植，经济损失约800万元。受益于6月“龙舟水”降水补充，旱情得到解除。低温冰冻损失轻微。1月，出现不同程度霜冻灾害天气，最低温度跌破0℃，全市农作物、水果受灾面积3500亩，经济损失70万元。灾情总体平稳可控。受强对流、洪涝、台风、干旱及冰冻影响，全市共出现城乡内涝114处，树木倒伏或折断684棵，房屋、商铺、厂房受浸398间，车辆受损49台次，农作物受灾面积1.13万亩，供电受灾停用户1.74万户，直接经济损失892.70万元，共转移受影响群众1133人。未出现重大灾情险情和人员伤亡。

【韶关市】

2021年，韶关市平均降水量为1227.8毫米（至10月11日），较常年同期（1554.1毫米）偏少20%，较去年同期（1628.2毫米）偏少25%。全年出现4轮强降雨过程，尤其是5月16—20日，连续出现2场大范围强降雨，部分雨量站点录得百年一遇的过程雨量。

至10月11日，全市有灌溉任务的31宗大中型水库蓄水10.8亿立方米，占正常蓄水量的55%，比去年同期少15.29%；全市有灌溉任务的小型水库蓄水1.23亿立方米，比去年同期少18.54%，比常年同期少8.89%。至年底，全市有1宗大中型水库（始兴县尖背水库）已到达死水位；另有8宗小型水库水位已降至死水位以下。至10月12日，全市除乐昌市黄圃镇共60人通过送水解决饮用水问题外，其他县（市、区）未收到村民因旱需送水的报告。全市农作物受旱面积达9.18万亩，农业受旱地区主要为南雄市、乐昌市、翁源县、始兴县和曲江区。

受“5·20”强降雨影响，全市共有1.67万人受灾，死亡1人，紧急转移1459人、安置1027人；农作物受灾面积4290.44公顷，其中绝收面积448.76公顷；倒塌房屋68间，一般损坏房屋745间；直接经济损失9.61亿元。

【河源市】

2021年，河源市平均雨量937.1毫米（至10月15日），较常年同期（1622.8毫米）偏少42%。共经历16轮强降水过程，出现局部大暴雨、特大暴雨共5次。其中，最严重的致灾天气过程出现在5月30日夜间至6月4日，出现连续性强降水过程，全市平均雨量127.5毫米，有69个站点录得100～250毫米的累积雨量，有5个站点录得250毫米以上，全市最大雨量出现在江东新区古竹镇，为375.8毫米，1小时雨量和6小时雨量均刷新有气象记录以来最大值。台风对河源市影响较轻。

汛期局部短时暴雨造成个别中小河流涨幅较大，其中古竹镇涨幅最大，最大涨幅4.47米。4月8日，东江干流河源站最大流量为775立方米/秒，无明显的天然洪水过程。至年底，新丰江和枫树坝水库平均入库流量分别为76.5立方米/秒、42.2立方米/秒，较多年平均偏少66%以上，两大水库死水位以上可调水量 12 亿立方米，较多年同期均值偏少 80%。

受高温日数偏多、降雨持续偏少影响（2020 年 10 月—2021 年 3 月），导致冬春连续干旱。全市降雨仍连续偏少，累计降雨 943.1 毫米（2020 年 10 月—2021 年 9 月），较多年同期偏少 44%。全市春耕春种因旱受影响面积 44.41 万亩，占全市春耕备耕总面积的 35.47%。

受强降水和低温冷冻影响，全市共有 51 个乡镇、8033 人受灾，转移人口 3587 人，安置 418 人，生活救助 3 人；因灾死亡大牲畜 93 头，农作物受灾面积 1455.73 公顷，水产养殖受灾面积 4.03 公顷，严重损坏房屋 1 户，直接经济损失 8763.88 万元。全年未造成人员伤亡。

【梅州市】

2021 年，梅州市气候年景总体平稳，具有“降水偏少、气温偏高、日照偏多”的特点。至 10 月 11 日，全市平均雨量为 907 毫米，较常年同期（1511.7 毫米）偏少 40%，为历年同期最少。其中，4—9 月比常年偏少二到五成。尤其是 4 月最为严重（偏少 54.9%），7 月和 9 月均偏少 40% 以上，其余月份偏少二到三成。无台风正面影响。

梅江、汀江、韩江等主要江河未发生超警洪水，各控制站径流量大幅减少，月平均流量均少于常年同期。至 10 月 10 日，梅江干流横山二站平均流量 77.8 立方米/秒，比多年同期偏少 78.1%，为历史最低；汀江溪口站平均流量 117 立方米/秒，比多年同期偏少 63.7%。年内，全市仅有 1 条中小河流出现 1 次超警洪水（大埔县漳溪河，5 月 31 日 15 时洪峰水位 88.29 米，超警 0.79 米）。全市 714 座水库蓄水量 5.48 亿立方米，比多年同期偏少 18.93%，其中大型水库偏少 15.84%，中型水库偏少 17.38%，小型水库偏少 24.48%。全市有 22 宗小型水库蓄水位在死水位以下，其中因旱少水造成的有 2 宗，因除险加固等其他原因造成的有 20 宗。

受 2020 年秋冬至 2021 年春季连旱影响，全市因旱饮水困难人数达 1.3 万人，农作物受灾面积 40.58 万亩，直接经济损失 1.12 亿元。全市共投入抗旱人数 41.8 万人次、投入资金 1.12 亿元（其中，引水工程投资 6000 万元），水务部门共出动抗旱设备 2000 多台套。6 月后，全市旱情全面解除。全年未造成人员伤亡。

【惠州市】

2021 年，惠州市入汛偏晚（4 月 15 日入汛），降雨量总体明显偏少，呈现出“龙舟水”偏少、但极端性偏强的特点。至 10 月 14 日，全市平均雨量为 1150.7 毫米，较常年偏少 38%。年内有 4 个台风影响惠州市，其中“狮子山”“圆规”带来较明显风雨，出现大雨到暴雨、局部大暴雨，风力 8～9 级、局地 9～11 级阵风。

全年共发生 2 次较大洪水。5 月 30 日—6 月 5 日“龙舟水”期间，出现持续极端强降雨过程，雨量突破广东省历史极值，多地小时雨量超过 50 毫米。其中，龙门县龙华镇录得最大 1 小时雨量达 156.4 毫米，3 小时雨量 400.9 毫米（突破广东历史极值），6 小时雨量 479.6 毫米（突破广东“龙舟水”期间历史极值），并录得全省最大过程雨量 646.9 毫米。受其影响，全市有 2 条河流水位超警（博罗县麻陂水塔下站和龙门县增江香溪站）、1 条河流水位预警（博罗县公庄河）。10 月 9 日，受台风“狮子山”影响，中南部出现持续强降雨过程，淡水河、潼湖水 2 条河流出现超警。

持续干燥少雨，气象干旱发展。1—9 月全市降雨持续偏少，除 8 月全市平均雨量（321 毫米）较常年略偏多6%外，其余月份偏少20%（2 月）～98%（1 月），其中 1 月、3 月、4 月、7 月和 9 月均偏少 60%以上。受其影响，全市水库蓄水量显著减少，部分县（市、区）出现不同程度旱情，给群众生产生活用水带来一定影响；无农业旱情。

受低温冷冻、干旱和暴雨洪涝等灾害影响，全市共有 6 个县（市、区）、59 个乡镇、23.46 万人受灾，倒塌房屋 10 间，农作物受灾面积 2.44 万公顷，直接经济损失 8.95 亿元。全年未造成人员伤亡。

【汕尾市】

2021 年，汕尾市天气气候呈现“气温异常偏高、雨量异常偏少、干旱特别严重”的特点。至 9 月 30 日，全市平均雨量 1036 毫米，较常年偏少 50%，为历年同期第二少，仅多于 1963 年。其中，汕尾市城区 662 毫米，比常年同期偏少 64%，为历年同期最少；海丰县 1343 毫米，比常年同期偏少 44%，为历年同期第三少；陆丰市 1104 毫米，比常年同期偏少 43%，为历年同期第二少；陆河县 1265 毫米，较近五年同期偏少 41%。全年无台风正面影响，旱情较严重。

汛情总体平稳，影响天气过程的主要有三次：5 月 31 日，强降水导致陆丰市区和南塘、桥冲等镇出现道路内涝、渠水漫桥等现象，部分房屋受浸；10 月 8 日，受台风“狮子山”外围环流影响，市区和红海湾开发区出现大暴雨，市区莲塘、二马路与文明路交叉路口出现严重内涝；10 月 13 日，受台风“圆规”外围环流影响，市城区、红海湾出现强降水，导致市区慈云山路口、莲塘、大马路与文明路交叉路口等多处路段出现严重内涝，涝点积水普遍超过 50 厘米。

受持续干旱少雨影响，全市 20 宗大中型水库水位持续严重偏少，平均蓄水量 1.8 亿立方米，占总库容的 26%，蓄水最少时（5 月 31 日）仅 8783 万立方米。全市最大的河流螺河平均流量 22.7 立方米/秒，较常年平均流量偏少 62%。海丰县城缺水影响为全市最严重，县城东北部地区 3 月出现供水不足，受红花地水库水量偏少影响，4 月出现自来水断供情况，因旱生活用水受影响累计 21.6 万人。至 5 月 31 日，全市出现大范围强降水，农业旱情全面解除。至 5 月底，全市农作物受灾面积达 2.95 万公顷，直接经济损失 9926.5 万元。因风雹等强对流天气造成 1 人死亡。

【东莞市】

2021 年，东莞市共出现 20 次强降水天气过程（至 10 月 15 日），受 4 个台风影响（“查帕卡”“卢碧”“狮子山”和“圆规”）。全市共启动防暴雨应急响应 9 次，防汛Ⅳ级 1 次，防风Ⅳ级 2 次。4 月 15 日—10 月 15 日，累计降雨量为 1209.8 毫米，比常年同期偏少 21%。4 个台风带来的风雨影响总体较轻，其中受“狮子山”影响，出现大雨到暴雨、局部大暴雨，并伴有 7～8 级、局部 9 级阵风。

全市各中小型水库蓄水量充足（2.12 亿立方米），未出现明显旱情。全年主要受“5·31”强降水影响，全市共有 1163 人受灾，转移人口 169 人，涉水受损车辆 994 台次，直接经济损失 1182.54 万元。全年未造成人员伤亡。

【中山市】

2021 年，中山市 4 月 15 日入汛，雨量偏少，特别是前期普遍偏少三至四成，但局地雨强大。至10月13日，全市平均雨量1596.6毫米，较常年同期偏少12%。年内主要遭遇3次大暴雨过程，其中“6·1”特大暴雨期间，坦洲镇3小时、6小时、24小时累积雨量分别是238.5毫米、346.1毫米、452.3毫米，均打破历史纪录。

江河汛情平稳，处于低水位运行，其中莺哥咀水位站最高水位仅为1.77米（警戒水位4.0米，5月27日），龙舟水总体偏弱。全市山塘水库均在防限水位以下安全运行，至10月15日，54座山塘水库蓄水总量4962万立方米，与多年同期平均略偏多。

受台风影响偏少，有3个台风影响中山市，分别是“查帕卡”“狮子山”和“圆规”。“狮子山”影响期间，持续性强降雨时间长，累积雨量大，为多年少见，8日8时至10日16时，全市过程最大累积雨量为三乡镇妈坑水库达536毫米，造成三乡、坦洲等南部镇街低洼地区严重积浸，给群众生活生产造成一定影响。受“狮子山”影响，全市种植业受灾面积666.67公顷，养殖业受灾面积66.67公顷，农业损失1700万元。全年未造成人员伤亡。

【江门市】

2021年，江门市共出现9次明显降雨天气过程，至10月15日，全市平均降雨量1599.5毫米，较常年同期偏少18%；全市水库总蓄水量10.9亿立方米，较常年同期偏少10.7%，其中33宗大中型水库蓄水量8.19亿立方米，比常年同期少1.25亿立方米。年初干燥少雨导致出现气象干旱，但未出现明显旱情。全年有5个台风影响，其中“查帕卡”“狮子山”和“圆规”给江门市带来较大风雨影响。

受台风、强降雨影响，全市共转移受威胁群众8113人。其中，“查帕卡”影响期间，转移紧急避险群众6290人，农作物受灾面积57.03公顷，林业受灾面积11.36公顷，受损公路3.42千米、水电站2座、水闸4座，直接经济损失886.57万元。全年未造成人员伤亡。

【阳江市】

2021年，阳江市平均雨量1636毫米，比上年同期多45.6毫米，比常年同期少402.9毫米。共出现6次强降水天气过程，有4个台风（“查帕卡”“卢碧”“狮子山”和“圆规”）给阳江市带来一定的风雨灾害影响。其中，“查帕卡”正面袭击阳江市，造成直接经济损失1.53亿元；“狮子山”造成直接经济损失1537.38万元；“圆规”造成直接经济损失2123.58万元。受暴雨洪涝和台风等灾害影响，全市共有17个乡镇、4.53万人受灾，转移人口4852人，倒塌房屋21间，农作物受灾面积3683.95公顷，直接经济损失1.9亿元。全年未造成人员伤亡。

【湛江市】

2021年，湛江市共出现9次强降水和台风“查帕卡”“狮子山”“圆规”等天气过程，总体影响平稳，未发生险情灾情。至10月18日，全市平均雨量1339.2毫米，比多年同期偏少10.3%，比去年同期略偏多2.1%。全市各地降雨空间分布不均匀，中南部相对较多，北部较少，其中雷州市降雨为1476.0毫米，比多年同期略偏多4.6%；九洲江上游降雨为1126.9毫米，比多年同期偏少34.7%。

10月，受双台风“狮子山”和“圆规”影响，部分中小河流出现超警戒水位，水库出现超汛限水位的情况。10月18日8时，主要江河均在警戒水位以下，也未出现低于死水位运行的大中型水库。全市大中型水库蓄水总量为8.12亿立方米，比去年同期偏少10.9%，比多年同期偏少14.5%。受降雨持续偏少影响，部分地区出现不同程度干旱，未出现农作物旱情。全年未造成人员伤亡。

【茂名市】

2021年，茂名市平均雨量1455.1毫米（至10月15日），较常年同期偏少13%。其中，高州市较常年同期偏少25%，茂南区较常年同期偏少31%。全市大中型水库总蓄水量7.7亿立方米，比多年同期偏少21%；比去年同期偏少7%。年内，各江河出现多次中小洪水，较大的洪水场次有6次，涨幅超过2米以上的河流有31条，最大涨幅达4.1米，均未出现超警戒水位。

受台风“狮子山”和冷空气影响，10月8—12日，陆地录得7～9级阵风、沿海录得10～11级。其中，电白区电城镇北山村录得最大风速29.9米/秒（11级）。受台风“圆规”叠加冷空气影响，10月12—14日，全市普遍出现7～9级阵风、沿海10～12级，电白区博贺镇放鸡岛测站录得最大风速33.4米/秒（12级）。

2020年10月下旬至2021年2月上旬，全市晴朗干燥天气居多，降雨连续偏少，其间仅出现1次小到中雨降水过程，气象干旱持续发展，达到重旱级别。受台风“狮子山”影响，造成全市房屋倒塌4间，4人受灾。受台风“圆规”影响（主要是电白区），种植业受灾299.97公顷，直接经济损失532.42万元。年内全市无人员伤亡。

【肇庆市】

2021年，肇庆市气候整体呈现“气温偏高，高温日数破纪录；降水偏少，时空分布不均”的特点，除2月和6月的月降水量较常年偏多外，其他月份较常年均偏少。至10月18日，全市平均雨量1127毫米，较常年同期（1551.5毫米）偏少27.4%，为历史同期第二少（第一少为1956年，1007.2毫米）。全市各主要江河来水量较常年偏少三至四成，其中封开县莲都河出现1次超警戒水位（6月22日），其余江河均未出现超警戒水位。全市519宗水库总蓄水量为6.26亿立方米，较常年同期偏少12.23%。

受暴雨洪涝和台风等灾害影响，全市共有6626人受灾，紧急转移安置人口73人，倒塌房屋37间，农作物受灾面积759.68公顷，直接经济损失317.81万元。全年未造成人员伤亡。

【清远市】

2021年，清远市平均雨量为1387毫米，与常年同期相比偏少21%。时空分布不均匀，呈现前少后多的特点。其中，1—3月，全市平均雨量仅有166毫米，显著偏少49%，气象干旱持续；4—6月（前汛期），平均雨量为837毫米，较常年同期略微偏少6%；其间全市分散性暴雨频发，小时雨强超50毫米的有34站次，3小时雨强超100毫米的有6站次（其中，6月25日清城区清远气象局录得全年最大3小时雨量140.3毫米）。大范围的强降水过程仅有4次，分别出现在4月15—19日、26—28日，5月16—20日，6月2—4日。“龙舟水”偏轻，全市平均雨量226毫米，较常年偏少35%，仅出现1次大范围强降水过程。后汛期（7月1日—10月11日）降雨量继续偏少，平均雨量383.5毫米（明显偏少29%）。无台风正面影响。

受暴雨洪涝和强对流等灾害影响，全市共有4644人受灾，紧急转移安置人口228人，倒塌房屋32间，农作物受灾面积1435公顷，直接经济损失1831.55万元。全年未造成人员伤亡。

【潮州市】

2021年，潮州市平均雨量937.6毫米（至10月10日），比历年同期偏少34%。其中，饶平县平均雨量为695.4毫米，比历年同期偏少52%。7月30日，日降雨量最大为饶平县浮滨镇199.3毫米，当天同时录得1小时最大降雨量114.9毫米（14时）。春季到汛期降水明显偏少，潮安区北部、饶平县北部出现旱情，降水时空分布不均匀，出现局地强对流、强降水，部分地区出现内涝。共有6个热带气旋进入潮州市防区，均出现在后汛期，其中台风“卢碧”造成饶平县暴雨大风天气，台风“狮子山”造成南部强降雨，其他无明显影响。

至10月15日，全市山塘水库蓄水量2.13亿立方米，较多年同期偏少46%，较上年同期略偏少0.06%。其中，汤溪水库（大型）蓄水量1.15亿立方米，较多年同期偏少50%，较上年同期偏多25%；中型水库蓄水量6180.79万立方米，较多年同期偏少43%，较上年同期偏多25%；小型水库蓄水量3205.4万立方米，与多年同期持平。韩江水情平稳。

去年以来，遭遇秋冬春连旱，至6月干旱情况才得到缓解。据统计，全市共有3个县（市、区）的16个乡镇发生不同程度旱情，农作物受旱面积1.03万公顷，受旱作物主要是水稻、蔬菜、果树、芡实和茶叶等；农业生产和群众生活饮水受较大影响，全市因旱饮水困难共计21.64万人，直接经济损失1.28亿元。全年未造成人员伤亡。

【揭阳市】

2021年，揭阳市全市平均雨量1254.1毫米（至10月15日），比历年同期偏少33%，其中市区1265.4毫米（偏少25%）、揭西县1428.0毫米（偏少28%）、普宁市1104.8毫米（偏少46%）、惠来县1218毫米（偏少29%）。10月7—15日，全市平均雨量为256.2毫米，普宁市大南山街道录得最大雨量385毫米，其间水库增加蓄水量2982万立方米。至10月15日，全市469宗水库总蓄水量4.25亿立方米，占正常蓄水量的46.1%，比去年同期增加1.7%，比多年同期减少16.2%。

全市旱情总体可控，仅普宁市麒麟镇部分供水末端和地势较高的村庄在用水高峰时受到影响，人数共计5000人，其他地区供用水基本正常。农业无受旱情影响。受低温冷冻等灾害影响，全年全市共有3519人受灾，农作物受灾面积1037公顷，直接经济损失6530万元。全年未造成人员伤亡。

【云浮市】

2021年，云浮市天气气候呈现出旱涝急转、开汛偏晚、降水集中、气温偏高、台风影响偏少偏晚的特点。4月15日开汛，较常年开汛日（4月6日）晚。台风“查帕卡”“狮子山”和“圆规”给云浮市带来一定的风雨影响。

至10月14日，全市平均雨量1270.9毫米，较常年偏少9.9%，除新兴县雨量比往年多20%外，其他各县（市、区）均偏少10%。其中，新兴县簕竹镇录得最大小时雨量达105.8毫米（6月23日8—9时），为超百年一遇。全市239宗中小型水库蓄水2.89亿立方米，比常年同期蓄水增幅2.05%。“狮子山”影响期间，2宗中型水库超汛限水位（北峰山水库超0.12米、共成水库超 0. 31 米）；新兴江簕竹水文站 10 日 13 时水位为 33. 84 米（超警 0. 34 米）。至年底，全市无处于死水位以下运行的水库，主要江河及中小河流水位总体平稳。

受低温冷冻、干旱和台风等灾害影响，全市共有 23. 28 万人受灾，农作物受灾面积 2. 18 万公顷，直接经济损失 2. 53 亿元。其中，受 1 月上旬强冷空气影响，郁南县、罗定市和云城区等地农作物受灾严重，直接经济损失 1. 72 亿元；受去年冬至今年春连旱和上半年降雨偏少影响，上半年出现较严重旱情，因旱饮水困难共计 6755 人。全年未造成人员伤亡。

各地级以上市防灾减灾工作

【广州市】

2021年，在省委、省政府的正确领导和省防总的有力指导下，广州市有力有序地应对台风暴雨等灾害的袭击，确保安全度汛，实现了人员零伤亡的目标。市三防指挥部共启动防汛应急响应46次，其中Ⅳ级27次、Ⅲ级13次、Ⅱ级6次；启动防台风Ⅳ级应急响应2次。

完善预案，健全机制。市应急管理局组织召开超标准洪水防御工作座谈研讨会，进一步细化完善超标准洪水防御预案和工作指引，切实提高超标准洪水综合应对能力。建立市、区两级地铁防洪排涝应急联动机制，制定印发《广州市地铁防洪排涝应急联动工作方案》，组织各区制定印发区级地铁防洪排涝应急联动方案。组织制定《进一步完善防暴雨内涝快速预警和快速应急响应机制工作方案》（征求意见稿），按照"事前、事中、事后"三个环节完善防暴雨内涝快速预警提示信息发布机制，按照"应急联合值守、应急智能监测、应急巡查布防、应急联动处置"四个环节完善防暴雨内涝快速应急响应机制。

提高一档，提前一步。"龙舟水"、高考、"七一"和台风"卢碧""圆规"影响期间，市三防总指挥部坚持全市"一盘棋"，牵头抓总，强化会商研判，及时启动应急响应，在严格执行汛期24小时值班值守的同时，按照"提高一档、提前一步"的要求，加强联合值守力量，提升应急响应期间的组织协调工作效能，实现多部门信息快速共享，决策、指挥、调度三同步，确保全市三防工作稳步开展。

全面排查，推进整治。汛前组织11个检查组开展全市汛前三防工作大检查，8月中旬组织开展后汛期防汛防风工作大检查，8月底组织各区开展防汛防风工作交叉检查。汛前全市共排查出三防主要风险隐患426宗，至10月15日新增43宗，已完成整治82宗（其中水利工程12宗、内涝隐患14处、在册地质灾害点56处），还有387宗（其中水利工程10宗、内涝隐患38处、在册地质灾害点339处）均已部署落实防控措施，并持续督办跟踪整治。

监测预报，靶向预警。每周一、周五定期组织气象、水文、海洋等部门会商研判，遇灾害性苗头天气加密会商，并印发《广州气象水文专报》，全年编印共67期。组织制定《广州市涵隧、涵洞、内涝积水点监测预警响应工作方案》，推广涵隧技防和内涝点信息化监测。应急响应期间实时发布暴雨预警、实况和分镇街精细化降雨预报，并联合气象、公安交警部门第一时间向公众发布道路交通等提醒信息。

强化演练，突出实训。组织开展全流程、全要素北江大堤三防演练，市委书记张硕辅到场观摩指导。参加"2021年国家防总、广东省防指防汛抢险综合演练"，组织开展2021年市防汛抢险轻舟大队集训汇演，组织开展地铁运营防汛应急演练。全市各级三防部门共开展演练187场次，参演人员超过1.3万人。各级各部门通过演练，检验预案、磨合机制、总结经验、改进不足，进一步完善各行业各部门应急预案，以练促防，实现应急演练的常态化、标准化、实战化，不断提升应急处置实战能力水平。

【深圳市】

2021年，在省防总和市委、市政府的坚强领导下，深圳市立足防大汛、抗大灾，全面部署防汛防台风工作，成功应对多场台风暴雨袭击，实现人员零伤亡，安全度汛。市三防指挥部共启动防汛应急响应75次，其中“关注级”59次、Ⅳ级13次、Ⅲ级3次；启动防台风应急响应8次，其中“关注级”5次、Ⅳ级2次、Ⅲ级1次。

全面部署防汛防台风工作。印发《深圳市防汛防旱防风指挥部关于开展2021年汛前防汛防风工作大检查的通知》，组织市三防指挥部各成员单位开展本行业本领域汛前防汛备汛安全大检查，并派出工作组对落实情况进行抽查。汛前更新完善全市三防责任人名单，并在《深圳特区报》向社会公布，同时督促各成员单位梳理明确各自行业领域的三防责任人并向社会公布。完善修编《深圳市防台风应急预案》《深圳市防汛应急预案》《深圳市防旱应急预案》。严格实行24小时值班制度，做到“每天一位带班领导、一名值守工作人员”，全面应对各类突发情况。进一步完善三防工作制度，先后制定出台《深圳市主要气象灾害风险提示（2021年版）》《深圳市内涝积水应急处置工作指引》，编制《深圳市台风暴雨期间公共交通工具停运与复运工作指引》。加快推进自然灾害防治地方立法进程。

谋划推动三防培训演练，全面检验提升三防应急能力。8月5日，市三防指挥部举行全市三防综合演练，市委、市政府主要领导在主会场观摩指导，市三防指挥部全体成员单位和驻深解放军、武警部队负责人参加演练活动。演练调集拉动抢险救援各类人员6000多人，出动工程机械、排涝设备、飞机、舰、船、艇、通讯设备等超过300台（套），各参演部门和队伍进入演练情景后，按照真实险情开展应急处置，抢险救援积极主动，疏散、撤离安全有序，实战检验和提升了全市应急资源的储备和防御力量。

强化防灾减灾救灾体系建设，筑牢城市安全底线。7月27日，国家发改委下发关于推广深圳经济特区创新举措和经验做法的通知，共5方面、47条。其中，在创新推动城市治理体系和治理能力现代化方面，积极研究制定《深圳经济特区自然灾害防治条例》等法规，全面落实应急管理全灾种统筹应对、全链条有效覆盖、全过程综合管理的体制改革思路，围绕“灾前、临灾、灾中、灾后”的关键时间点，创建“31631”服务模式（即：提前3天定量预测过程风雨、提前1天预报风雨落区和影响时段、提前6小时定位高风险区、提前3小时分区预警、提前1小时发布精细到街道的定量预报）。3月，印发《深圳市综合减灾社区创建实施方案》，打造“科学化、专业化、智能化、精细化”的深圳综合减灾社区，分三年使全市662个社区全部达标，压实城市防灾减灾救灾的“最后一公里”。

干旱影响期间，市三防办牵头采取多项措施，努力确保群众生产生活供水保障。一是组织应急管理、消防救援、水务等部门派出19台专业供水车驰援深汕特别合作区，累计出动5151人次、1024车次。累计给1038个送水点送水7258吨（每日送水量约327吨），为居民及各单位约2.85万人提供生活用水。二是组织开展农业抗旱工作，农田用水按照轻重缓急、保重点的形式开展农业抗旱保供水。三是择机开展人工增雨作业，4—10月，市气象局同深汕特别合作区共开展10次人工增雨作业，共发射火箭弹76枚。此外，7月16日—8月2日，落实全国全省一盘棋工作机制，全力支援郑州市、珠海市暴雨洪涝抢险救灾工作，圆满完成上级交付的抢险任务，其中深圳市1名抢险队员获应急管理部三等功，1支抢险队伍获应急管理部嘉奖。

【珠海市】

2021年，珠海市严格按照省防总的决策部署和市委、市政府的工作要求，有序开展防汛抗洪各项工作。组织做好航展和高考期间防汛防风工作。有效应对（去年冬至今年春）连续79天无有效降雨的特大旱情，确保珠海、澳门地区供水安全。在抗击“6·1”、10月8—10日强降雨及台风“查帕卡”“狮子山”“圆规”等重大灾害中取得良好成效。

提高站位，狠抓落实。市委常委会、市政府常务会第一时间组织传达学习习近平总书记关于“7·20”河南省重大自然灾害的重要批示精神，并多次召开会议，研究部署三防工作。8月3日开始，市委、市政府、市人大、市政协领导就全市疫情防控、安全生产、三防工作坚持“每日一研判、每日一调度、每日一检查、每日一报告”的工作制度，落实各项三防工作措施。市委副书记黄志豪担任市三防指挥部总指挥，切实做到领导到位、组织到位、职责到位、措施到位，确保各项防汛抗洪抢险措施落到实处。

未雨绸缪，全面做好汛前各项准备。一是及早筹划安排部署。及时召开全市三防工作会议，对三防工作进行全面动员部署，明确2021年三防工作的责任、目标和任务。二是压实三防责任。落实全市82宗水库山塘、400千米海堤、163座水闸、171座排涝泵站、25宗在建水利工程及各级三防责任人共5219名，并在报纸、网站等媒体上公示。三是紧抓隐患排查治理。开展汛前检查，全市共查出地质灾害隐患点18处、水库（山塘）存在隐患16座、水闸存在隐患9座、泵站存在隐患5宗、内涝黑点15处，均已跟进整治。四是动态临险人员排查不松懈。共排查出临险人员4927户、共计13.4万人（其中工地1161户、工地临险人员12.45万人），落实防汛责任“网格化、全覆盖”。五是夯实三防保障能力。全市共申请防汛预备费8298.2万元，分批次采购了各类应急物资。六是加强培训演练。采取线上、线下方式开展防汛责任人培训，有3000人参训；举办三防综合演练60多次，有3500人参演。七是扩大三防宣传范围。共修编、发放三防宣传单张48万多份，发布预警信息和防御指引6.2亿多条次，有效提升公众防灾避险的意识和自救互救的能力。

及时响应，严密防范。市三防指挥部根据气象预警，加强会商研判，全年共启动防汛（暴雨）、防风应急响应64次。其中，防汛（防暴雨）Ⅱ级3次、Ⅲ级15次、Ⅳ级39次；防风Ⅲ级2次、Ⅳ级3次，防冻Ⅳ级2次，防灾减灾实现科学施策和精准防御。突出抓好水库（山塘）、水闸、泵站、低洼易涝区、地下隧道、商场、车库、危险区域人员转移等重点部位和薄弱环节。全年共出动应急抢险人员1.04万人，转移临险人员7.3万人（含工地），妥善安置2.43万人，投入抢险泵车1242台次、各类抢险车辆4830台次。

【汕头市】

2021年，汕头市认真贯彻落实“两个坚持、三个转变”的防灾减灾新理念，始终确保把人民生命安全放在第一位，立足“防大汛、抗大风、抢大险”，坚持测、报、防、抗、救相结合，扎实抓好防汛防风各项工作，在抗击干旱、台风“卢碧”等灾害中取得明显成效。全市累计投入抗旱资金1.2亿元、抗旱人力11.58万人次，开展人工增雨作业20次，开挖深水井134眼，修建引水工程1宗，铺设引水管约2700米，启用农用灌溉水泵15个，清淤引水沟渠2400米，有力缓解了局部旱情，把灾害损失降到最低。

领导重视，强化组织领导。市委、市政府先后7次召开会议，贯彻落实习近平总书记、李克强总理及省委、省政府防灾减灾指示精神，研究部署全市三防工作。台风“卢碧”影响期间，市委、市政府主要领导坐镇市应急指挥中心并通过视频沟通的方式调度有关区、县，指导防汛抗旱工作。台风和强降雨影响期间，副市长许宏华全程组织指挥各项防御工作，确保防御工作有序开展。

压实责任，严格落实行政首长负责制。市政府印发《汕头市人民政府办公室关于调整市政府防汛防旱防风指挥部成员的通知》，进一步明确指挥部各部门三防责任人；与各区、各县政府签订《防汛防旱防风工作责任书》，进一步落实各级人民政府行政首长负责制，并要求各级三防部门严格落实三防责任制，签订三防工作责任书，全面做好各项工作。明确各级三防责任人，各地、各部门认真执行以行政首长负责制为核心的各项责任制，进一步调整更新市、区（县）、镇（街道）、村（居）四级行政、技术、巡查责任人台账，全市共落实各级三防责任人10122名。

强化统筹，加强会商研判和预测预报。气象、水文、水务、自然资源等部门密切监视雨情、水情、旱情及地质灾害风险变化，精准预测，及时预警。市三防指挥部加强会商研判，针对潮阳区、潮南区供水保障问题，先后3次召开供水保障工作研究协调会；24次召开全市三防工作会议和防汛抗旱形势会商研判会，部署落实防汛抗旱各项工作措施，并根据会商研判结果，适时启动应急响应，及时发布防御指引。全年共启动应急响应10次，其中防冻Ⅳ级1次，防汛Ⅳ级4次，防台风Ⅳ级3次、Ⅲ级2次；共发布各类气象预警信号79次，其中水情预警3次，地质灾害气象Ⅲ级预警2次；发布预警短信2656万人次。

紧盯重点，加大隐患排查整治和风险防控力度。5月20日—6月10日，市三防办联合水务、城管、自然资源等部门对水利工程、内涝点、地质灾害隐患点进行抽查检查，督促相关单位做好防汛准备。各成员单位按照职责加强监管领域隐患排查整治。水务部门派出检查组及技术人员对全市1239宗各类水利工程进行全面检查，对存在隐患的47宗水利工程（16宗水库、6宗堤防、24宗水闸、1座泵站）及14宗在建水利工程采取“一宗一策”处置方式，及时加固抢修和制定安全度汛措施。住建部门督促全市496个建筑工地落实隐患整治主体责任，落实隐患整治措施和责任人，建立风险隐患排查和整治台账；累计派出256人次，对全市104个建筑工地施工作业进行专项检查，排查隐患35处。自然资源部门投入1861万元地质灾害治理资金，完成7处地质灾害隐患点治理和7处大型以上隐患点、9处中小型隐患点的专业监测，19处隐患点均已实行“四位一体”网格化管理，并落实具体综合治理措施；全年累计出动巡查地质灾害隐患点（风险点）43处、共计3079人次，未接到地质灾害灾情险情报告。农业农村部门累计出动执法人员240人次，检查渔业船舶1018艘次，排查整改一般安全隐患35处。交通部门共出动检查人员458人次、检查131场次，检查企业、场所共213家（处）次，检查主要公路约460千米，检查桥梁涵洞13座（道）、排水设施及安防设施等一批，发现存在一般安全隐患46宗次，均已责令现场落实整改完成。海事部门共出动执法人员7831人次，摸查船舶872艘次，组织巡航3039次。供电部门建立巡查责任制体系，梳理全市关键线路、重点用户、排洪排涝用户等供电线路210回，对内涝黑点地区526个电力设施、7.8万户低压用户进行特巡特维及安全检查，持续开展城乡供用电隐患排查整治。

【佛山市】

2021年，佛山市三防指挥部认真贯彻落实省委、省政府主要领导关于防灾减灾救灾工作的重要指示精神，在省防总和市委、市政府的坚强领导下，坚持人民至上、生命至上，扎实开展备汛防灾救灾，积极应对汛旱风冻灾害，确保全年全市平安度汛，连续四年实现汛旱风冻灾害零伤亡，为保障全市人民群众正常生产生活和经济社会平稳健康发展作出了积极贡献。全年共启动防汛、防台风Ⅳ级应急响应各2次。

党委政府领导高度重视。市委、市政府高度重视三防工作，先后3次召开市委常委会和市政府常务会议，贯彻落实习近平总书记关于防汛救灾系列重要指示精神和重要讲话精神，以及省委、省政府和省防总的决策部署要求，研究部署全市三防工作。市领导率先垂范，带队检查调研北江大堤、佛山大堤、樵桑联围等防汛备汛工作12次，组织专题会议部署“龙舟水”安全防范、台风防御等工作6次。常务副省长林克庆在连线佛山了解台风“圆规”防御情况时，充分肯定防御准备工作。

早抓落实三防工作责任。市三防指挥部全面落实以行政首长为核心的各项三防工作责任制，汛前及时组织调整各级三防指挥机构、北江大堤前线抗洪指挥分部领导成员，落实各级三防指挥机构指挥长AB角机制。全市共落实防汛行政责任人1074名，村级网格责任人965名；4月15日，在《佛山日报》公示重点工程防汛责任人名单。5月14日，组织市、区、镇三级防汛行政责任人共1290人进行培训，有力提升各级防汛行政责任人的三防指挥决策能力。

抓实开展风险隐患排查。汛前，市、区、镇共派出188个工作组进行防汛防风大检查，逐项开展隐患排查整治；市三防指挥部派出由主要成员单位牵头的6个督导组，赴各区开展防汛备汛督导检查；各级各部门深入排查山洪和地质灾害、削坡建房、内涝点及建筑工地等重点领域，并落实排查点建档造册2.45万处，共同抓好灾害风险管控。3月31日、4月12日，国家防总、省防总检查组先后赴佛山市实地调研防汛备汛情况，对全市堤围水库、桥梁涵隧、城镇公共基础设施等进行拉网式排查。各级党政主要负责人赴一线开展防汛检查236次，各级各部门出动4991个检查组、共计2.46万人次，检查风险隐患5785处次。针对各隐患点及时制定整改方案，落实防范应对措施，全面加强风险防控。

牵头抓总形成防汛合力。应急响应期间，市三防指挥部各领导全程靠前指挥调度，视频抽查各区防御情况，带队一线检查防御工作。市三防办加强协调调度，全面统筹各成员单位联动布防，形成防御工作合力；气象部门滚动发布天气预警信号664次；水文部门推送内涝、洪水等预警信息2万多条；应急管理部门出动执法人员425人次，累计检查企业154家次；水利部门实施涵闸泵站预排预泄，开启泵站101座，累计排水580万立方米，有效降低内河涌水位；自然资源部门出动巡查人员1167人次，巡查地质灾害隐患点736处次，成功处置1起险情；住建部门出动内涝巡查和应急处置人员3228人次、车辆和设备372台次，及时处置城市积水；农业农村部门落实全市1679艘小渔船100%回港避风、3358名在册渔民全部上岸避险；海事部门出动执法人员89人次、海巡船艇21艘次，检查渡口、水域、水工作业区等36处次；城管执法部门出动1727人次开展市政环卫、园林绿化、景观照明等设施防台风检查，落实临时关闭综合公园19个。

全力做好防冻抗旱工作。防冻方面，市三防办及时组织会商，启动防御低温冰冻工作方案。应急部门会同民政部门做好防寒物资供应保障，出动40个工作组、共150人，累计救助67人，发放棉被、绒衣裤等防寒物资67件；应急部门会同农业部门组成4个调查组分赴各镇街指导农业抗灾和救灾复产工作，全面做好各项防寒措施。抗旱方面，应急部门会同农业部门出动4个指导组到各镇街调研农作物受旱情况，及时制定并印发水稻抗旱方案。全市累计投入各级财政抗旱资金400多万元，先后调度抗旱人员130多人深入田间地头，出动钩机180个台班，调用抽水设备410多台套，累计疏通水渠22条，全力以赴为农业生产保驾护航。

【韶关市】

2021年，韶关市三防指挥部认真贯彻市委、市政府关于汛旱风冻灾害防御工作的决策部署，在省防总的坚强领导下，紧紧围绕三防中心工作，大力推动三防体系建设，最大限度降低灾害损失，全力保障人民生命财产安全。三防各项工作稳步推进，全市自然灾害形势总体平稳。共启动防汛应急响应4次，召开会商调度会8次，高效开展抢险救援，及时报送灾情信息，先后组织转移群众3692人。

全力做好低温冰冻防御及抗旱工作。元旦期间和1月7日，及时启动防冻Ⅳ级应急响应，在《韶关市防汛防旱防风防冻应急预案》的基础上，制定《韶关市防御低温冰冻灾害工作方案（试行)》；同时，做好低温冰冻灾害防御工作的组织、指导、协调、监督工作。针对年初冬春连旱，及时指导各县（市、区）通过抽取水库死库容、分时段供水、水车送水、自行挑水、接驳水管、打机井等方式，累计投入资金130万元，累计解决3.02万人的饮水困难问题。

成功举办防洪预案演练和防汛抢险队伍骨干训练。5月13日下午，成功举办2021年韶关市（曲江区樟市镇）防洪预案演练，并组织市、县（区）两级三防指挥部及其成员单位远程观摩。7月25日，配合应急支援科组织军分区、武警支队、96376部队、市消防救援支队、市三合一专职消防大队和市矿山救护队等救援力量骨干300多人，分两批次在浈江区湾头电站开展市防汛抢险队伍骨干训练；8月7日，开展实兵实装水上救援联合演练。

【河源市】

2021年，河源市始终坚持人民至上、生命至上理念，积极推进三防应急管理体系和能力建设。强化值班值守和夜间提醒，强化提前预置抢险救援力量，强化提前转移危险区域人员，强化风险隐患排查，强化防汛工作督导，全面加强暴雨洪涝台风灾害风险防控，筑牢防汛减灾的“安全堤坝”，实现人员零伤亡。共启动Ⅳ级应急响应6次，其中防汛2次、防风3次、防冻1次。

思想上更加重视，实现应急能力全面提升。一是科学统筹好发展与安全“两件大事”，牢固树立底线思维、增强忧患意识，切实把三防安全防患工作放在心上、抓在手上、落实到行动中，进一步筑牢防汛减灾防护墙。二是不断加强雨前和雨中的防汛工作督导，汛前派出6个督导组驻点各县、区，督促指导抓好三防业务知识培训和防汛救灾应急演练；“龙舟水”强降雨期间，派出督导组分赴相关县、区督导开展抢险救灾工作，有序有效提供指挥调度支援。三是创新实施“防汛六问”举措，对镇级领导干部、乡镇包村干部、村居包户干部分别提出“平时三问”和“战时三问”，以问促行，明确“防什么、怎么防”；组织全市共开展“防汛六问”培训79场次、累计7048人次，全面提升基层应急能力。

责任上更加落实，实现防范应对有力有序。一是严格落实以行政首长负责制为核心的三防责任制，及时调整更新各级三防指挥部领导及成员等三防责任人21394名，进一步压紧压实行业监管责任和地方属地主体责任，强化督导问责，推动各级各部门落细落实三防各项防范措施。二是强化气象预警应急联动，深刻吸取国内多地气象灾害引发的事故教训，针对气象部门发布的预警信号，制定印发气象灾害预警应急联动机制“十五条”措施和市县防御工作指引，建立起气象灾害预警应急联动的长效机制。三是强化值班值守和夜间提醒，严格落实防汛24小时值班和领导带班的机制，根据气象部门的预警信息，加大夜间信息发布频率，及时调度强降雨可能出现的重点区域，提醒基层做好夜间至凌晨的风险防范。四是夯实基层应急体系，在完成市、县（区）两级三防机构全部转隶的基础上，积极推进全市所有101个镇街设立应急管理办公室，推动乡镇应急（三防）管理规范化、标准化建设，实现全市上下联动畅通高效，坚决打通基层防汛减灾落实的“最后一公里”。

行动上更加有力，实现抢险救灾成效明显。一是强化应急演练和提前预置抢险救援力量。全市各级开展防汛应急演练70次、共5223人次参演，并提前做好抢险救援队伍靠前驻防方案，科学研判风险，累计提前预置抢险救援队伍535人次，为预判防汛重点区域第一时间开展应急处置提供力量保证。二是强化风险隐患排查。按照“雨前排查、雨中巡查、雨后复查”的原则，对重点区域、危险区域开展不间断巡查，全市累计出动检查人员17864人次，检查排除风险隐患11836处（宗）。三是强化提前转移危险区域人员。严格执行“县领导联系镇、镇领导联系村、村干部联系户”的“三个联系”责任对接机制和临灾转移“四个一”工作机制，切实把主动避让、提前避让、预防避让作为刚性要求抓到位。年内，全市共组织紧急转移群众4次，提前转移群众3587人次。四是强化防旱抗旱工作措施。严控供水任务水库发电弃水，抢抓降雨时机蓄水保水，两大水库回蓄水量11亿立方米；全市共投入抗旱资金4207.83万元，抗旱设备1640台，抗旱人数达94571人，组织指导镇村启用和新建引调提水工程81处、抗旱井57口、蓄水池55处、其他应急水源20处，解决74663人饮水困难的问题；实施人工增雨作业27次、发射人工增雨火箭弹108枚，有力保障了供水和农业灌溉需要，全面完成全市春耕生产126.63万亩。

【梅州市】

2021年，梅州市深入贯彻市委、市政府的决策部署，始终坚持以人民为中心的发展思想，狠抓水旱风冻灾害防御的各项工作，有效抗击三轮“龙舟水”和台风“卢碧”及其引起的次生灾害等险情灾情，最大限度减少灾害损失，防灾减灾取得显著成效。

强化组织协调，工作稳步推进。强化统筹临灾时的“测、报、防、抗、救”各个环节，组织值班值守、会商研判、防御部署、灾情监测、抢险救援和灾后救助等，形成由“政府统一领导、部门分工负责”的三防应急管理组织体系。各级三防指挥部成员单位做到各司其职、各负其责，积极配合，加强会商研判，建立起统一指挥、分级负责、部门协作、运转高效的三防指挥协同机制，全市各级三防指挥部工作稳步有序推进。

层层落实责任，层层传导压力。汛期期间，市委、市政府主要领导先后多次召开会议研究部署三防工作。市政府及时调整防汛防旱防风指挥部防汛行政责任人及部分成员单位，并落实三防工作责任。严格按照“属地管理、分级分部门负责”的原则，不断推进以行政首长负责制为核心的防汛工作责任制的全面落实。全市水库、堤围、万方以上山塘、有防汛任务的水电站等防洪工程均全面落实防汛行政责任人、技术责任人和巡查责任人，并逐宗修订防洪应急预案。年内，落实镇、村山洪灾害责任人共23872人。4月下旬，市三防办组织8个督查组对各县（市、区）和有关单位的防汛备汛工作进行实地督查，检查出存防汛备汛隐患43项，均已落实部署整改。

加密会商研判，适时启动响应。汛前，市委、市政府和市三防指挥部先后召开会商会，分析研判防汛抗灾形势，研究部署应对措施；汛中，各级三防等有关部门加强会商研判，加密监测精准预报，全市共召开128场（次）防御形势会商，牢牢把握防御工作主动权。全年共启动应急响应3次，其中防冻Ⅳ级1次，防台风Ⅳ级1次，防风Ⅲ级1次；共发送预警短信117.05万条。

科学落实措施，统筹防汛抗旱。气象、水务、农业农村等部门强化会商分析和行业指导，加强监测雨情、水情和水库蓄水情况以及旱情发展态势，统筹抓好防汛备汛和防旱保供水工作。一是水务部门加强水利工程调度，做好蓄水保水工作，对有供水任务的水库，制订用水计划，先留足居民生活用水，做到发电用水服从供水和灌溉需要，加强对城镇供水设备管网的排查，及时消除安全隐患，确保城镇供水正常；二是气象部门加强预测预报预警，并计划抓住有利天气条件，适时开展人工增雨作业，共发射增雨火箭弹219枚，为抗旱工作提供强有力的气象保障；三是农业农村部门加强农作物的干旱防范和应对，做好农业抗旱技术的宣传，综合采取节水灌溉和抗旱保墒措施。同时，组织督导组到各县（市、区）开展防旱抗旱督导工作，确保农业生产有序开展，完成全市全年粮食生产任务。

【惠州市】

2021，惠州市秉持“预防为主、防重于抢”的理念，始终确保把人民生命安全放在首位，积极做好汛期各项防御、防旱抗旱等工作，实现全年人员零伤亡。全年共启动应急响应9次，其中防汛Ⅳ级2次、Ⅲ级2次，防风Ⅳ级4次、Ⅲ级1次。在抗击6月初暴雨和台风“狮子山”“圆规”等灾害中取得明显成效。

高度重视，及早周密部署。市委书记胡洪多次强调各级各有关部门要把做好防灾减灾救灾工作作为党史学习教育“我为群众办实事”实践活动的具体举措，加强组织领导，加密会商研判，最大限度防范化解灾害风险，切实把确保人民生命安全放在第一位落到实处。市委副书记刘吉多次亲自部署汛期各项防御工作，要求以人员零伤亡为底线，压紧压实防御责任，做实做细防御措施，及早安全转移受威胁群众。副市长林飞鸣多次坐镇市应急指挥中心，指挥调度各县（区）开展防汛防风工作，对其工作进行再动员、再部署、再落实。

迅速行动，强化汛前检查。严格落实行政首长负责制，汛前，市领导带队落实检查水利工程防汛备汛情况；市三防指挥部认真组织防汛防风检查，督促各级各部门及时做好物资采购补库和应急抢险队伍建设，加强防汛应急演练，全面进入防汛状态；全市各级各部门组织力量深入一线，开展汛前大检查，严密巡查监控和治理各类风险隐患，重点防御强降雨可能引发的城市内涝、山洪和泥石流、山体滑坡等风险，全面落实各项风险防范措施，做到风险管控到位。

密切监测，加强应急联动。气象、水文、水利和自然资源等部门密切监视汛期的雨情、水情、风情及山洪地质灾害风险变化，及时、滚动发布预报预警信息到户到人。市教育局、文化广电旅游体育局、住房城乡建设局、交通运输局等单位建立健全重大气象灾害预警高效应急联动机制。气象部门共发布气象短信（含预警信号）6379条、重大气象信息快报136期；水文部门共发布洪水预警1次，洪水预报19站次，水雨情旬月报告18份，水情快报近1000份，预警短信1万多条；水利部门共处置山洪预警188处，发布预警信息1764条；自然资源部门发布地质灾害预警信息1.21万条次。

严守纪律，全力开展救援。全市各级各部门严格执行汛期值班值守、联系对接和信息报送等工作纪律，加大对重点县（区）和乡镇（街道）的指挥调度。同时，强化灾情预判，提前向重点地区布置救援力量。其间，市三防指挥部统筹全市消防、武警和民兵等救援队伍 1041 人及冲锋舟 13 艘、橡皮艇 13 艘赴受灾地区开展应急救援，成功处置龙门县龙江镇白头王村因水情 6 人被困、国道 355 线龙门县龙华镇沙迳风门凹路段出现山体滑坡 4 人被困等险情，及时将 10 名被困人员安全救出。

【汕尾市】

2021 年，在省防总和市委、市政府的正确领导下，汕尾市认真落实各项三防工作任务，积极防汛抗旱，各方协作，确保人民群众生命财产安全。共启动Ⅳ级应急响应 3 次，其中，防风 2 次，防汛 1 次。

汛前准备。完成市、县、镇三级 58 个三防指挥机构成员调整，101 处重点防汛工程（部位）的行政责任人全部调整到位并登报公布，4855 名三防责任人上岗就位。105 处地质灾害点、310 处削坡建房、101 处隐患桥梁、36 处内涝黑点，全部按照“一人一点”的要求落实防汛责任人。针对在存危险区域居住的 6472 名群众，转移对接责任人按照“一户一对接”的要求录入避险转移台账。全市 60 处物资仓库共 151 类（110.8 万件）防汛物资储备到位。全市 20 宗大中型水库有关防汛（防洪）应急预案完成修编。市、县两级共派出 41 个检查组深入基层开展备汛检查，共查出 25 处隐患并及时落实整改。

培训演练。对全市 229 支各类防汛防风抢险队伍加强训练。组织应急管理人员就防汛抗旱业务培训 30 班次，共 2084 人参训。8 月 9 日，组织全市三防责任人开展三防知识培训，学习三防责任制、三防抢险救援组织、协调、指挥、应急处置等。市、县、镇、村四级共 1248 名三防责任人员参加培训，进一步提升提高三防应急处置的能力和水平。市、县两级三防（应急）开展防汛防台风抢险应急演练 19 次，促进提升应急实战能力。

抢险救援。建立应急救援响应机制，市三防指挥部迅速协调各职能单位，各司职责实施抢险救援工作。在防御“5・31”强降雨的过程中，市三防指挥部领导坐镇应急指挥中心，调动人员在降雨最集中的南塘、桥冲等镇转移安置危险区域群众、应急排涝和维护交通秩序等。10 月 13 日，在防御台风“圆规”的过程中，各级党政部门先后出动 2189 人次，派出挖掘机 4 台、管道清疏车辆 6 辆、抽水泵 30 台，开启 16 个排洪水闸和 63 个下水井盖，设置排水管道检查井和集水口安全围蔽及安全警示标志 52 个，有效排除市城区道路积水。

抗旱行动。市委、市政府多次组织召开全市防旱抗旱会议，强调抗旱工作既要立足当前、综合施策，解燃眉之急，也要着眼长远，加快水利发展规划建设，谋治本之策。年内，共投入抗旱资金超过 1.71 亿元，实施多项应急调水引水工程，调用红花地水库、青年水库、公平水库死库容应急供水、城镇自来水管网联通、调引山泉水、修建拦河坝蓄水等 54 项应急调水取水工程，开挖水井 2936 个，铺设供水管道 32.4 千米，解决缺水地区自来水水源不足问题。在重点旱区建设 8 个临时取水点，调用 20 辆水车每天送水 240 车次、2070 立方米，保障重点旱区群众的基本生活用水。开挖沟渠 21.5 千米，清淤疏通农田排灌渠道 45.6 千米，维修涵闸 56 座，设立临时取水泵站 600 多处，大力保障农业灌溉用水。通过各种有效措施，解决了海丰县城东北片 21.6 万群众的供水问题，市城区、陆丰市东南片、海丰县县城西南片共 44.3 万亩受旱农作物灾情得到缓解，并全面恢复正常生产。

【东莞市】

2021年，东莞市着力做好灾害汛前防御准备，全面部署灾害防御。市委、市政府高度重视三防工作，市委书记肖亚非、市长吕成蹊等市领导先后8次召开专题工作会议，对三防工作进行周密部署，有序开展防汛抗洪各项工作。

扎实抓好防汛备汛。及时调整全市各级三防指挥机构，各水利工程单位明确防汛责任人和技术责任人，共有778人，内涝点、地质灾害隐患点、削坡建房、危房、在建（交建）工程等均落实相关责任人。落实三防责任制，按照“三个联系”制度的要求，调整市领导定点联系镇街，做好镇（街道）领导联系村（居）、村（居）干部联系户的责任机制。完善三防工作机制，进一步规范三防信息报送、汛期值班、联合值守和会商制度等；健全特殊群体人员临灾转移“四个一”工作机制；印发《东莞市强降雨防御工作指引》《东莞市台风防御工作指引》。制定三防工作台账，推动编制《三防八大专项工作方案》，形成《三防风险隐患“响应到点 责任到人”工作台账》，各有关部门根据工作职责分别牵头，共制定多个工作方案，积极推进基层三防气象服务体系建设，全力提升基层三防气象技术支撑。

扎实抓好监测预报预警和值班值守。加强会商研判和指挥调度，多次召集气象、水文等部门召开专题会商会，全年共发布防御通知41份，高频次开展视频调度，科学部署落实防汛措施。加强灾害天气信息监测预警，联合市气象局多次向3万名三防责任人就严格到位履职进行短信提醒，通过广播电视、各大网络媒体广泛宣传暴雨洪水可能带来的灾害影响和防灾避险提示。加强值班值守，制定汛期值班规定并督导落实，尤其遇重大天气过程时及时召开工作会议布置防抗和信息报送等，保证各项工作得到有效开展。

扎实抓好防汛防风隐患整改。组织开展汛前防汛检查、汛中交叉检查等，有力解决一批三防问题，提升安全防御能力。组织开展中心城区排涝泵站、地下车库调研检查，研究制定应对各项防洪排涝工作的措施。组织开展防御台风工作检查，相关领导不定时带队到各镇街（园区）检查三防工作，深入有关江河流域开展督导检查，确保各项防御措施落细落实落到位。

扎实抓好三防演练培训。加强三防业务培训，组织市党政领导参加国家和省举办的三防线上培训，并于7月下旬举办三防专题业务培训班；积极指导全市各镇街（园区）开展三防业务培训90场次，共5089人参训。加强三防应急演练，联合麻涌镇举办2021年防汛防风抢险救援演练，检验和提升市、镇三防应急联动能力；全年共开展三防应急演练51场次。

【中山市】

2021年，中山市积极落实防汛责任制，未雨绸缪，抓好防汛备汛；健全三防工作机制，推进防灾抢险救灾能力建设，有力有序组织暴雨台风防御，三防工作成效显著。

抓好防汛工作责任制落实。及时调整市三防指挥部成员，按照分级负责制的原则，市长危伟汉、副市长叶红光分别担任中顺大围（广东省十大堤围之一）中山段和长江水库的防汛责任人；同时，重新明确各类三防责任人，并通过当地主要媒体向社会公布，接受社会监督。及时完成辖区内水利工程、山洪和地质灾害隐患点、学校、旅游景点等重点部位责任人的更新，并录入“广东省应急管理值班值守系统”，安装“一键通”APP。至年底，共核实全市各级各部门及有关企事业单位责任人5241名。完成《中山市应急管理局非常防汛时期工作方案》的修订，落实岗位责任，不断增强防汛应急指挥能力。

扎实开展汛前防汛防风大检查。2 月 8 日，市三防指挥部发出《关于开展 2021 年汛前防汛防风工作大检查的通知》。市应急管理局（市三防办）制定《2021 年中山市汛前防汛安全准备工作督查方案》，各行业主管部门积极落实汛前督查检查工作。2 月底至 3 月初，市三防办派出 6 个工作组深入基层一线现场检查、翻阅资料、抽查责任人、抽检工程设施设备运作等。3 月 26 日—4 月 15 日，市三防指挥部组织 7 个检查组对全市 25 个镇街的防汛备汛工作进行明督暗查，主要包括 2021 年汛前防汛防风工作情况、水上交通运输安全及渔业船舶安全等落实安全生产情况，进一步夯实防汛工作责任，做好隐患排查、监测巡查、督促隐患整改等。4 月 7 日，省防总第七检查组到中山市检查指导汛前准备工作，市委副书记陈文锋等市领导参加检查。

加强会商研判和监测预警。及时组织应急、气象、水文、水务等部门加密会商，并通过微信、短信、电视、网络、广播等渠道发布预警预报信息。通过省应急值班值守系统发布预警信息近 450 万条次，利用风雨雷自然灾害风险预警系统推送预警信息 21865 次，其中雷电预警 12075 次、暴雨预警 8209 次、大风预警 1581 次，及时动员全社会有力有序做好各项防汛防风工作。全年共启动防暴雨Ⅱ级应急响应 3 次、Ⅲ级 15 次，防台风Ⅳ级 3 次、Ⅲ级 3 次，发送有关防御通知 65 份、简报 28 份，转移并妥善安置低洼地带、危险区域及建筑工地人员共 11620 人。

着力加强基层三防能力建设。4 月初，市应急管理局、市三防办采取书面、实地和分片区集中座谈相结合的方式，对 25 个镇街深入堤防、水闸、排涝泵站、三防物资仓库等进行调研；同时，制定《中山市基层三防工作指引》，指导各镇街三防部门有力有序有效开展三防工作。7 月 10 日，市政府发出《关于印发中山市进一步加强基层三防应急能力建设工作方案的通知》，加快建立健全基层三防指挥体系，全面提升基层综合防灾减灾能力。

【江门市】

2021 年，江门市始终坚持人民至上、生命至上，认真贯彻落实省防总和市委、市政府的决策部署，市三防办牵头抓总，科学研判，提前部署，指导各市区、各有关单位从严从紧从实落实防范措施，在抗击暴雨、台风“查帕卡”等灾害中取得较好成效。

提高站位，压实三防责任。市委、市政府高度重视三防工作。8 月 3 日，市委常委会会议专题研究部署防灾减灾工作；10 月 13 日，市委书记陈岸明、市委副书记吴晓晖率队到市三防指挥部指导防御台风“圆规”，组织开展综合性应急救援演练。副市长刘杰等市领导多次到各市区检查指导三防工作落实情况。坚决贯彻落实以行政首长制为核心的各项三防工作责任制，及时公布各级各类防汛抗旱防台风行政责任人名单，全市各级各类防汛防风责任人积极落实防御措施，合力将灾害损失降到最低，确保人员零伤亡目标。

提前准备，筑牢防灾减灾防线。一是积极组织培训演练。全市组织应急管理系统防汛抗旱专题培训 14 班次，共 1196 人参训；汛前，全市 73 个镇（街）组织开展应急演练，市、县（市、区）两级开展多部门多科目的综合演练。二是加强预警预报和会商研判。市三防办组织有关部门会商研判共 256 次，启动应急响应 4 次，联合气象部门启动防御暴雨、台风联合信息报送机制，形成台风暴雨监测预报预警信息专报 7 份。三是开展防汛防风工作大检查。市三防办细化部署防汛抗旱防台风工作，组织综合检查 6 次，发现并督促整改隐患问题 52 项。

提级防范，落实防御措施。一是高效防汛防风，及时转移人员。在“龙舟水”强降雨、台风“查帕卡”和“圆规”影响期间，全市果断转移、妥善安置群众 8113 人，无一人伤亡。二是加大力度，持续抓好防旱抗旱工作。健全完善防旱抗旱工作机制，全市累计投入抗旱资金1747.24万元，共出动14767人次。协调30万资金支持台山市、开平市、恩平市投入抗旱工作，协调气象部门组织人工增雨作业2次。三是落细落实各项三防措施。在防御强降雨、台风过程中，以提升一级的防御标准落实防御措施。第一时间向全市市民发布避险提醒短信，及时发出防御工作指引和《驴友野外活动极端天气应对工作指引》，督促各地各部门加强落实在建工地停工，巡查在册地质灾害隐患点，加固临时构筑物，撤离简易板房、工棚等危险区域人员；分片包干紧盯内涝水浸黑点，适时停运客运、公交班次和渡口渡船，适时关停受影响景区，并提前预置应急力量和物资保障，确保防汛安全稳定。

提升效益，夯实防灾基础。一是指导乡镇应急（三防）“四个一”建设情况，着力推进基层综合防灾减灾标准化建设。全市建有储备生活类救灾物资13万多件，各级建有应急避护场所1802个。二是加强三防减灾宣传工作。通过电视媒体、网站、微信微博等通报防灾工作动态，指引公众自主防灾避险；利用大喇叭、敲铜锣等各种渠道及时预警，提早避险；与江门市广播电视台联合推出“江门应急广播100.2频道”，进一步打造全媒体应急宣传矩阵。三是开展典型灾害案例复盘会商。组织多个部门深入分析近期典型灾害事故所反映的风险点，对照检查城市重要基础设施管理等方面短板；针对近期自发游玩、野外旅游事故多发形势，开展研究会商，并制定管理指南和规范指引。

【阳江市】

2021年，阳江市始终坚持人民至上、生命至上，认真落实省防总和市委、市政府的工作部署要求，科学指挥，统一调度，成功防御6轮强降雨和4个台风（“查帕卡”“卢碧”“狮子山”“圆规”）等灾害影响，把灾害损失降至最低程度。

及早组织开展汛前安全大检查。汛前，市、县（市、区）两级共派出51个督导组，对各县（市、区）和部分镇村开展汛前安全检查督导。建立地质灾害隐患点、削坡建房灾害点、泥砖房、危房、城市内涝黑点、避护场所等详细工作台账，落实安全隐患点责任人。针对检查督导存在的问题，发出落实整改通知，要求各地各有关部门对排查存安全隐患进行造册登记，逐宗逐项落实整改措施，彻底消除安全隐患。

切实抓好三防责任制的落实。根据各级三防责任人变化，及时调整市三防指挥机构人员，重新调整6宗市属水利工程防汛行政责任人。完成全市三防责任人信息的录入核查更新。更新“县领导联系镇，镇领导联系村，村干部联系户”三个联系人。同时，收集全市大中小型水库、江海堤围、大中型水闸等水利工程防汛行政责任人、技术责任人名单，并于4月26日在《阳江日报》公布，接受社会监督。

建立特殊群体临灾转移“四个一”机制。全面开展独居老人、伤残人士、留守儿童等特殊群体情况排查，全面落实“每户一对接”转移责任、“每村（居）一台账”转移清单、“每镇（街）一张网”转移体系、“每灾一行动”转移启动机制。落实每户至少一名转移对接责任人，并明确对接人员、对接时点、对接方式、转移路线、安置地点。全市6个县（市、区）共排查特殊群体人员共4145人，其中独居老人1902人、伤残人士1422人、留守儿童384人，对接责任人共1437人。

做好“龙舟水”和台风“查帕卡”“卢碧”“狮子山”“圆规”防御工作。其间，各级党委、政府主要领导以及各单位防风责任人第一时间深入防风一线，检查督促防御措施落实。全市共安全转移 7050 人，启动避难场所 608 处，落实安置 2195 人；及时组织 384 艘渔船回港避风，2680 名渔排人员上岸，关停 312 处在建工地，关闭滨海浴场、旅游景区 13 个。

科学统筹抓好防旱抗旱。三防、气象、水文、水务、农业等部门加强会商研判，加强监测预警，多次发出防御通知和工作指引。建立月报制度，共享水情、雨情、城乡用水、旱情及旱灾防御信息。抓住有利时机，在确保水库安全的前提下，科学蓄水，并进行多轮人工增雨。措施落实有力，全市农业生产稳定有序。

【湛江市】

2021 年，根据省防总和市委、市政府工作部署，湛江市全面压实各级防汛责任，坚持“一盘棋”思想，多措并举，认真做好各项三防工作。在抗击强降雨和台风“查帕卡”“狮子山”“圆规”等灾害中取得较好成效。

提升指挥能力、压实三防责任。及时调整市三防指挥部领导成员，坚决落实以行政首长负责制为核心的防汛防风工作责任制，认真执行“三个联系”、分级督察、责任追究、指挥长 AB 角机制等各项工作制度。市四套班子领导联系县（市、区）、县（市、区）联系镇、镇联系村的制度落实到位。全市 121 个乡镇（街）均落实三防机构和人员，做到班子成员包片、机关干部包村、村干部包组，切实将行政首长负责制落实到基层。

认真开展防汛安全大检查，及早消除度汛安全隐患。组织开展防汛防风隐患自查、排查和风险防控，建立相关台账，及时采取措施消除隐患。各地各单位上报有关安全隐患排查情况：山洪灾害隐患点 10 处，削坡建房可能引发灾害隐患点 24 处、危房 2091 间，灾害易发区铁皮屋 54 间、有人居住泥砖房 81 间、建筑工地 106 处，均落实应急防控措施；水利工程方面，全市 6 宗水利工程存在一定程度的安全隐患，已基本完成整改措施；全市灾害易发区 8 家石油化工企业、9 家燃气罐储企业、6 家 A 级景区、6 家海滨浴场等均落实应急预案、制定应急措施、准备应急物资和组建应急队伍。

及早防范部署，强化会商研判和组织协调。加强值班值守，组织气象、水文等部门加密会商研判，及时掌握全市风情雨情水情等，并做好预警。适时启动应急响应，共启动防风Ⅳ级 3 次、Ⅲ级 2 次，为指挥部科学决策、准确指挥当好参谋助手。按照市委、市政府的决策部署，第一时间执行或督促各级各部门落实到位，确保防御工作科学高效。

强化基础，做好抢险力量和物资准备。一是构建四位一体的救援队伍。加强军地联动，与解放军、武警衔接好信息共享、兵力调派等，与南部战区海军参谋部作战处等驻湛部队加强联系。综合性消防、专业队伍、社会救援力量等也积极建立协调联动机制。二是加强三防物资储备。全市共储备帐篷 2676 顶、清凉被席 6981 床、照明设备 986 台套、编织袋 107.41 万条等一批防汛救灾物资。

【茂名市】

2021 年，茂名市认真做好防汛抗灾准备，全面压实各级防汛责任，全面落实风险隐患治理管控，有力有序组织暴雨台风防御，三防工作成效显著。全年共启动应急响应 5 次，累计发送防御短信 56 万条，组织转移安全受威胁群众 1.06 万人次。

领导重视，层层压实三防责任制。市委、市政府高度重视三防工作，党政主要领导先后 6

次召开会议研究部署，并多次作出批示；分管领导多次就台风、强降雨等过程作研判分析，全程跟踪部署落实情况。重新明确市、县（市、区）、镇党政领导的包保责任。切实强化三方督导工作，成立 5 个由处级干部担任组长、三防成员单位业务骨干为成员的三防督导组，明确督导区域、督导重点和纪律要求，全过程督促指导基层落实防汛防风责任。年内，共深入一线督导 28 人次。全面更新市、县（市、区）、镇、村、组五级三防责任人共 49939 名。

以防为主，全面落实风险隐患治理管控。汛前，全市共排查出隐患 3305 个。7 月，共排查出山洪隐患点 272 处，受威胁 4688 人；削坡建房认定可能引发灾害点 1169 处，受威胁 1912 人；沿河、临海低洼地 179 处，受威胁 3813 人；易涝点 182 处，受威胁 1840 人；危房 1489 间，受威胁 2617 人；铁皮屋 157 间，受威胁 292 人；泥砖房 97 间，受威胁 206 人；施工工地 30 个，受威胁 6207 人。对防汛备汛存在的突出问题，市三防办及时转有关部门办理，并向重点部门发出隐患整改提醒函；针对未能按时完成整改的问题，由主管部门制定应急度汛预案，明确单位和责任人，落实巡查值守等风险管控措施。各地对防台防汛重点区域需转移避险人员按季度进行滚动排查，建立需临灾转移人员台账，并核实镇村责任人信息。至年底，全市需临灾转移人员共 9693 人，其中重点人群共 2191 人。

巡回培训，提升三防责任人履职能力。市三防办组织各镇、街分管三防工作领导、三防办主任和村（居）委会主任作为重点培训对象，在全市 5 个区（县级市）开展巡回培训，镇、村三防责任人共 2000 多人参训。8 月，市委组织部组织全市村级干部开展三防培训课程，约 1 万名村三防责任人参训。

实战演练，提高应对灾害快速处置能力。4 月，协同军分区组织 420 名民兵轻舟分队开展抗洪抢险训练。7 月 27 日，在化州市播扬镇开展“桌面推演 + 现场演练”方式的三防应急演练，并进行现场直播。此外，针对河南省郑州市 7 月发生的罕见特大暴雨，茂名高凉应急救援大队 45 名指战员主动请缨前往河南参与救助，连续奋战 8 天，出动救援次数 178 次，转移被困群众 470 人。

强化支撑，积极筹建自然灾害专家队伍。成立由各行业合计 25 名专家组成的专家组，从 6 个方面（地震灾害、地质灾害、海洋灾害、气象灾害、水旱灾害、森林火灾）在自然灾害应急管理方面提供技术支撑。同时，充实各应急抢险救援队伍的装备，采购价值 200 万元的抗洪抢险装备（冲锋舟、泡沫艇、救生机器人、抛投器、无人机、对讲机等 34 类，共计 189 件）并下发至各区、县级市应急管理部门和各应急抢险队伍。

【肇庆市】

2021 年，肇庆市着力做好灾害汛前防御准备，全面部署灾害防御，严格落实责任，有序开展防汛抗洪各项工作。累计发出防御通知近 130 份，共启动Ⅳ级应急响应 6 次，其中防汛 3 次、防风 2 次、防冻 1 次。修订完善《肇庆市防汛防旱防风防冻应急预案》《肇庆市突发地质灾害应急预案》《肇庆市地震应急预案》。

抓实三防工作责任。组织各地及时更新上报防汛抗旱防台风行政责任人名单，落实市党政领导挂点联系督导工作方案及三个联系制度。更新录入 2. 6 万多名三防工作责任人的信息，并安装激活广东应急“一键通”。落实中、小型水库和 5000 亩以上堤防等 2229 宗水利工程的行政、技术、巡查责任人；落实山洪灾害隐患点、削坡建房等认定可能引发灾害点或风险隐患点的责任人 6116 名。3 月下旬，向各县（市、区）人民政府行政首长下发履职提醒函；入汛当日，向各级各部门三防责任人发出上岗履职提醒。4 月 2 日，在《西江日报》公布防汛抗旱防台风行政责任人及全市中型水库、万亩以上堤围防汛责任人名单。

抓好风险隐患排查。3 月中旬，召开全市三防形势会商；下旬，市政府派出 4 个工作组赴各地开展防汛备汛工作督查，全市共排查出主要风险隐患点 8742 处。针对排查情况，分级建立台账，明确整治主体、责任人和完成时限，确保最大限度减轻灾害风险。4 月 15 日和 6 月 1 日，市领导组织召开全市三防工作会议，全面部署三防各项重点工作。

加强三防物资储备。市三防办会同发改、水利部门开展汛前抢险救灾物资储备专项检查，建立健全抢险救灾物资储备和调拨机制。至年底，共储备防汛抗旱抢险物资价值 4732 万元，救灾物资价值 1823 万元；购置 201 台卫星通讯电话分发到县、镇及通信易中断的村；全市共落实应急抢险救援队伍 1665 支、约 9400 多名队员，并及时开展三防业务知识培训和防汛抢险综合应急救援演练，提升三防应急队伍综合水平和应急处置能力。

【清远市】

2021 年，清远市严格按照省防总和市委、市政府的决策部署，立足“防大汛、抗大灾、抢大险”，深入排查防汛防风安全隐患，全面加强暴雨洪涝台风灾害风险防控，最大程度减轻灾害风险，确保全市安全度汛，有效组织强降水防御并取得阶段性成果。

高度重视，强化防汛组织领导。市委、市政府领导关键时刻靠前指挥，第一时间到市三防指挥部召开视频会商会，亲自部署强降雨防御工作。市委书记殷昭举在市委常委会会议上 7 次研究部署三防工作；副市长吕成蹊在任期间率队到连州、阳山、英德、佛冈等地检查春季防汛情况，开展地质灾害隐患治理情况调研，指导地质灾害防治；副市长双德会亲自坐镇应急指挥中心，主持召开会商会，调度各县（市、区）强降雨防范应对情况。

以防为主，扎实开展备汛准备。汛前，各级三防指挥机构迅速落实防汛行政责任人，调整三防成员单位领导，更新录入全市 3 万多名责任人员名单。全市 21 宗大中型水库行政责任人严格执行“一人一宗工程”，落实万亩以上堤围、城市重点堤防行政责任人，并向社会公众公布，接受社会监督。在分行业、分地区自查的基础上，各级各部门扎实开展“横向到边、纵向到底”汛前安全大检查。同时，市三防办派出 4 个工作组赴 8 个县（市、区）进行检查，并通过“一县一单”方式督促地方逐项落实整改。统筹安排和及时拨付中央自然灾害救灾资金、省级特大三防应急救灾资金；及时为各县（市、区）和有关单位购置补充储备防汛抢险物资装备，为抢险救灾打下坚实基础。4 月 27 日，参加国家防总联合广东省防总开展的 2021 年北江流域防汛抢险综合演练。修编完善《清远市防汛防旱防风防冰冻应急预案》。全市共排查出水利工程隐患点包括水库 17 宗、电站 3 宗、水闸 7 宗，山洪灾害隐患点 519 处，削坡建房 1511 处、危房 464 间，沿河低洼区域 185 处、易涝点 106 处，灾害易发区铁皮屋 21 间、有人居住泥砖房 455 间、建筑工地 22 处。针对排查出的风险隐患，登记造册，限期整改，及时处理，并落实可靠的应急措施。

全力以赴做好强降雨和台风防御。市三防办、市应急管理局组织有关成员单位召开会商研判会议 17 次，提前启动应急响应 5 次，印发《清远市防御强降雨工作指引》《关于防御短时强降雨和强对流天气的通告》等文件 22 份，汇总各类汛情，发出防汛专报 9 份。与气象、水文、水利、自然资源等相关部门充分联动，实施分镇预警，点对点提醒可能致灾区域，逐小时滚动发布最新雨情实况和未来预测信息，向公众发布提醒信息 84 条，各类决策气象服务材料 805 份，各类预警信号920次、978.7万人次，决策短信2571条、607.3万人次；联合市自然资源局发布地质灾害气象风险预警61期，发布微博18612条、阅读量7729万人次，微信推文1993条、阅读量56.3万人次，有效提高公众的防范意识，确保人民群众生命财产安全，实现对全市3.6万多名防灾责任人信息发布到点到人。强降雨影响期间，全市共出动地质灾害巡查人员8031人次，巡查地质灾害隐患点（风险点）6587处，共转移群众2774人次。针对“5·20”凌晨强降水导致连州市白水坑山洪暴发，造成市区部分路段发生的内涝及地下车库积水等灾害，市三防办、市应急管理局立即派出工作组和救援队伍赶赴现场，主动迅速开展排涝抢险；同时，连南综合应急救援队、南方电网应急抢险队以及水利、供电等部门组织调度排涝设施和救援力量第一时间赶往现场，全力连续奋斗三天两夜，圆满完成抢险工作。累计出动抢险救灾人员474人次，抢修车辆148辆次，出动应急发电车12辆次、发电机6台次、舟艇10艘次、水泵24台次。

防灾减灾效益方面。持续推进因灾全倒户建设，主动作为、奋发有为、担当善为，及时作出部署，确保重建工作顺利开展，为维护灾区社会稳定发挥积极的作用。至年底，全市共有因灾“全倒户”11户，倒塌房屋37间；因灾“严损户”5户，严损房屋11间。其中，11户倒塌房屋已全部开始重建，3户已竣工；5户因灾“严损户”已完成修缮3户，复产重建工作稳步推进。同时，加大“十个有”建设，全市共有26个村（社区）申报全国综合减灾示范社区，其中23个已成功创建。

【潮州市】

2021年，潮州市认真做好防汛抗灾准备，压实工作责任，有力有序组织暴雨台风防御，在抗击干旱和台风“卢碧”等灾害中取得良好成效。

领导重视，压实责任。4月15日上午，召开全市三防工作会议，常务副市长、市三防指挥部总指挥温金荣对全市三防工作进行全面部署；6月1日下午，时任市委书记李雅林召开会议部署全市三防工作；7月23日，市委常委会议传达学习习近平总书记关于防汛救灾工作重要指示精神，部署全市三防工作；防御台风期间，市领导何晓军、何广延等多次坐镇市三防指挥部部署防台风工作。坚持属地管理原则，强化以行政首长责任制为核心的各项三防责任制落实，及时调整市三防指挥部成员单位，明确2021年大中型水库防汛行政责任人、市防汛抗旱防台风行政责任人、全市万亩以上堤围防汛行政责任人和全市水利工程“三个责任人”；两次完善“三个联系”工作制度，共落实72位县（区）领导挂钩联系49镇（街道、场），49个镇（街道、场）的578位领导挂钩联系全市1018个村（居）；继续健全特殊群体临灾转移“四个一”工作机制，全市1018个村（居）的1057户、1155人的特殊群体备案登记，落实临灾转移对接工作责任；继续完善和落实防台风“五个百分百”台账，四个县区共有影响群众的危险区域2617处，影响人数约7964人，均登记备案在册。

做好汛前准备。2月7日，市三防指挥部发出《关于开展2021年汛前防汛防风工作大检查的通知》，全面部署全市汛前防汛备汛工作。2月下旬，各县、区和各有关单位迅速组织由领导和工程技术人员组成的检查组，按照分级管理、分级负责的原则，围绕三防责任制落实、防汛防台风风险隐患排查整治和风险防控、三防体系及能力建设情况、相关行业防汛防台风准备工作、工程防汛安全管理和水毁工程修复工作、山洪灾害防治措施建设等方面，开展全方位、多层次、广覆盖的汛前安全大检查。3月15—17日，市三防指挥部派出4个检查组，对各县、区防汛防风工作进行明督暗查，抽查各地防汛防风风险台账，督办整治责任主体以及排除风险隐患，并于19日印发《关于做好防汛防风工作专项检查发现存在问题整改工作的通知》，要求各级各有关部门要坚持底线思维、问题导向、目标导向、结果导向，针对存在问题，科学制定整改方案，明确整改时限，确保全市度汛安全，并已全部落实整改。3月下旬，常务副市长、市韩江南北堤和北溪桥闸防汛责任人温金荣，副市长、市凤溪水库防汛责任人林文锋分别带队检查防汛备汛工作，均要求各级各有关部门须落实隐患排查整治，完善各类应急预案，全力做好防汛备汛工作。

做好台风防御和抢险救援工作。各级各有关部门加强灾害性天气监测预报预警服务，全年共发布天气预警信号65次；科学研判三防形势，共会商分析42场次；及时发布防汛预警消息和重大天气预报，适时启动应急响应，共启动防冻Ⅳ级应急响应2次，防旱Ⅳ级2次，防台风Ⅳ级3次、Ⅲ级1次。在防御台风“卢碧”期间，完成全市319艘渔船全部回港避风，2258名渔排作业人员上岸避风，150艘在港商船全部落实安全措施；在防御台风“康森”“圆规”“灿都”期间，完成全市317艘渔船全部回港避风，1215名渔排作业人员上岸避风。积极筹备防汛应急器材和各项物资。共储备防汛物资价值约1352万元，其中包括防汛袋127.2万条、土工布3.3万平方米、救生衣（救生圈）8354件、应急发电机组416千瓦、电缆4966米、抢险救生舟161艘，以及各类小型抢险机具一批。市级救灾物资仓库1处，有救灾帐篷508顶、被子3968床、毛毯1133床、毛巾被1100床、折叠床1516张、冬装2381套、夏装1977套等物资。全市共有应急救援队伍61支、1330人，其中市级抗洪抢险专业救援队伍6支、409人，市级地质灾害及工程救援队伍3支、81人，市级森林灭火专业救援队伍4支、136人，市级安全生产救援队伍8支、294人，地方专职消防队伍40支、410人。

做好防旱抗旱工作。针对旱情，各级各有关部门强化计划用水和节约用水，加强对山塘水库的用水管理和调度，保障有限水资源充分合理利用。积极采取措施，密切配合，合力抗旱。受旱各有关县区党委、政府主要领导亲自安排部署抗旱，广大干部群众积极投入抗旱减灾，加强用水管理，严禁小水电发电，下沉抗旱抽水设备到有关乡镇支持春耕灌溉，并通过深挖水井、接入引水管道、抽水灌溉等方式扩充应急水源，切实落实应对干旱措施，全力确保城乡居民饮水安全。全市累计投入抗旱资金6858.5万元，投入人员21.5万人次，投入设备约3万台次，开挖深水井191个，实施引接调水工程76宗。

加强三防宣传工作。全市共开展防灾减灾救灾知识培训692场次，推出宣传报道5443则（次），开设宣传栏1100个，张贴宣传标语、海报、挂图约4000张，发放宣传资料约3.3万份，发送微信推文100多条，发送线上微信提醒6000条次，利用移动通信客户端发送防灾减灾知识信息约11万条（次）。同时，通过一系列演练，进一步提高群众的防灾意识和避险能力，有效提高全市各级各单位的应急反应能力和处置水平。全面推进行政村（社区）防灾减灾救灾能力“十个有”建设，全市共有19个社区（村）荣获“全国综合减灾示范社区”称号，共向省推荐5个社区参评全国综合减灾示范社区。

另外，整合三防指挥决策系统、三防信息接收应急保障系统、应急指挥微信群、应急指挥车、无人机、消防应急指挥等模块形成的综合性应急指挥平台，接入视频监控资源3000多路，启用应急指挥车并连通无人机、单兵视频、云视讯、金视通、视频会议等信息系统，实现指挥车与省、市、县（区）、镇（街道）四级远程指挥会商调度，打造出集远程指挥、实时监控、即时通讯等优势于一体的“移动指挥平台”。

【揭阳市】

2021年，揭阳市认真落实省防总和市委、市政府的决策部署，坚持防、抢、救相结合，早动员、早部署，高校有序地开展各项防御工作，确保2021年安全度汛。市领导先后实地检查榕城、揭东、空港等地防汛防台风和抗旱工作，各级防汛行政责任人在汛前、汛期等多个重要节点实地检查部署防汛防台风工作。

防汛部署突出“早”。年初，市三防指挥部对全市防汛备汛工作作出部署，要求各地开展防汛防风大检查。并于4月2—4日，由应急、水利、住建、自然资源、农业农村等部门组成7个检查组到全市各地开展防汛安全检查。做到早部署、早行动、早检查、早整改，全面加强防汛防风工作。

备汛措施突出“实”。在落实责任方面，认真落实以行政首长负责制为核心的防汛工作责任制。全市21座大中型水库、446座小型水库、243座水闸、36宗捍卫面积5000亩以上堤防和74宗水电站均落实防汛责任人和签订责任书，并在《揭阳日报》、有关网站公布责任人员名单，接受社会监督。建成市、县（区）、镇三级一体化的应急值班值守系统，组织各级党政领导干部和各类责任人进行线上、线下防灾减灾培训，并督促各地防汛责任人履行防汛责任。出台地质灾害群测群防体系建设、地质灾害专业监测预警体系建设、农村削坡建房地质灾害风险管控等工作指引，建立独居老人等特殊群体临灾转移“四个一”工作机制。在宣传方面，结合“世界水日”“中国水周”集中进行宣传用水、节水和水法律等活动；结合“安全生产月”活动，进一步加强防汛防旱防风法律法规的宣传活动。编制印发《揭阳市城乡居民防汛防台风手册》《三防应急卡》《三防明白卡》《自然灾害救助手册》等宣传资料共1万份。在培训演练方面，5月10日，市三防指挥部举办全市应急管理暨防灾减灾知识视频培训班，市、县（区）、镇及各行政村（社区）书记、主任，市级气象灾害防御重点单位防御责任人、镇级气象信息员，共4500多人参训。应急、自然资源、水利、消防救援等部门联合开展基层防汛、地质灾害救援、洪水防御等实战推演。4—6月，有92个乡镇（街）结合当地实际，完成抢险救灾、人员转移等各种演练；揭阳军分区、武警揭阳支队、市消防支队等10支轻舟抢险队伍，不定期开展轻舟抢险应急演练。同时，积极协调驻揭部队壮大抢险救援力量，完善军地抗洪抢险联动机制。在基层能力建设方面，完成94个乡镇应急管理（三防）规范化建设，积极推行行政村防灾减灾“十有”标准，动员54个行政村创建基层防灾减灾示范社区建设。在物资储备方面，全市共储备抢险物料、救生救援器材、抢险机具、抗旱、防低温冰冻等物资一批，储备编织袋69.5万条、粗砂4.7万立方米、块石2.9万立方米、卫星电话162部、帐篷1060顶、棉被4749床、毛巾被1725床、军大衣563件以及救生衣、叉车、油锯、杉木、土工布、应急发电机等防汛抢险救灾物资一批。

隐患排查突出“细”。汛期前，派出7个工作组分赴各地检查防汛备汛工作，组织对各地削坡建房、危房、泥砖房、山洪地质隐患、内涝黑点、水利工程等重点环节逐项排查登记，落实整改措施；组织对交通沿线地质灾害隐患进行拉网排查，加强防范。全市排查出水利工程隐患点30处、山洪灾害229处、地质灾害136处、削坡建房认定可能引发灾害点363处、内涝黑点325处，均已落实整治和风险防控措施。对750艘渔船全部登记造册并实行台账管理，对2687艘“生计”船明确落实管理主体并形成台账。

应急处置突出“紧”。强化会商研判，发布风险警示，及时启动应急响应，科学开展水利工程调度。应急、水利、自然资源、住建、交通、农业农村、公安、消防救援、通信、气象、水文等部门各司其职、密切协作，有效形成防灾减灾工作合力。全市共发布各类预警信号357次（其中，台风预警27次、暴雨预警158次、雷雨大风预警41次、高温预警60次、寒冷预警21次、冰雹预警5次、森林火险预警45次）。先后启动防冻Ⅳ级应急响应1次，防汛Ⅳ级应急响应4次，防风Ⅳ级应急响应2次，防旱Ⅲ级应急响应1次。

【云浮市】

2021年，云浮市认真落实三防责任制，抓好防灾安全隐患排查和风险防控，加强防汛物资储备和应急抢险准备，实现人员零伤亡，江河堤防无一决口，中小型水库山塘无一垮坝，取得防御暴雨台风的阶段性成果。

领导重视，亲自部署。各级党委政府高度重视三防工作，市委书记卢荣春多次对防汛备汛和强降雨、地质灾害防御工作作出重要批示（指示），亲自部署并带头开展防汛防风抗旱工作检查。多次召开专题会议部署研究三防和重点节假日相关工作，前往江河堤坝视察调研。防御台风"狮子山""圆规"期间，分别于10月9日、10日、14日连续对防御工作作出四次批示，要求把强降雨和次生灾害防御工作做得更细、更扎实、更落实，抓好转移群众安置工作并扎实核算辖区内各类地质灾害风险点，重点摸清涉及医院、学校点位并跟进整治情况。

进一步抓好落实三防责任制。修订本级三防预案，形成《云浮市防汛防旱防风防冻应急预案》，已提请市政府审定；拟定《云浮市暴雨防御应急响应机制（征求意见稿）》，目前正在征求意见阶段；建立三防风险隐患台账，将削坡建房、地灾风险、南药种植基地、三面环山村庄、在建桥梁隧道、水边废弃物等信息纳入并及时更新。完成责任人管理系统信息更新工作，覆盖三防责任人数8122人；全市239宗中小型水库、222宗水闸、7宗五千亩以上堤防、352宗水电站、1139宗库容1万立方米以上山塘均已落实3位责任人，及时公示并编制防洪预案。5月11日，召开三防工作业务培训班，共300多人参训。辖区内各镇（街）三防"一图四表"工作台账均已落实到位，带班领导逢值班期间均在辖区内指导工作。

组织开展督查检查工作。按照省防总统一部署，组织各地、各相关单位按照分级负责、属地管理、部门监管的原则，全面开展自查、排查等工作。一是自查阶段。由各镇（街）根据现存不足开展排查自查自检。二是市组织督查。至年底，市防总组织应急管理、自然资源、住建、农业农村、水务等部门联合开展督查3次，共派出15个工作组、200多人次对辖区内的各类三防风险隐患、物资储备、责任落实进行督促检查。三是明确排查重点。各地各有关部门重点对山塘、水库、堤防、水闸、水电站、泵站等易发生灾害点，以及地质灾害点、削坡建房、低洼易涝地区等危险区域开展隐患排查，强化三防责任人对汛期防汛的防范意识及责任感，落实专门巡查责任人，确保巡查到位。

坚持"四预"到位，强化会商协调联动。一是优化预报。积极与气象、水文、水务等部门沟通，传达有关预报信息通告。深化汛期会商研判机制，特别在"查帕卡"等台风影响期间，严格按照区领导联系镇、镇领导联系村、村干部联系户的"三个联系"制度，压实层级责任。各镇、各部门按照三防职责，始终按照隐患排查、安全转移、强化监测、落实整治等措施积极做好三防工作。二是精准预警。加强对强降雨、洪涝、地质灾害等灾害的监测预警，实时监测、滚动预报、及时预警，力求精准、通俗易懂可操作。累计推送7.32万条预警信息到市、县（区）、镇、村级三防责任人，发出4488条预警信息到县三防、镇三防等68个重点防御单位；

发布各类突发气象预警信号 432 次，发布重大气象信息 31 期，发布决策短信 131 条、共计 21.9 万人次。三是启用预案。全市共启动应急响应 7 次，其中防冻Ⅳ级 2 次，防风Ⅳ级 2 次、Ⅲ级 1 次，防汛Ⅳ级 2 次，各县（市、区）均根据实际情况适时启动响应。四是全面预演。以落实和完善防汛防风应急预案为基础，以提高预防和处置台风、暴雨、洪涝期间突发事件的应对能力为目的，通过“以练为战”的防汛抢险演练方式，各地各成员单位均根据预案要求结合本部门本行业实际组织多样化应急演练，着力完善和提升全市各抢险专业队伍和部队官兵的应急抢险能力。

加强应急物资储备，做好应急抢险准备。市、县（区）、镇三级共有专业抢险队共有 90 支、3429 人，其中，市级 16 支、674 人，县级 11 支、865 人，镇级 63 支、1890 人。全市共有避护场所 981 处，可容纳总人数 108.36 万人，防灾救灾仓库 47 处。市、县（区）两级三防物资储备主要有编织袋 80.77 万条、编织布 5.29 万平方米、桩木 280 立方米、冲锋舟 58 艘、橡皮舟 125 艘、救生衣 4912 件、救生圈 593 只、水泵 93 台、汽油发电机组 28 台。全市共有三防信息应急接收保障系统 91 套，覆盖市、县（区）、镇三防指挥部及重要水利工程。全市已配备卫星电话 106 台，其中市级 10 台，县（区）级 33 台，镇级 63 台（全部乡镇已配备）；储备帐篷 858 顶、折叠床 2246 张、棉被 9011 张、毛巾被褥 4844 张、蚊帐 2519 张、衣裤类物资 9736 件，以及照明、防雨等物资一批。

附　　录

文件法规

广东省人民政府令

（第 284 号）

《广东省防御雷电灾害管理规定》已经 2021 年 5 月 22 日十三届广东省人民政府第 145 次常务会议通过，现予公布，自 2021 年 9 月 1 日起施行。

省　长

2021 年 7 月 7 日

广东省防御雷电灾害管理规定

（2021年5月22日十三届广东省人民政府第145次常务会议通过）

第一章　总　则

第一条　为了加强雷电灾害的防御，避免、减轻雷电灾害造成的损失，保障人民生命财产安全，根据《中华人民共和国气象法》《气象灾害防御条例》等有关法律、法规，结合本省实际，制定本规定。

第二条　本规定适用于本省行政区域内从事防御雷电灾害的活动。

第三条　防御雷电灾害工作坚持以人为本、安全第一、预防为主、防治结合的原则。

第四条　各级人民政府应当将防御雷电灾害工作纳入公共安全监督管理范围，加强对防御雷电灾害工作的组织领导，建立健全协调机制，逐步加大对防御雷电灾害工作的投入。

第五条　各级气象主管机构负责管理、指导和监督本行政区域内的防御雷电灾害工作，组织做好雷电监测和预报预警、雷电易发区域划定、雷电灾害风险评估、雷电灾害调查鉴定、雷电防护装置检测管理等工作。

县级以上人民政府住房城乡建设、交通运输、水利、农业农村、教育、应急管理、电力、通信等部门应当在各自的职责范围内做好防御雷电灾害工作。

第六条　县级以上人民政府应当鼓励和支持防御雷电灾害科学技术研究与开发，推广应用先进的防御雷电灾害技术，推动建立防御雷电灾害先进标准体系。

各级气象主管机构及政府有关部门应当加强防御雷电灾害标准化建设，组织做好防御雷电灾害标准的宣传贯彻实施。

鼓励和支持有条件的地区和单位建设雷电科学实验场所，开展防御雷电灾害新技术研究。

第七条　防御雷电灾害行业协会应当加强行业自律，规范行业行为，提高行业技术能力和服务水平。

鼓励防御雷电灾害行业协会推动防御雷电灾害团体标准建设，提供信息、培训等服务。

第八条　公民、法人和其他组织应当配合并参与防御雷电灾害活动，根据雷电灾害预警信息及时做好应急准备，依法服从有关部门的指挥，开展自救互救。

第九条　各级人民政府、有关部门应当利用各类传播媒介向社会宣传普及防御雷电灾害法律法规和科学知识，提高社会公众防雷减灾意识和能力。

县级以上人民政府教育行政部门应当督促学校将防御雷电灾害知识纳入有关课程或者课外教育内容，培养和提高学生的防范意识和自救互救能力。

第二章　风险预防与监测预警

第十条　各级气象主管机构应当根据本行政区域的地形、地质、地貌及雷电活动情况等因素，划定雷电易发区域及其防范等级，并向社会公布。

第十一条 大型建设工程、重点工程、爆炸和火灾危险环境、人员密集场所等项目应当进行雷电灾害风险评估，以确保公共安全。

自由贸易试验区、开发区、产业园区、新区及其他有条件区域应当开展工程建设项目区域雷电灾害风险评估。符合条件的工程建设项目不再单独进行雷电灾害风险评估。

区域雷电灾害风险评估，由承担区域管理职责的机构或者县级以上人民政府指定的部门组织实施。

第十二条 鼓励建立雷电灾害保险制度。

鼓励大型建设工程、重点工程、爆炸和火灾危险环境、人员密集场所等项目购买雷电灾害保险，减少雷电灾害造成的损失。

第十三条 各级气象主管机构应当按照合理布局、信息共享、有效利用的原则建设雷电监测网，完善雷电监测和预警系统，确保监测和预警系统的正常运行。

各级气象主管机构所属的气象台站应当加强对雷电灾害性天气的监测，及时向社会发布雷电灾害性天气预报、预警。

第十四条 雷电灾害性天气发生时，有关单位应当根据实际情况，按照防御指引或者标准规范采取相应的应急措施。

第三章 雷电防护装置

第十五条 新建、改建、扩建建（构）筑物、场所和设施应当按照有关标准和规定安装雷电防护装置，并与主体工程同时设计、同时施工、同时投入使用。

农村地区的学校、候车亭、文化体育场馆等公共场所以及雷电灾害风险等级较高的村民集中居住区和种养殖区应当按照有关标准安装雷电防护装置。雷电防护装置的安装和维护应当列入农村社会公益事业建设计划。

第十六条 新建、改建、扩建建设工程的雷电防护装置的设计、施工，可以由取得相应建设、公路、水路、铁路、民航、水利、电力、核电、通信等专业工程设计、施工资质的单位承担。

第十七条 新建、改建、扩建建设工程的雷电防护装置的建设、设计、施工、监理、检测单位，按照相应职责承担建设工程雷电防护装置质量安全责任。

建设工程设计单位应当在编制项目设计文件时，同步编制雷电防护装置的设计文件，执行工程建设强制性标准，并对建设项目雷电防护装置设计全面负责。

雷电防护装置施工单位应当按照通过审查的设计文件和施工技术标准进行施工。

雷电防护装置检测单位应当按照国家有关标准和规范，根据施工进度进行分项检测，出具检测意见，并对检测数据的真实性负责。

建设工程监理单位应当根据施工进度对雷电防护装置施工质量实施监理，并对施工质量承担监理责任。

第十八条 雷电防护装置应当每年检测一次，爆炸和火灾危险环境场所的雷电防护装置应当每半年检测一次。

雷电防护装置检测单位对检测合格的雷电防护装置，应当出具检测报告和检测标识，并对检测报告的真实性负责。

雷电防护装置检测单位对检测不合格的雷电防护装置，应当提出整改意见；拒不整改或者整改不合格的，雷电防护装置检测单位应当报告当地气象主管机构，由当地气象主管机构依法作出处理。

第十九条　从事雷电防护装置检测的单位应当依法取得气象主管机构颁发的资质证。

从事电力、通信雷电防护装置检测的单位应当依法取得国务院气象主管机构和国务院电力或者国务院通信主管部门共同颁发的资质证。

第二十条　已安装雷电防护装置的单位或者个人应当做好雷电防护装置的日常维护工作，并委托有相应资质的雷电防护装置检测单位进行定期检测；有物业服务人的，物业服务人应当按照物业服务合同的约定对物业服务区域内的雷电防护装置进行维护管理和委托检测。

鼓励采用新技术对雷电防护装置的工作状态和有效性进行在线实时监测。

第四章　监督管理

第二十一条　各级气象主管机构负责下列工程、场所的雷电防护装置的设计审核和竣工验收：

（一）油库、气库、弹药库、化学品仓库和烟花爆竹、石化等易燃易爆建设工程和场所；

（二）雷电易发区内的矿区、旅游景点或者投入使用的建（构）筑物、设施等需要单独安装雷电防护装置的场所；

（三）雷电风险高且没有防雷标准规范、需要进行特殊论证的大型项目。

未经设计审核或者设计审核不合格的，不得施工；未经竣工验收或者竣工验收不合格的，不得交付使用。

第二十二条　房屋建筑、市政基础设施、公路、水路、铁路、民航、水利、电力、核电、通信等建设工程的主管部门，负责相应领域内建设工程的防御雷电灾害管理，并将雷电防护装置的施工、检测、竣工验收等信息数据与防雷安全监管平台共享。

第二十三条　各级气象主管机构负责对由其设计审核和竣工验收后投入使用的雷电防护装置实施安全监管；住房城乡建设、交通运输、水利、电力、通信等部门负责对本领域投入使用的雷电防护装置实施安全监管。

第二十四条　各级气象主管机构和住房城乡建设、交通运输、水利、电力、通信等部门应当建立协同监管和联合执法机制，对雷电防护装置检测活动实施监督管理。

第二十五条　省气象主管机构应当建立雷电防护装置检测质量管理制度。

各级气象主管机构应当加强对雷电防护装置检测单位检测活动的质量监管，定期组织检测质量检查。

第二十六条　省、地级以上市气象主管机构应当建立雷电防护装置检测单位从业信息档案，将在本行政区域内从事雷电防护装置检测活动的单位的名称、资质等级、主要技术人员信息、检测活动、检测质量检查结果和监督管理等信息纳入从业信息档案，并按照国家规定向社会公示检测单位的行政许可、行政处罚信息。

第二十七条　各级气象主管机构和住房城乡建设、交通运输、水利、电力、通信等部门应当根据防御雷电灾害工作情况，制定年度监督检查计划，加强防御雷电灾害监督管理，督促落实防御雷电灾害责任。

第二十八条　雷电灾害发生后，气象主管机构应当会同其他有关部门组织开展灾害调查鉴定工作，按照实事求是、尊重科学的原则，及时、准确做出调查结论，分析雷电灾害原因，提出整改措施和处理意见。

有关单位和个人应当协助气象主管机构和其他有关部门开展雷电灾害的调查鉴定工作，不得干扰、阻挠对雷电灾害的调查处理。

第五章　法律责任

第二十九条　各级人民政府、气象主管机构和其他有关部门及其工作人员违反本规定，未依法履行职责的，由上级机关责令改正；情节严重的，对直接负责的主管人员和其他直接责任人员依法给予处分；构成犯罪的，依法追究刑事责任。

第三十条　违反本规定的行为，由气象主管机构或者其他有关部门依照有关法律、法规和规章规定给予行政处罚。

第六章　附则

第三十一条　本规定自 2021 年 9 月 1 日起施行。

文件法规

广东省人民政府令

（第 285 号）

《广东省地震预警管理办法》已经 2021 年 7 月 1 日十三届广东省人民政府第 151 次常务会议通过，现予公布，自 2021 年 9 月 1 日起施行。

省　长　马兴瑞

2021 年 7 月 7 日

广东省地震预警管理办法

（2021年7月1日十三届广东省人民政府第151次常务会议通过）

第一章 总 则

第一条 为了规范和促进地震预警管理，防御和减轻地震灾害，保护人民生命和财产安全，保障经济社会持续稳定发展，根据《中华人民共和国防震减灾法》《地震监测管理条例》《广东省防震减灾条例》等法律法规，结合本省实际，制定本办法。

第二条 在本省行政区域内从事地震预警系统规划、建设和维护，地震预警信息发布、传播和运用以及相关监督管理工作，适用本办法。

本办法所称地震预警，是指在地震发生后，破坏性地震波到达前，利用地震监测设施、设备及相关技术自动快速获取地震信息，并自动向有关区域发出警报的行为。

本办法所称地震预警系统，包括地震监测系统、地震监测数据传输和处理系统、地震预警信息服务系统。

第三条 地震预警工作遵循政府主导、部门协同、社会参与的原则。

第四条 县级以上人民政府应当加强对地震预警工作的领导，将地震预警工作纳入本级国民经济和社会发展规划，所需经费列入同级财政预算。

第五条 县级以上人民政府负责管理地震工作的部门或者机构（以下简称地震工作管理部门）负责本行政区域内地震预警监督管理工作。

应急管理、发展改革、教育、科技、公安、财政、自然资源、住房城乡建设、交通运输、水利、广播电视、气象和通信管理等部门，在各自职责范围内做好地震预警相关工作。

第六条 鼓励和支持社会力量开展地震预警科技创新、产品研发、成果运用，参与地震预警系统建设。

第二章 地震预警系统规划与建设

第七条 省人民政府地震工作管理部门应当根据国家相关要求和本省实际情况，结合本省数字政府改革建设工作部署，组织编制全省地震预警系统建设规划，报省人民政府批准后组织实施。

市、县、区人民政府地震工作管理部门应当根据全省地震预警系统建设规划，组织编制本行政区域的地震预警系统建设实施方案，报本级人民政府批准后组织实施。

第八条 高速铁路、轨道交通、枢纽变电站、输油输气管线（站）、矿山、石油化工、核设施、重要的特大桥梁、大型水库以及其他可能由地震引发严重次生灾害的建设工程，建设单位或者运营管理单位应当设置地震预警信息自动接收装置。

前款规定的建设工程，建设单位或者运营管理单位可以建立专用地震预警系统。专用地震预警系统建设情况应当报省人民政府地震工作管理部门备案。

第九条　地震重点监视防御区的幼儿园、学校、医院和人员密集的机场、车站、体育场馆、大型娱乐场所、商业中心等公共场所，应当设置地震预警信息自动接收和播放装置。

鼓励机关、团体、企业、事业等单位设置地震预警信息自动接收和播放装置。

第十条　地震预警建设项目应当按照国家和省有关规定进行验收，合格后方可正式运行。

市、县、区人民政府建设的地震预警设施，应当纳入全省地震预警系统。有关单位建设的专用地震预警系统，可以申请纳入全省地震预警系统。纳入全省地震预警系统的，应当在系统中实时传输监测数据。

第三章　地震预警信息发布与应急处置

第十一条　根据预估最大地震烈度，将地震预警分为一级、二级、三级和四级，分别用红色、橙色、黄色和蓝色标示，一级为最高级别。

第十二条　省人民政府地震工作管理部门负责本省行政区域内的地震预警信息制作、产出。

地震预警信息内容包括预警级别、发震时间、震中、震级、破坏性地震波预计到达时间和预估地震烈度等。

第十三条　地震预警信息由全省地震预警系统统一发布、更新或者撤销。

专用地震预警系统不得向社会发布地震预警信息。

第十四条　广播、电视、互联网、移动通信以及其他有关媒体应当在地震工作管理部门指导下，建立地震预警信息自动传播机制，及时、准确、无偿传播地震预警信息。

第十五条　县级以上人民政府及其有关部门、乡镇人民政府以及依法应当制定地震应急预案的单位制定的地震应急预案，应当包括组织指挥体系及其职责，预防和预警机制，处置程序，应急响应和应急保障措施等。

在接收到地震预警信息后，有关区域的单位应当立即按照相关规定、应急预案和技术规范进行应急处置，实施应急避险措施。

第四章　保障措施

第十六条　各级人民政府应当加强对地震预警设施和地震观测环境的保护。地震工作管理部门具体负责对地震预警设施和地震观测环境的巡查和保护工作。

地震预警设施遭受破坏的，地震工作管理部门应当及时组织修复；地震观测环境遭受破坏影响地震预警设施工作效能的，有关单位应当排除妨碍、消除影响、恢复原状或者易地重建。

地震预警系统、地震预警设施运行管理单位和地震预警信息接收单位应当加强对相关系统设施的维护管理，保障地震预警系统正常运行。

第十七条　任何单位和个人不得侵占、毁损、拆除或者擅自移动地震预警设施，不得危害地震观测环境。

任何单位和个人对危害、破坏地震预警设施和地震观测环境的行为有权举报。

第十八条　高速铁路、轨道交通、枢纽变电站、输油输气管线（站）、矿山、石油化工、核设施、重要的特大桥梁、大型水库及其他可能由地震引发严重次生灾害的建设工程，建设单位或者运营管理单位应当建立地震预警应急响应机制，设置地震预警应急处置设施，定期开展地震预警应急演练。

第十九条 地震重点监视防御区的幼儿园、学校、医院以及人员密集的机场、车站、体育场馆、大型娱乐场所、商业中心等公共场所，应当建立地震预警应急响应机制，确保地震预警信息能在本场所全范围即时播报，显著标明安全撤离的通道、路线，保证安全通道、出口畅通，定期开展地震预警应急演练。

第二十条 县级人民政府及其有关部门、乡镇人民政府、街道办事处应当组织开展地震预警和应急知识宣传普及活动和必要的地震预警应急演练，提高全民的地震风险防范意识和避险救助能力。

地震工作管理部门应当向社会普及地震预警和应急知识，指导、协助、督促有关单位做好地震预警和应急知识宣传教育以及地震预警应急演练等工作。

机关、团体、企业、事业等单位应当按照所在地人民政府的要求，结合各自实际情况，加强对本单位人员的地震预警和应急知识宣传教育，开展必要的地震预警应急演练。

幼儿园、学校应当开展地震预警和应急知识教育，培养学生的安全意识和自救互救能力。

新闻媒体应当开展地震预警和应急、地震自救和互救知识公益宣传。

第五章 法律责任

第二十一条 擅自向社会发布地震预警信息或者编造、传播虚假地震预警信息，构成违反治安管理行为的，由公安机关依法处罚；构成犯罪的，依法追究刑事责任。

第二十二条 县级以上人民政府地震工作管理部门和有关行政机关工作人员在地震预警监督管理工作中滥用职权、玩忽职守、徇私舞弊的，对直接负责的主管人员和其他直接责任人员依法给予处分；构成犯罪的，依法追究刑事责任。

第六章 附则

第二十三条 本办法自2021年9月1日起施行。

防灾减灾文摘

广东：早预警早联动　筑牢防御长堤

“拐了，拐了！”5日9时20分，广东省气象台值班人员冯沁发现此前锚定在汕头沿海海岸登陆的台风“卢碧”，竟扭头转向东北方向，直奔南澳岛。两小时后，“卢碧”最终在南澳岛“上岸”。

面对“任性”的台风路径，广东气象部门坚持人民至上、生命至上的理念，早预警、早联动，从3日起就拉起严密防线。

“卢碧”是地道的南海“土台风”。广东省气象台首席预报员梁健解释，其具有近岸生成、近海加强、路径多变等特点，因此，往往台风仍在海上，陆上就已风雨不断。

面对台风，广东各级气象部门绷紧了弦。省气象局党组坚决把思想和行动统一到中国气象局和广东省委、省政府的重大决策部署上，高度重视、高位推动、高效落实，第一时间面向当地党政领导和相关部门开展决策气象服务，并派出技术骨干在防汛抗旱指挥部值班值守，强化与相关行业和重点单位的对接联动。

“‘卢碧’将在粤东至闽南沿海登陆，未来3天饶平县有暴雨到大暴雨，局部特大暴雨。”4日，潮州市饶洋镇25个行政村、1个社区的大喇叭同时响起，提示台风风雨影响和饶洋镇可能出现的旱涝急转情况。

饶洋全镇密切关注台风动向，并采取各项防御措施。镇政府全体工作人员、民兵应急排、专职消防队、各村干部随时待命，严格落实“三个联系”“三个对接”和特殊群体临灾转移“四个一”工作机制，并备好防汛应急抢险物资。

广东省气象局乡村振兴驻饶洋镇帮扶队实时向镇党委通报台风路径、强弱和降水等情况，提供精准预报信息，提前转移安置地质灾害隐患点附近危旧房群众40人。“气象预报非常及时准确！”饶洋镇党委书记张永饶说。

随着台风预警相继发布，4日20时40分，汕头市蓝天救援队集结完毕，整装待发，他们将赶赴汕头各县镇，进一步参与巡堤、转移群众、物资传送等工作。8月5日上午“卢碧”登陆前，救援队共协助各地政府及相关部门转移危险区域人员80多人。

截至5日15时，全省气象部门共发布各类预警298站次，利用省突发事件预警中心系统“一键式”发送预警信息706条。各级气象部门官方微博共发布信息1229条。

广东各级党委、政府和相关部门共转移危险区域人员3.3万人、关闭海滨景区和浴场43个。农业农村和渔业部门共组织全省3561艘免休渔船进港避风，6219名渔排养殖人员上岸避险。汕头、潮州和揭阳等地及时采取停课、关停沿海旅游景点、预置抢险队伍等措施。

（作者：王天巍、刘梓楠、邱逸峰，原载于2021年8月6日《中国气象报》，入选时略有改动）

应急管理：防患于未然　全程监管　冲锋在前

冲锋在前：当好人民安全“守夜人”

11 月 4 日，首届全国应急管理系统先进模范和消防忠诚卫士表彰大会在北京举行。此次表彰中，广东共有 2 个单位被评为先进集体，8 人被评为先进工作者，1 人被评为中国消防忠诚卫士、二级英雄模范。

“获得荣誉既是鼓励也是鞭策，我们将继续攻坚克难，冲锋在前，为应急管理事业奉献全部力量。”省应急管理厅科技和信息化处一级主任科员成海峰说。这次被评为先进工作者，他倍感振奋。

这次获奖的单位和个人，既有统筹协调全省灾害事故处置的“神经中枢”，也有扎根基层一线、打通安全防范“最后一公里”的派出机构和个人。广东是经济大省，长期积累的安全风险较多，新的风险又不断显现，各类风险隐患交叉叠加，使得应急管理队伍时刻面临挑战。努力当好人民安全的“守夜人”、灾害事故应急响应的“吹哨人”，已成为他们肩负的重要职责和使命。

信息不停转：365 ×24 小时协调处置事故

去年 6 月 7 日晚，清远市及佛冈县、清城区都收到一份来自省应急管理厅值班室的文件，提醒当地龙山镇、源潭镇即将迎来强降雨，要马上部署做好安全防范工作。接到预警信息后，清城区及时传达给源潭镇，随后在赤狮坑村提前转移了 55 名村民。随后不久，强降雨就在该村引发了泥石流，村民房屋损毁严重，好在无一人伤亡。

这一夜，省应急管理厅应急指挥处的工作人员格外忙碌，他们紧盯着天气信息，实时分析研判，并第一时间向可能受影响的区域发出预警。

一年 365 天、每天 24 小时不停运转——这一次被评为全国应急管理系统先进集体的应急指挥处，可以说是广东省突发事件监测预警和信息处置的“神经中枢”，更是统筹协调灾害事故应急响应的关键节点。

省应急管理厅应急指挥处处长许亦鸣介绍：“我们要协调突发事件先期处置工作，主动拓展信息源，加强信息收集、核实、分析、研判，及时上报各类突发事件信息专报，为应急指挥决策提供重要支撑。”

基层强监管：全镇企业信息 100% 建档

要守护万家灯火，不仅需要应急指挥处这样的“神经中枢”指挥协调，更需要基层机构打通“最后一公里”，从根本上筑牢安全防线。

东莞市应急管理局茶山分局是广东此次被评为先进集体的另一家单位。近年来，该分局以创新机制模式为抓手，推进队伍建设、综合监管、风险管控、防灾减灾、能力建设、宣传教育等工作，实现安全生产形势平稳向好发展。

在东莞茶山，从安全文化主题公园、宣传栏到灯柱、公交站台，安全宣传随处可见。近 5

年来，茶山镇各类安全事故起数和死亡人数实现“双下降”，2020 年安全生产工作在东莞全市排名第一。

“我们首创了‘1 +4 +4’的茶山模式，即‘1 个分局 +4 个股室 +4 个片区’，将全镇划分为 4 个片区，由分局 4 个股室进行分片统筹管理，并组建 1 支督导小组督促日常工作落实，改变了过去传统、被动和分散的管理。”该局有关负责人介绍。

该局还开发了“茶山应急管理信息化”系统，建立数据库，企业信息建档覆盖率达到 100%。借助这一平台派发工单，应急管理部门强化了日常监管，实现了对企业安全生产的动态管理。

创新解难题：极限情况下也能回传现场资料

严重的洪涝灾害往往伴随着电力、道路、通信中断。灾情信息传不上来、工作指令发不下去，成为应急救灾救援工作开展的一大阻碍。极限情况下应急指挥“看不到、听不到、指挥不到”，是成海峰在努力解决的难题。

为此，从 2019 年 8 月起，成海峰联合相关企业的技术人员进行集中攻关，加班加点搭平台、测硬件，终于在 2020 年 1 月取得突破——在手机没有信号的灾害现场，也能回传音视频资料。

成果很快派上了用场——

去年 6 月，广东遭遇了 15 年以来最强的“龙舟水”降雨过程。面对可能发生的洪涝灾害，成海峰带领通信技术团队，跟随党员突击队、应急小分队，保障现场与指挥中心顺利进行视频连线，传回了一线实时画面，极大缩短了信息收集及研判时间，为救援提供了强大支撑。

此次“龙舟水”期间，团队转战全省 9 个受灾现场，完成应急通信保障任务 28 次。在花都梯面镇、佛冈汤塘镇等公网中断地区，与指挥中心连线 10 余次；在惠州龙门等 8 个受灾区域，使用 3D 建模无人机，绘制 10 幅全景地图；通过小鱼音视频终端，在 9 个受灾现场与指挥中心连线 20 余次；通过卫星无线网络，帮助受灾群众用微信向外地家人报了平安。

“这次的荣誉是对全体应急管理部门同志用实际行动实践‘人民至上，生命至上’的肯定。全体应急人都在努力拼搏，才有了如今的突破和跨越发展。”成海峰说。

防患于未然：“宁听骂声，不听哭声”

在同事眼中，被评为先进工作者的江门鹤山市应急管理局党委委员、副局长、三级主任科员张定文不仅有一张“婆婆嘴”，还有两条“勤快腿”。多年来，他的足迹踏遍了江门鹤山的上千家企业。今年 6 月，在张定文带队对一家家具制造企业开展安全生产检查时发现，该公司虽是行业龙头企业，但在安全生产方面却存在主体责任意识欠缺、安全管理不到位的情况。

第二天，张定文就召集企业法人和安全主管进行警示约谈。“我们安全生产监管宁听骂声，不听哭声。无数生产安全事故表明，没有安全生产这个‘1’，其他一切都为 0。”经过耐心的说服与专业指导，企业负责人从约谈初的不以为然，到最后变得惭愧不已：“幸亏应急管理部门及时提醒我们，我们才能尽快整改到位。”

“要统筹好发展和安全，就要求我们面对企业时，既要严格监管，又要精准服务。”张定文说。

“人民第一位”：在超强台风中登顶堵漏

“忠诚是干出来的，标兵是练出来的。”被评为中国消防忠诚卫士、二级英雄模范的湛江市工农消防救援站站长助理张志添说。

1997 年 12 月，17 岁的张志添应征入伍。走出大山那一刻，他就立下“当兵就要当尖兵”的志向。为应对“全灾种”救援任务，他到香港等地参加专业技术培训，取得了危化品事故处置等 7 个资格证书，成为素质全面的灭火救援能手。

2015 年 10 月 4 日，台风“彩虹”席卷湛江，最高风力达 18 级。霞山区富多煤气公司 3 个液化石油气储罐大面积泄漏，情况危急。

在超强台风中登顶堵漏，是拿血肉之躯与死神较量。张志添毅然携带器材逆风攀爬，短短 20 米用了半个多小时。登顶后，泄漏口高压气体疯狂喷射，多次堵漏都失败了。

“我的身后是整个霞山区人民的安危，死也不能放弃!”怀着这样的信念，他用杠杆压住木塞，边锤边压。一锤、十锤、百锤……终于将木塞锤进泄漏口，成功化解一场灾难。

霞山堵漏只是张志添出生入死的一个剪影。24 年来，他先后参加了 4000 余次急难险重任务处置。他说：“我会始终把人民群众的利益放在第一位，刀山敢上、火海敢闯，竭尽全力为民排忧解难，为提升老百姓的幸福感、获得感贡献自己的力量。”

（作者：黄叙浩，原载于 2021 年 11 月 7 日《南方日报》）

广东全面提升基层防灾减灾救灾综合水平，筑牢安全发展基础

广东全省行政村（社区）将实现“十个有”全覆盖

清远迎咀村，村干部和民兵按照“四个一”工作机制，安排专人对村中的独居老人、小孩进行“紧急转移”；北江大堤芦苞段水域，由摩托艇和橡皮艇组成的水面搜索编队与携带热成像仪的无人机配合，以“1”字队形快速前往“受灾”水域……4月27日北江流域防汛抢险综合演练中的这些场景，也是广东防灾工作机制不断完善的生动体现。

4月27日，北江流域防汛抢险综合演练现场，应急队伍对管涌险情进行处置。

今年5月12日是中国第13个全国防灾减灾日，5月8—14日为防灾减灾宣传周。全国防灾减灾日的主题是“防范化解灾害风险、筑牢安全发展基础”。

近年来，经济大省、人口大省广东建立了统一高效、协同联动的应急管理体制，更以全省全面开展综合减灾示范社区创建工作为契机，扎实提升基层防灾减灾救灾综合水平。目前，全省创建了1366个全国综合减灾示范社区，居全国首位；同时还在全国创新提出开展行政村（社区）防灾减灾“十个有”建设，为人民群众安居乐业和广东省高质量发展筑牢安全底线。

创建综合减灾示范社区数量全国居首

“真没想到铜锣、铁铲等器材工具，有一天能派得上用场。”珠海市钰海社区党委书记梁敏华告诉笔者，回忆起2017年8月的台风“天鸽”，他仍心有余悸。那场台风吹倒、吹折了钰海社区900多棵树，整个街道一片狼藉。好在从2015年起，该社区就开始创建全国综合减灾示范社区，到2017年创建成功。台风前，居民早已接到社区预警并做好了准备，台风过后，社区迅速组织各方力量，很快就恢复了社区正常的经济生活秩序。

以此为契机，钰海社区还构建完善了社区的组织领导机构、编制了完善的应急预案、构建了应急物资仓库、制定了“一纸预案”、明确了职责任务等，再加上多种形式的宣传和经常性的演练，社区防灾减灾水平跨上了新台阶，成功处置了一次又一次台风、洪涝等的灾害。

村居是防灾减灾的最前一道防线，这道防线一旦失守，所能挽回的损失都是极为有限的。对于比城市社区的防灾减灾水平更为薄弱的乡村，广东按照《广东省实施乡村振兴战略规划（2018—2022年）》，要求创建示范社区向乡村倾斜。值得关注的是，2020年全省有120个行政村（社区）成功创建全国综合减灾示范社区，居全国首位，基本实现了每个乡镇至少有1个村（居）开展示范社区创建。

在此过程中，广东大力开展灾害风险网格化建设，制定行政村（社区）灾害监测预警制度，推动更多防灾减灾救灾资源、服务、管理下沉到基层社区，极大地提升了城乡社区防灾减灾救灾工作的水平和能力。

同时，广东还积极整合减灾委员会各成员单位的防灾减灾资源，支持指导社区做好创建各项工作，不断深化创建活动内涵。

数据显示，在一批示范社区的带动下，2020年全省共766个社区开展综合减灾示范社区创建工作，创历史纪录。

“十个有”建设弥补防灾减灾救灾薄弱环节

如果说广东省全面开展全国综合减灾示范社区的创建是提升基层防灾减灾能力的第一步，那么在全国率先提出行政村（社区）防灾减灾救灾能力“十个有”建设，则是广东省深入推进行政村（社区）防灾减灾救灾能力提升的再出发。

“十个有”都有些什么？广东要求行政村（社区）防灾减灾要“有组织体系、有大喇叭、有警报器、有避难场所、有风险地形图、有明白卡、有应急通讯、有应急照明、有小册子、有宣传栏”。

具体怎么做？广东组织编制了“十个有”建设模板，明确了“十个有”建设内容，统一规范了建设要求和标准，并安排专项资金打造基层防灾减灾救灾的样板村、样板镇，通过试点先行、以点带面，推进基层综合防灾减灾标准化建设。

截至目前，全省共有15572个行政村（社区）开展了“十个有”建设，占比58.4%，有效弥补了基层防灾减灾救灾工作的薄弱环节，为基层第一时间应对处置灾害事故发挥了重要作用。按照计划要求，广东到2021年全省行政村（社区）要实现“十个有”建设全覆盖。

在提升基层防灾减灾救灾综合水平方面，广东还全力支持首批全国综合减灾示范县汕头市南澳县的创建，通过省、市、县三级联建的方式，统筹各方资源，将其打造为广东综合减灾“名片”，推出“广东范本”。除了汕头市南澳县外，深圳市盐田区、珠海市金湾区、江门市江海区、肇庆市端州区、清远市阳山县5个县（区）也于2020年开展示范县创建工作。

为有效提升社会公众防灾减灾意识和自救互救能力，广东还组织编印了《广东省防灾减灾手册》，手工绘制、图文并茂的内容，生动形象地展示了23类自然灾害和常见事故，帮助公众认识灾害事故、掌握避险自救技能。该手册不仅印刷纸质版分发各级各地，还制作为线上电子书在全省甚至全国广泛传播。

修订完善应急预案打好“主动仗”

2019年，广东省出台《广东省防汛防旱防风条例》，这是全国首部三防工作地方法规。今年4月，广东省印发了新修订的《广东省森林火灾应急预案》《广东省防汛防旱防风防冻应急预案》，以此完善广东省森林防灭火工作体制机制和防汛防旱防风防冻应急管理体系。

根据这两份应急预案，对森林火灾预防和扑救工作中责任不落实、发现隐患不作为、发生事故隐瞒不报、处置不得力等失职渎职行为，将依法追究属地责任、部门监管责任等责任。防汛防旱防风防冻工作亦实行行政领导责任追究制度，对在抢险救援中有立功表现的个人和单位给予表彰和奖励，对失职、渎职人员依规严肃追责，构成犯罪的依法追究刑事责任。

广东是林业大省，森林面积约1.6亿亩，森林覆盖率接近全省国土面积的60%。近年来，全省森林资源持续稳定增长，森林面积、蓄积量大幅增加。平均每年有5.3个登陆的台风在带来丰沛降雨的同时，也给林区留下了巨量的倒木，导致可燃物载量急剧增加，增高了森林火灾风险，这对森林火灾“早预警、早响应、早发现、早处置”的应急救援能力提出了更高的标准要求。《广东森林火灾应急预案》将森林火险预警级别划分为4个等级，由高到低依次用红色、橙色、黄色和蓝色表示。

“《广东森林火灾应急预案》的修订立足于新形势、新任务对应急管理工作提出的新要求，坚持‘一类事项原则上由一个部门统筹，一件事情原则上由一个部门负责’，充分发挥应急管理部门的牵头抓总作用。”省应急管理厅有关负责人表示，在修订完善过程中，发挥省森林防灭火指挥部敢统、善统、能统的作用，强化应急指挥的“三个支撑”，将“统”字诀贯穿整个《应急预案》，推动应急救援进一步科学化、专业化、智能化、精细化。

《广东省防汛防旱防风防冻应急预案》则适用于防汛防旱防风防冻工作，强调要坚持以防为主，防、抗、救相结合，从注重灾后救助向注重灾前预防转变，从应对单一灾种向综合减灾转变，从减少灾害损失向减轻灾害风险转变。

科学应对“五一”假期打赢入汛“第一仗”

今年“五一”假期期间，全省大面积遭遇雷雨大风极端天气，这是广东省自 4 月 15 日宣布入汛以来面临的第一仗。“科学应备、时时应变、统一应战、精准应灾、及时应验”的“五应”战法在这场防汛战役中得到成功应用。

“五一”期间，省应急管理厅主动担当作为，充分发挥统筹抓总作用，与气象、水文部门逐时研判，及时发布最新预警信息，与自然资源部门联动，滚动分析强降雨可能引发的滑坡、泥石流等次生灾害，与住建、交通等部门及时通报最新研判结果，并督促其针对性落实各项防御措施，共同做好各项防御工作，取得了显著成效。经过各地各部门通力协作，取得了入汛第一仗的胜利，全省没有出现人员伤亡和重大财产损失，未接到灾情报告，粤东旱情得到一定程度的缓解。

“要及时应验，做到一节日一总结、一仗一总结，更好地做好安全防范工作，继续考出好的成绩。”省应急管理厅党委书记、厅长王中丙表示，还要有针对性地完善安全防范机制，加强协调联动，压实安全责任，始终做到心中有民、心中有责，振奋精神打好下一仗。

（作者：黄叙浩，原载于 2021 年 5 月 12 日《南方日报》）

编 后 记

《广东省防灾减灾年鉴》（以下简称《年鉴》）是根据1994年12月省政府的批示组织编写的。从1995年起，每年出版一卷，本卷是第二十八卷。这是近20个省直和中央驻穗单位、广东省军区、广东省消防救援总队及各地级以上市等通力合作，编写人员努力工作，为广东防灾减灾事业所作出的一份贡献。

广东由于自然地理环境特殊，经济社会相对比较发达，防灾减灾工作特别重要，且任务繁重。因此，对《年鉴》的编纂要求也越来越高。希望全社会都来关心，共同培育，让它枝繁叶茂、果实累累。我们将继续以高昂的热情，尽最大的努力，不忘初心，牢记使命，不断努力提高《年鉴》的编纂质量，推动全省防灾减灾工作扎实开展，以新的更大作为为奋力实现“四个走在全国前列”的新时代广东发展的总任务，为广东率先基本实现现代化，为实现全省人民的富裕安康作出新的应有贡献。

本卷编辑工作从2022年3月开始。主要组织工作由省政府地方志办公室、省气象局负责。各有关编纂单位的主管领导给予了极大的关心和支持，编写人员为此付出了艰辛的劳动。在此，谨对各有关单位领导和编写人员的支持和参与，对所有关心和协助本《年鉴》编写、出版、发行、推介工作的单位和人员致以衷心的感谢！

由于时间有限，本《年鉴》难免存在不足之处，敬请读者提出宝贵意见。

广东省防灾减灾年鉴编辑部

2022年10月